普通高等教育"十四五"系列教材

现代交换技术

主　编　王丽君　陈积常
副主编　李雁星　李　敏　张玉伽

华中科技大学出版社
http://press.hust.edu.cn
中国·武汉

内 容 简 介

本书按照交换技术的演进和发展过程,分 9 章介绍各种交换技术。第 1 章为绪论,让读者明白通信网络为什么需要交换机;第 2 章为交换技术基础,主要介绍交换技术的基础和基本概念,介绍各种交换技术的核心交换网络及信令系统;第 3 章为电信网与因特网,介绍了电信网和因特网,并对电信网中的融合网络进行了介绍;第 4 章为程控数字交换,介绍程控数字交换技术,主要介绍了电话通信中使用的电路交换技术;第 5 章为分组交换与 IP 交换技术,介绍了数据通信中使用的分组交换技术、帧中继技术和 IP 交换技术、MPLS 技术等;第 6 章为软交换技术,介绍了目前最新的软交换技术和 NGN 技术;第 7 章为光交换技术,介绍了快速发展的光交换技术;第 8 章为移动交换技术,介绍了移动交换的相关知识;第 9 章为现代交换技术实训,分别介绍了目前国内流行的华为和中兴通信的程控交换机及对应的交换系统结构。

为了方便教学,本书还配有电子课件等教学资源包,任课教师可以发邮件至 hustpeiit@163.com 索取。

本书内容翔实、深入浅出,可以作为高等院校通信和电子信息专业的高年级本科生的教材或参考用书,也可作为通信工程技术人员的培训教材,供从事通信专业的研发人员或通信工程师阅读。

图书在版编目(CIP)数据

现代交换技术/王丽君,陈积常主编.—武汉:华中科技大学出版社,2018.9(2024.7 重印)
应用型本科信息大类专业"十三五"规划教材
ISBN 978-7-5680-0857-0

Ⅰ.①现… Ⅱ.①王… ②陈… Ⅲ.①电话交换-高等学校-教材 Ⅳ.①TN916

中国版本图书馆 CIP 数据核字(2015)第 099651 号

现代交换技术
Xiandai Jiaohuan Jishu

王丽君 陈积常 主编

策划编辑:康 序
责任编辑:康 序
责任监印:朱 玢
出版发行:华中科技大学出版社(中国·武汉) 电话:(027)81321913
       武汉市东湖新技术开发区华工科技园 邮编:430223
录 排:武汉正风天下文化发展有限公司
印 刷:武汉邮科印务有限公司
开 本:787mm×1092mm 1/16
印 张:17
字 数:444 千字
版 次:2024 年 7 月第 1 版第 3 次印刷
定 价:55.00 元

只有无知，没有不满。

Only ignorant, no resentment.

························迈克尔·法拉第(Michael Faraday)

迈克尔·法拉第（1791—1867）：英国著名物理学家、化学家，在电磁学、化学、电化学等领域都作出过杰出贡献。

应用型本科信息大类专业"十二五"规划教材

编审委员会名单

（按姓氏笔画排列）

前言

PREFACE

作为信息产业的基础,通信技术在推进社会信息化进程中发挥着先导和带动作用。随着通信技术的飞速发展,通信新业务不断涌现,电话通信和数据通信已经成为现代社会应用最广泛的信息交流方式,是人们日常生活或工作中不可缺少的一部分。在通信网络中,交换设备是一个很重要的通信设施,起到了信息通信立交桥的作用。信息化时代下,人类的信息需求、传送信息的技术及控制技术的发展决定了交换技术的发展方向。

现代交换技术随着应用和技术的发展,涌现出很多的新技术。电路交换技术是由电话机的发明而出现的,并随着电子元器件的进步和计算机的出现,电路交换系统经历了从人工接续到程控交换的发展变化。分组交换技术是随着数据设备(如计算机)和 Internet 的发展和使用而出现的,并经历了帧中继技术和 IP 交换技术的发展阶段。软交换技术的不断发展,光传输技术的不断进步,使得人们在交互通信时可采用宽带多媒体信息技术,从而引发了全光交换技术的研究高潮。由于移动通信的迅猛发展,移动电话对固定电话的替代越来越明显,且我国移动通信的内外环境和相关技术也发生了很大变化,由 2G 向 3G/4G 乃至 5G 的演进也使得核心网的构架发生了更新。

现代交换技术是通信工程专业的专业课,学习本课程可以让学生掌握各种交换系统的基本原理、软硬件系统结构和基本技术,为以后学习更高级的信息与通信课程,以及今后从事通信领域的工作打下坚实的基础。

本书主要有以下特点。

(1)增加了目前通信大网中普遍应用的交换机作为实训内容。分别介绍了华为和中兴通讯两家通信设备商的产品。

(2)结合新技术的发展对当前正在应用和将来可能成为主流的新交换技术进行重点介绍,其他不起主导作用的技术和标准只是简单提及或简要介绍。帮助读者理清"新技术层出不穷,多种技术同时发展,技术可选择性不易确定"的解题思路。

(3)参编人员长期从事交换技术和通信网络领域的科研项目、教学研究工

作,具有丰富的实践经验,对通信网与交换各领域的理论和实践问题具有深刻的理解。本教材在内容上进行了精心设计,对各种交换技术进行了系统梳理和全面概括,形成一个较为完整的知识体系。

本书由文华学院王丽君副教授、南宁学院陈积常副教授担任主编,由南宁学院李雁星和李敏、哈尔滨远东理工学院张玉伽担任副主编。全书由王丽君审核并统稿。在本书的整理和定稿过程中,许多兄弟院校的老师对征求意见稿提出了宝贵意见,在此谨致以诚挚的谢意。

为了方便教学,本书还配有电子课件等教学资源包,任课教师可以发邮件至hustpeiit@163.com 索取。

由于编者水平有限,书中难免存在一些不妥和错误,殷切希望广大读者能够给予批评和指正。

编　者
2023 年 11 月

目录

第1章   绪   论

内容概要

本章主要介绍交换技术的基础知识和基本概念。首先介绍交换技术的引入,让读者明白通信网络为什么需要交换机;然后从技术的角度介绍目前的一些主要交换方式;再从交换的发展和历史背景中理解交换的根本作用,以及交换在通信系统中的地位,再对交换技术未来的发展演进进行了简要的说明。学习完本章之后,读者将对各种交换技术有一个初步的了解。

1.1   交换的概念

通信是指在信源与信宿之间进行信息传递的过程。在信息化的社会中,人们的活动离不开通信,现代通信技术的飞速发展使得人与通信之间的关系变得密不可分。在现代通信网络中,为了满足不同的通信需求而采用的通信方式也各不相同,通信手段多种多样,通信内容丰富多彩,从而使通信系统的构成也不尽相同。

1.1.1   交换的引入

一个最简单的通信系统至少应由终端和传输媒介组成,如图 1-1 所示。在电信系统中,信息以电信号的形式传输。终端将含有信息的消息(如话音、文本、数据及图像等)转换成可被传输介质接受的电信号,同时在接收端将来自传输介质的电信号还原成原始消息。传输介质则是把电信号从一个地点传送到另一个地点。这种涉及两个终端的通信称为点对点通信。

图 1-1　点对点通信系统

点对点的通信方式仅能满足一个用户终端进行通信的最简单的通信需求。例如,两个人要通话,最简单的办法就是各自拿一个话机,用一条双绞线将两个话机连接起来,即可实现话音通信。同样,两个人要传送文件,通过串口线将两台计算机连接起来,即可实现数据传送。

现实的通信更多的是要求在一群用户之间能够实现相互通信,实现任意终端之间的相互通信。最直接的方法是把所有的终端两两相连,如图 1-2 所示。这种连接方式称为全互连方式。全互连方式存在以下一些缺点。

（1）当存在 N 个终端时,需用线对数为 $N(N-1)/2$,即线对数量随终端数的平方增加。

（2）当这些终端分别位于相距很远的两地时,两地间需要大量的长途线路。

（3）每个终端都有 $N-1$ 对线与其他终端相接,因

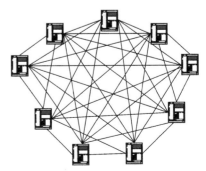

图 1-2　用户间互连

而每个终端需要 $N-1$ 个线路接口。

(4) 增加第 $N+1$ 个终端时,必须增设 N 对线路。

因此这种互联方式是很不经济的,而且操作复杂,当 N 较大时,这种互连方式无法实用化。于是引入了交换设备(也称交换机或交换节点),所有用户线都要连接到交换机上,由交换机控制任意用户间的接续,如图 1-3 所示。

由此可见,在通信网中,交换就是在通信的源和目的终端之间建立通信信道,实现通信信息传送的过程。引入交换节点后,用户终端只需要一对线对与交换机相连,节省了线路投资,组网灵活方便。用户间通过交换设备连接,使多个终端的通信成为可能。由一个交换节点组成的通信网,如图 1-3 所示,它是通信网最简单的形式。

实际应用中,为实现分布区域较广的多终端之间的相互通信,通信网往往由多个交换节点构成;当交换的范围更大时,多个交换节点之间也不能做到每个节点都相互连接,而要引入汇接交换节点;这些交换节点之间或直接相连,或通过汇接交换节点相连,通过多种多样的组网方式,构成覆盖区域广泛的通信网络。如图 1-4 所示是由多个交换节点构成的通信网。

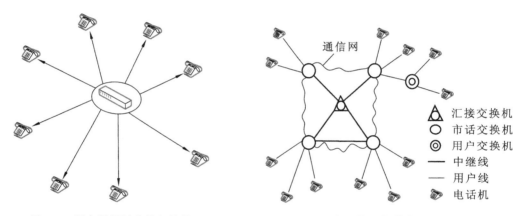

图 1-3　用户间通过交换机连接　　　　图 1-4　由汇接交换节点组成的交换网

用户终端与交换机之间的连接线称为用户线,交换机与交换机之间的连接线称为中继线(trunk),通信网的传输设备主要由用户线、中继线以及其他相关传输设备构成。交换设备、传输设备和用户终端设备是通信网的基本组成部分,通常称为通信网的三要素。

1.1.2　交换节点的基本功能

实现任意入线和任意出线之间的互连是交换系统最基本的功能。从交换机完成用户之间通信的不同情况来看,交换节点应可以控制以下四种接续类型。

(1) 本局接续:指在本局范围内各用户线之间的接续。

(2) 出局接续:指用户线与出中继线之间的接续。

(3) 入局接续:指在入中继线与用户之间的接续。

(4) 转接接续:指在入中继线与出中继线之间的接续。

为完成上述交换的接续,交换节点必须具备如下最基本的功能。

(1) 为了能正确发现和判断是哪一个用户发出的呼叫请求,交换节点必须能正确接收和分析从用户线或中继线发来的呼叫信号。

(2) 为了能正确发现和判断是哪一个用户发出的呼叫请求,交换节点必须能正确接收和分析从用户线和中继线发来的地址信号。

（3）为了能正确的与呼叫用户给定的目标用户进行接续,交换节点必须能按目的地址正确地进行选路,以及在中继线上转发信号。

（4）能控制链接的建立。

（5）能按照所收到的释放信号拆除连接。

1.1.3 交换式网络工作方式

由交换机构建通信网的一个突出优点是很容易组成大型网络。例如,当终端数目很多,且分散在不同地区时,可以用交换机组成多极网络。将信息从信源送至信宿有两种工作方式,即面向连接(connection oriented,CO)方式和无连接(connectionless,CL)方式。

1. 面向连接网络

面向连接网络的工作原理如图1-5所示,类似于铁路交通。假定A站有三个数据分组要到达C站,A站首先发送一个"呼叫请求"消息到节点1,要求网络建立到C站的连接。节点1通过选路确定将该请求发送到节点2,节点2又决定将该请求发送到节点3,节点3决定将该请求发送到节点6,节点6最终将"呼叫请求"消息投送到C站。如果C站接受本次通信请求,就响应一个"呼叫接受"消息到节点6,这个消息通过节点3,2和1原路返回到A站。一旦连接建立,A站和C站之间就可以经由这条连接(图中虚线所示)来传送(交换)数据分组了。A站需要发送的三个分组一次通过连接路径传送,各分组传送时不再需要选择路由。因此,来自A站的每个数据分组,依次穿过节点1,2,3,6,而来自C站的每个数据分组依次穿过节点6,3,2,1。通信结束时,A、C任意一站均可发送一个"释放请求"信号来终止连接。

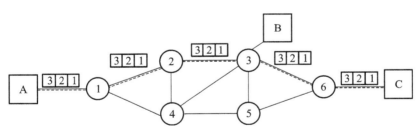

图1-5　面向连接网络的工作原理

面向连接网络建立的连接可以分为两种:实连接和虚连接。用户通信时,如果建立的连接是由一段接一段的专用电路级联而成,无论是否有信息传送,这条专用连接(专线)始终存在,且每一段占用恒定的电路资源(如带宽),那么这种连接就称为实连接(如电话交换网);如果电路的分配是随机的,用户有信息传送时才占用电路资源(带宽根据需要分配),无信息传送就不占用电路资源,对用户信息采用标记进行识别,各段线路使用标记统计占用线路资源,那么这些串接(级联)起来的标记链称为虚连接(如分组交换网)。显而易见,实连接的资源利用率较低,而虚连接的资源利用率较高。

2. 无连接网络

无连接网络的工作原理如图1-6所示。同样,如果A站有三个数据分组要送往C站,A站直接将分组1,2,3按序发给节点。节点1为每个分组独立选择路由。在分组1到达后,节点1得知输出至节点2的队列较短,于是将分组1放入输出至节点2的队列。同理,对分组2的处理方式也是如此。对分组3,节点1发现当前输出到节点4的队列最短,因此将分组 3 放在输出到节点 4 的队列中。在通往 C 站的后续节点上,都进行类似的选路和转发处理。这样,每个分组虽然都包含同样的目的地址,但并不一定走同一路由。另外,分组 3 先于分组 2 到达节点 6 也是完全可能的。这些分组可能以不同于它们发送时的顺序到达 C 站,这就需要 C 站重新对分组进行排列,以恢复它们原来的顺序。

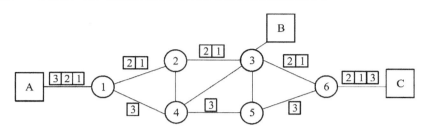

图 1-6　无连接网络的工作原理

上述两种工作方式的主要区别如下。

(1)面向连接网络对每次通信总要经过建立连接、信息传输、释放连接三个阶段;而无连接网络则没有建立和释放的过程。

(2)面向连接网络中的节点必须为相关的呼叫选路,一旦路由确定连接即建立,路由中各节点需要为接下来进行的通信维持相应的连接状态;而无连接网络中的节点必须为每个分组独立选路,但节点中并不维持连接状态。

(3)用户信息较长时,采用面向连接方式通信效率较高;反之,采用无连接方式要好一些。

 ## 1.2　交换技术

在通信网中,交换功能是由交换节点即交换设备来完成的。按照所交换信息的特征,以及为完成交换功能所采用的技术不同,出现了多种交换方式。目前,在电信网和计算机网中使用的主要交换方式如图 1-7 所示。

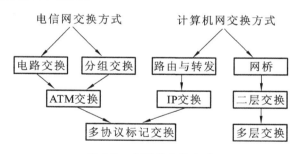

图 1-7　主要的交换方式

1.2.1　电路交换方式

电路交换(circuit switching,CS)是最早出现的一种交换方式,也是应用最普遍的一种交换方式,主要应用于电话通信网中,完成电话交换,目前已有一百多年的历史。电路交换的基本过程包括呼叫建立、信息传输(通话)和连接释放三个阶段,如图 1-8 所示。

电路通信的过程是,在双方开始通信前,发起通信的一方(主叫)通过一定的方式(如拨号)将被叫的地址告诉网络,网络根据地址在主叫和被叫之间建立一条电路,这个过程为呼叫建立(连接建立),然后主叫与被叫进行通信(通话),通信过程中双方所占用的电路将不为其他用户使用。通信结束后,主叫或被叫通知网络释放通信电路,这个过程称为呼叫释放(连接释放)。通信过程中所占用的电路资源在释放后,可以为其他用户通信使用。这种交换方式称为电路交换。

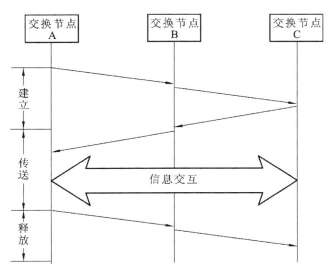

图 1-8   电路交换的基本过程

电路交换是实时交换,当任一用户呼叫另一用户时,交换机应立即在两个用户之间建立通话电路;如果没有空闲电路,呼叫将损失掉(称为呼损)。因此,对于电路交换而言,应配备足够的电路资源,使呼叫损失率控制在服务质量允许的范围内。

电路交换采用固定分配带宽(物理信道),在通信前要先建立连接,在通信过程中一直维持这一物理连接,只要用户不发出释放信号,即使通信(通话)暂时停顿,物理连接也仍然保持。因此,电路利用率较低。且由于通信前要预先建立连接,故有一定的连接建立时延;但在连接建立后可实时传送信息。电路交换具有的优点如下。

(1)信息的传输时延小,对于一次接续而言,传输时延固定不变。

(2)交换机对用户信息不进行处理,信息在通路中"透明"传输,交换机在处理方面的开销较小,交换设备成本较低。

(3)信息在建立好的信道中传输,不需要附加许多用于控制的信息,传输效率较高。

电路交换的缺点如下。

(1)电路的接续时间较长。

(2)电路资源被通信双方独占,电路利用率低。

(3)有呼损,即可能出现由于对方用户终端设备忙或交换网负载过重而呼叫不通的情况。

电路交换方式主要应用于电话通信网中,以及持续时间长、信息量大的数据通信业务,对于一些对时延要求较高的图像传输业务也可考虑使用。

1.2.2   存储转发交换

计算机产生后,人们对数据交换产生了迫切的需求,但当时的电路交换方式不能很好地满足数据交换的特点。数据交换与话音交换的区别有如下几点。

（1）通信对象不同。数据通信实现的是计算机与计算机之间以及人与计算机之间的通信，而电话交换实现的是人与人之间的通信。计算机不具有人脑的思维和应变能力，计算机的职能来自人的智能，计算机完成的每件工作都需要人预先编好程序，通信过程需要定义严格的通信协议和标准。

（2）传输可靠性要求不同。数据信号使用二进制"0"和"1"的组合编码表示，如果一个码组中的一个比特在传输中发生错误，则在接收端可能会被理解成为完全不同的含义。特别对于银行、军事、医学等关键事务的处理，发生的毫厘之差都会造成巨大的损失，一般而言，数据通道比特差错率必须控制在 10^{-8} 以下，而话音通信比特差错率可高到 10^{-3}。

（3）通信的平均持续时间和通信建立请求响应不同。根据美国国防部对 27 000 个数据用户进行的统计表明，大约 25% 的用户数据通信持续时间在 1 s 以下，50% 的用户数据通信持续时间在 5 s 以下，90% 的用户数据通信时间在 50 s 以下。而相应电话通信的持续平均时间在 5 min 左右，统计资料显示，99.5% 以上的数据通信持续时间短于电话平均通话时间。这决定了数据通信的信道建立时间也较短，通常应该在 1.5 s 左右，而相应的电话通信过程的建立一般在 15 s 左右。

（4）通信过程中信息业务量特性不同。统计资料表明，电话通信双方讲话的时间平均各占一半，数字 PCM 话音信号平均速率大约 32 kb/s，一般不会出现长时间信道中没有信息传输的情况。计算机通信双方处于不同的工作状态传输数据速率是不同的。例如，系统在进行远程遥测和遥控时，传输速率一般只在 30 b/s 以下；用户以远程终端方式登陆远端主机时，信道上传输的数据是用户用键盘输入的，输入速率为 20~300 b/s，而计算机对终端响应的速率则在 600~10 000 b/s；如果用户希望获取大量文件，则一般传输速率在 100 kb/s~1 Mb/s 是让人满意的。

由上述分析可以看到，为了满足数据通信的要求，必须构造数据通信网络以满足高速传输数据的要求。数据通信常用的有以下几种交换方式。

1. 报文交换

报文交换是为了适应数据通信的要求而提出的一种交换方式，其基本原理是"存储-转发"，如图 1-9 所示。即如果 A 用户要向 B 用户发送信息，A 用户不需要先接通与 B 用户之间的电路，只需与交换机接通。由交换机暂时把 A 用户要发送的报文接收和存储起来，交换机根据报文中提供的 B 用户的地址确定交换网内路由，并将报文送到输出队列上排队，等到该输出线空闲时立即将该报文送到下一个交换机，最后送至目的用户 B。

报文交换中信息的格式是以报文为基本单位，一个报文包括三个部分：报头或标题（由发信站地址、目的收信站地址或其他辅助信息组成）、正文（传输用户信息）和报尾（报文的结束标志，若报文长度有规定，则可省去此标志）。报文交换的特征是交换机要对用户的信息进行存储和处理。

报文交换的主要优点如下。

（1）报文以存储-转发方式通过交换机，输入/输出电路的速率、电码格式等可以不同，因此可以实现各种不同类型终端之间的相互通信。

（2）在报文交换（从用户 A 到用户 B）的过程中没有电路接续过程，来自不同用户的报文可以在一条线路上以报文为单位进行多路复用，线路可以以它的最高传输能力工作，大大提高了线路的利用率。

（3）发端用户不需要建立和收端用户的信道就可以发送报文，无呼损，并可以节省通信终端操作人员的时间，同时可以实现一对多的通信。

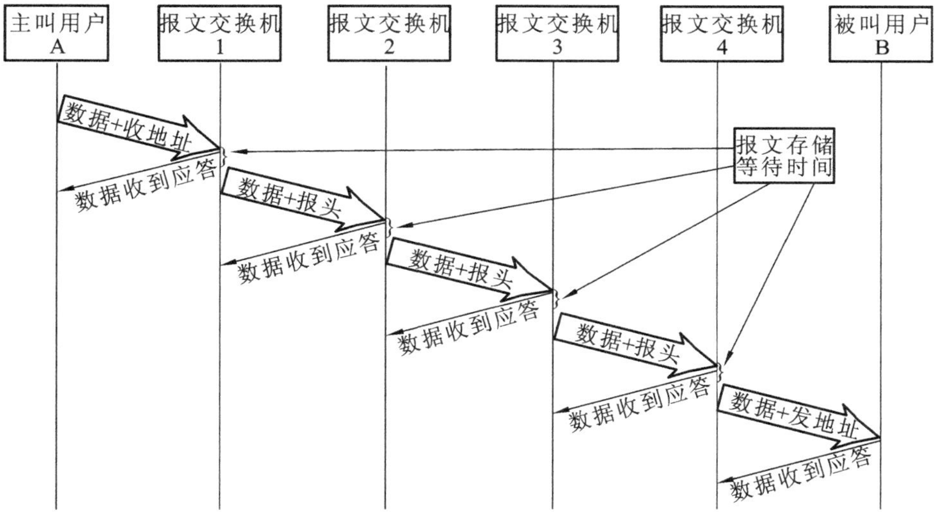

图 1-9　报文交换的基本过程

报文交换的主要缺点如下。

（1）信息通过交换机时产生的时延大，而且时延的变化也大，不利于实时通信。

（2）交换机应具有存储用户发送的报文的能力，其中有的报文可能很长，要求交换机具有高速处理能力和较大的存储容量，一般要配备存储器。

报文交换不适用于即时交互式数据通信，主要用于公众电报和电子信箱业务。

2．分组交换

分组交换也称为包交换，是将用户传送的数据划分成一定的长度，每一个部分称为一个分组。在每个分组的前面加上一个分组头，用于指明该分组发往何地址，然后由交换机根据每个分组的地址表示，将它们转发至目的地，这一过程称为分组交换。进行分组交换的通信网称为分组交换网。

从交换技术的发展历史来看，数据交换经历了电路交换、报文交换、分组交换和综合业务数字交换的发展过程。分组交换实质上是在"存储-转发"的基础上发展起来的，兼有电路交换和报文交换的优点。分组交换在线路上采用动态复用技术进行传送，数据包按一定长度分割为许多小段的数据——分组。将每个分组进行标识后，在一条物理线路上采用动态复用技术，同时传送多个数据分组。把来自用户发端的数据暂存在交换机的存储器内，接着在网内转发。到达接收端，再去掉分组头将各数据字段按顺序重新装配成完整的报文。分组交换比电路交换的电路利用率高，且比报文交换的传输时延小，交互性好。

分组交换的主要优点如下。

（1）实现不同速率、不同代码、不同同步方式、不同通信控制协议的数据终端之间的相互通信。

（2）在网络轻负载的情况下，信息的传输时延较小，且变化范围不大，能够较好满足计算机交互业务的要求。

（3）实现线路动态统计复用，通信线路（包括中继线路和用户环路）的利用率很高，在一条物理线路上可以同时提供多条信息通路。

（4）可靠性高。比特差错率一般可达 10^{-10} 以下。"分组"自动寻找备用路由，所以通信不会中断。

（5）经济性好。信息以"分组"为单位在交换机中存储和处理，不要求交换机具有很大的存储容量，降低了网内设备的费用。对线路的动态统计时分复用也大大降低了用户的通信费用。分组交换网通过网络控制和管理中心（NMC）对网内设备实现比较集中的控制和维护管理，节省了维护管理费用。

分组交换的主要缺点如下。

（1）由于网络附加的传输信息较多，所以对长报文通信的传输效率比较低。

（2）技术实现复杂。分组交换机要实现对各种类型的"分组"的分析处理，为"分组"在网中的传输提供路由，并且在必要时自动进行路由调整，为用户提供速率、代码和规程的变换，为网络的维护管理提供必要的报告信息等，要求交换机要有较高的处理能力。

分组交换主要应用在数据通信网络中，满足数据通信的高可靠性，而且对时延要求不高。

3．帧中继交换

帧中继交换是采用帧中继技术的交换技术，也是一种分组（帧）交换技术，它的分组更长，传输效率更高。帧中继是一种用于连接计算机系统的面向分组的通信方法，它主要用在公共网或专用网上的局域网互联以及广域网连接。大多数公共电信局都提供帧中继服务，将其作为建立高性能的虚拟广域连接的一种途径。帧中继是从综合业务数字网中发展起来的，是进入带宽范围从 56 kb/s 到 2.048 Mb/s 的广域交换分组网的用户接口。帧中继的特点如下。

（1）帧中继采用带宽控制技术，可实现以高于预约速率的速率发送数据。

（2）相对于分组交换技术，取消了中间节点的差错校验，传输速率大大提高。

4．ATM 交换

ATM 即异步传递模式，是国际电信联盟 ITU-T 制定的标准，并推荐其为宽带综合业务数据网（B-ISDN）的信息传输模式。

ATM 是一种传输模式，在这一模式中，信息被组织成信元，因包含来自某用户信息的各个信元不需要周期性出现，故这种传输模式是异步的。ATM 信元是固定长度的分组，每个信元有 53 个字节，分为两个部分：前面 5 个字节是信元头，主要完成寻址的功能；后面的 48 个字节为信息段，用来装载来自不同用户、不同业务的信息。话音、数据、图像等所有的数字信息都要经过切割，封装成统一格式的信元在网中传递，再在接收端恢复成原信息格式。

ATM 交换的主要特点如下。

（1）ATM 是一种统计时分复用技术。它将一条物理信道划分为多个具有不同传输特性的逻辑信道提供给用户，实现网络资源的按需分配。

（2）ATM 利用硬件实现固定长度分组的快速交换，具有时延小、实时性好的特点，能满足多媒体数据传输的要求。

（3）ATM 是支持多种业务的传输平台，并提供服务质量（quality of service，QoS）保证。ATM 通过定义不同 ATM 适配层 AAL 满足不同业务传输性能的要求。

（4）ATM 是面向连接的传输技术，在传输用户数据之前必须建立端到端的虚连接。所有信息，包括用户数据、信令和网管数据都能通过虚连接传输。

（5）信头比分组头更简单，处理时延更小。

由于 ATM 技术建立了交换过程，去除了不必要的数据校验，采用易于处理的固定信元格式，所以 ATM 交换速率大大高于传统的数据网，如 X.25、帧中继等。另外，对于如此高速的数据网,ATM 网络采用了一些有效的业务流量监控机制,对网上用户数据进行实时监控,把网络拥塞发生的可能性降到最小。对不同业务赋予不同的"特权",如话音的实时性特权最高,一般数据文件传输的正确性特权最高,网络给不同业务分配不同的网络资源。使不同的业务在网中做到"和平共处"。

5. IP 交换

IP 交换技术也称为第三层交换技术、多层交换技术、高速路由技术等。其实,它是一种利用第三层协议中的信息来加强第二层交换功能的机制。

当今绝大部分的企业网都已变成实施 TCP/IP 协议的 Web 技术的内联网,用户的数据往往越过本地的网络在网际间传送,因而路由器常常不堪重负。解决办法之一是安装性能更强的超级路由器,但是这样做开销太大。IP 交换的目标是:只要在源地址和目的地址之间有一条更为直接的第二层通路,就没有必要经过路由器转发数据包。IP 交换使用第三层路由协议确定传送路径,此路径可以只用一次,也可以存储起来供以后使用,之后数据包通过一条虚电路绕过路由器快速发送。

6. MPLS 交换

多协议标签交换(MPLS)是一种用于快速数据包交换和路由的体系,它为网络数据流量提供了目标、路由地址、转发和交换等能力,具有管理各种不同形式通信流的机制。

MPLS 独立于第二层和第三层协议,如 ATM 和 IP。它提供了一种方式,将 IP 地址映射为简单的具有固定长度的标签,用于不同的包转发和包交换技术。它是现有路由和交换协议的接口,如 IP、ATM、帧中继、资源预留协议(RSVP)、开放最短路径优先(OSPF)等。

在 MPLS 中,数据传输发生在标签交换路径(LSP)上。LSP 是每一个沿着从源端到终端的路径上的节点的标签序列。因为固定长度标签被插入每一个包或信元的开始处,并且可被硬件用来在两个链接间快速交换包,所以使数据的快速交换成为可能。

"MPLS"中的"multiprotocol"指的就是支持多种网络协议,其主要特点如下。

(1) 充分采用原来的 IP 路由,并在此基础上加以改进,保证了 MPLS 网络路由具有灵活性的特点。

(2) 采用 ATM 的高效传输交换方式,抛弃了复杂的 ATM 信令,无缝地将 IP 技术的优点融合到 ATM 的高效硬件转发中。

(3) MPLS 网络的数据传输与路由计算分开,是一种面向连接的传输技术,能够提供有效的 QOS 保证。

(4) MPLS 不但支持多种网络层技术,而且是一种与链路层无关的技术,它同时支持 X. 25、帧中继、ATM、PPP、SDH、DWDM 等,保证了多种网络的互连互通,使得各种不同的网络传输技术统一在同一 MPLS 平台上。

(5) MPLS 的标签合并机制支持不同数据流的合并传输,MPLS 支持大规模层次化的网络拓扑结构,支持流量工程和大规模的虚拟专用网,具有良好的网络扩展性。

1.2.3 软交换技术

NGN(next generation network),即下一代网络,实现了传统的以电路交换为主的电话交换网(PSTN)向分组交换为主的 IP 电信网络的转变,从而使在 IP 网络上发展语音、视频、数据等多媒体综合业务成为可能。它的出现标志着新一代电信网络时代的到来。

软交换是下一代网络的控制功能实体,它独立于传送网络,主要完成呼叫控制、资源分

配、协议处理、路由、认证、计费等主要功能,同时可以向用户提供现有电路交换机所能提供的所有业务,并向第三方提供可编程能力,它是下一代网络呼叫与控制的核心。软交换最核心的思想就是业务/控制与传送/接入相分离,其特点具体体现在以下几个方面。

(1) 应用层和控制层与核心网络完全分开,以利于快速方便地引进新业务。

(2) 传统交换机的功能模块被分离为独立的网络部件,各部件功能可独立发展。

(3) 部件间的协议接口标准化,使自由组合各部分功能产品组建网络成为可能,使异构网络的互通方便灵活。

(4) 具有标准的全开放应用平台,可为客户制定各种新业务和综合业务,最大限度地满足用户需求。

1.2.4 光交换技术

目前电子交换技术和信息处理技术的发展已接近了电子速率的极限,其中 RC 参数、钟偏、漂移、串话、响应速度慢等缺点限制了交换速率的提高。传统的交换技术需要将数据转换成电信号,然后再转换成光信号传输。虽然传统的交换技术与光技术结合在带宽和速度上具有十分积极的意义,但是其中的光电转换设备的体积过于庞大且费用昂贵。

随着光通信技术的不断进步,波分复用系统在一根光纤中已经能够每秒提供几百吉比特或太比特的信息传输能力。传输系统容量的快速增长给交换系统的发展带来了动力。通信网交换系统的规模越来越大,运行速率也越来越高,未来的大型交换系统的处理能力将达每秒几百、上千吉比特的信息。

为了解决电子器件的瓶颈问题,研究人员开始在交换系统中引入光交换技术,高速全光网络是解决电子瓶颈限制问题的梦想。光交换技术是指不经过任何光/电转换,在光域中直接将输入光信号转换到不同的输出端。光交换技术费用不受接入端口带宽的影响,因为它在进行光交换时并不区分带宽,而且不受光波传输数据速率的影响。而传统的交换技术费用随带宽增加而大幅提高,因此在高带宽的情况下,光交换更具吸引力。

随着光交换技术的进一步发展,光交换网络的交换对象从光纤、波带、波长向光分组发展,光交换必将成为未来全光网络的核心技术。

1.3 交换技术的发展演进

1.3.1 电路交换技术的发展

1. 机电式电话交换

自从 1876 年贝尔发明电话以后,为了适应多个用户之间的电话通信的要求,1878 年出现了第一部人工磁石交换机。磁石交换机需要自备干电池作为通话电源,并用手摇发电机发送交流呼叫信号。后来出现人工供电交换机,通话电源由交换机统一供给,由电话机直流环路的闭合向交换机发送呼叫信号。供电式交换机虽然比磁石交换机有所改进,但由于仍是采用人工接线,接续速度慢。

1892 年诞生了第一部步进式自动交换机。用户通过拨号盘向交换机发送拨号脉冲,控制交换机中电磁继电器与上升旋转型选择器的动作,完成电话的自动接续。从此,电话交换由人工交换时代迈入自动交换时代。步进式交换机及其后出现的机动式(旋转式或升降式)交换机均属于直接控制式机电交换机。这类交换机的特点是机械设备多,噪声大,接续部件易磨损,通话质量欠佳,维护工作量大。

纵横式交换机的出现是电话交换机是进入自动化时代后具有重要意义的转折点。纵横式交换机的技术进步主要体现在两个方面:一是采用了比较先进的纵横接线器,杂音少,通话质量好,不易磨损,寿命长,维护工作量小;二是采用了公共控制方式,将控制功能与话路设备分开,使得公共控制部分可以独立设计,功能增强,灵活性提高,接续速度快,便于汇接和选择迂回路由,实现长途自动化。因此,纵横式交换机公共控制方式的实现意味着计算机程序控制方式的引入。

具有代表性的纵横式交换设备是瑞典的 ARF、ARM、ARK 等系列产品和美国的 1 号、4号和 5 号纵横式交换机。我国从 20 世纪 50 年代开始研制纵横式交换机,主要型号有用于市话的 HJ921,用于长话的 JT801 和属于用户交换机的 HJ905、HJ906 等。

2. 模拟程控交换

1965 年,美国开通了世界上第一个程控交换局,在公用电信网中引入了程控交换技术,这是交换技术发展中具有里程碑意义的重大事件,标志着计算机技术与通信技术结合的开始。早期的程控交换属于模拟程控交换。

程控交换的全称是存储程序控制(stored program control,SPC)交换方式,它的特点是应用计算机软件来控制交换机的各种接续动作。所谓模拟程控交换,是指控制部分采用SPC 方式,而话路部分传送和交换的仍然是模拟话音信号。与程控交换方式对比,机电式交换使用布线逻辑控制(wired logical control,WLC)方式。程控交换的优点如下。

(1) 灵活性大,适应性强。SPC 可以适应电信网的各种网络环境和性能要求,在诸如编号计划、路由选择、计费方式、信令方式和终端接口等方面,都具有充分的灵活性和适应性。

(2) 能提供多种新的服务性能。SPC 由于采用软件控制交换机的各种接续动作,故很容易通过改变软件来提供多种新的服务性能,如缩位拨号,热线电话、闹钟服务、呼叫等待、呼叫转移、会议电话等。

(3) 便于实现共路信令(公共信道信令)。共路信令的特点是在交换局之间的信令链路上要传送大量话路的信令,控制设备必须具备高速处理能力。显然,只有采用 SPC,才有可能促进共路信令的实现和发展。

(4) 便于实现操作、维护及管理功能的自动化。从公用电信网的运营维护角度来看,随着网络规模的不断扩大,对网络运行、维护、管理操作自动化的要求越来越迫切。采用 SPC方式,可以利用软件技术,实现操作、维护和管理的自动化,提高维护管理质量。

(5) 适应现代电信网的发展。正是由于程控交换技术特别是数字交换技术的发展,使得通信与计算机技术更加紧密地结合在一起,才使现代电信网有可能不断开发出新的业务,适应网络发展的需要。

3. 数字程控交换

1970 年,法国在拉尼永(Lannion)成功开通世界上第一个数字程控交换系统 E10,标志着交换技术从传统的模拟交换进入数字交换时代。到 20 世纪 80 年代中期,数字程控交换技术已趋于成熟,西方发达国家和国际著名电信厂商相继推出众多型号的数字程控交换系统,如阿尔卡特公司的 E10,贝尔电话制造公司(BTM)的 S1240,AT&T 的 4ESS 和 5ESS,爱立信的 AXE10(全数字型),西门子的 EWSD,北电的 DMS,富士通的 FETEX-150,以及日本电气(NEC)的 NEAX-61 等。

与模拟程控交换不同,数字程控在话路部分交换的是经过脉冲编码调制(pulse code

modulation,PCM)的数字话音信号,交换机内部采用数字交换网络(digital switching network,DSN)。数字程控交换的主要特点如下。

(1)采用大规模集成电路,实现了用户接口模块(用户级)和数字交换网络(选组级)的全数字化。

(2)信令技术方面,普遍采用7号公共信道信令方式。

(3)随着微处理机技术的迅速发展,数字程控交换普遍采用多机分散控制方式。

数字程控交换领域,我国起步较晚,但起点较高,发展迅速。20世纪80年代中后期到20世纪90年代前期,相继推出了HJD-04(巨龙公司)、C&C08(华为公司)、ZXJ-10(中兴公司)等大型数字程控交换系统,国产设备在我国电信网中的比重逐步增加,并出口到国外,使我国的数字程控交换技术和产业迅速跻身于世界先进行列。

1.3.2 分组交换技术的发展

分组交换一词最早出自1964年美国兰德(Rand)公司的以分组式通信为题的研究报告,1965年英国国家物理实验室(national physical laboratory,NPL)提出了存储-转发分组系统的概念,并提出"分组(packet)"这一术语,用来表示在网络中传送的128B的信息块。1969年美国国防部高级研究计划局(advanced research project agency,ARPA)研制的ARPANet(当时仅4个节点)投入运行,标志着以分组交换为特色的计算机网络的发展进入了一个崭新的纪元。1973年,英国NPL也开通了分组交换试验网。现代业界公认ARPANet为分组交换网之父,并将分组交换网的出现作为现代工业数据通信时代的开始。

从技术发展的角度来看,分组交换系统可以大致划分为以下三代。

1. 第一代分组交换系统

第一代分组交换系统实质上是直接利用计算机来完成分组交换功能的。处理机将存储器中一个输入队列的分组转移到另一个输出队列,从而完成分组的交换。典型的如ARPANet中所用的分组交换系统。后来,在系统中增加了前端处理机(front end processor,FEP),执行较低级别的任务(如链路差错控制等)以减轻主处理机的负荷。

第一代分组交换系统的分组吞吐量受限于处理机的速度,一般每秒只有几百个分组,第一代分组交换系统结构示意图如图1-10所示。

2. 第二代分组交换系统

第二代分组交换系统采用共享媒体将前端处理机互连,计算机主要用于虚电路的建立,不再成为系统的瓶颈。共享媒体可以是总线型或环型,用于FEP之间分组的传送。媒体采用时分复用方式,每个时刻只能传送一个分组,因此系统的吞吐量将受到媒体带宽的限制。为此可采用并行(parallel)媒体,设置多重总线或多重环,以提高分组吞吐量。第二代分组交换系统结构示意图如图1-11所示。

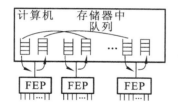

图1-10 第一代分组交换系统结构示意图

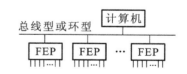

图1-11 第二代分组交换系统结构示意图

第二代分组交换系统在 20 世纪 80 年代得到了充分的发展。例如,阿尔卡特公司的 DPS2500,西门子公司的 EWSP 和北方电讯公司的 DPN-100 等系统,其吞吐量达到每秒几万个分组。

3. 第三代分组交换系统

第三代分组交换系统采用交换结构取代共享媒体这一瓶颈。交换结构一直是电话交换和并行计算机系统感兴趣的研究领域,其着眼点是用较小的基本交换单元来构成多级互连网络,以增强并行处理能力,提高系统的吞吐量。实际上,第三代分组交换系统已进入快速分组交换的范畴,包括后来的高速路由器(如吉比特路由器)在内,基本上沿用了这一结构。

第三代分组交换系统的结构示意如图 1-12 所示。

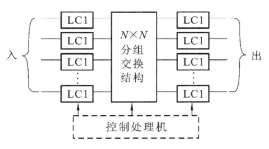

图 1-12　第三代分组交换系统的结构示意图

1.3.3 宽带交换技术的发展

1. ATM 交换技术的发展

20 世纪 80 年代,随着宽带业务的发展及其业务发展的某些不确定性,迫切需要找到一种新的交换方式,能兼具电路交换和分组交换的优点,以适应宽带业务快速发展的需要。1983 年出现的快速分组交换(FPS)技术和异步时分交换(ATD)技术的结合,产生了 ATM 技术。计算机行业和电信行业在 20 世纪 90 年代左右,致力于 ATM 技术的研究和 ATM 交换系统的发展。首先推出的是吞吐量在 10 GB 以下的小容量 ATM 交换机,用于计算机通信网。随着宽带业务的发展和 ATM 技术的逐渐成熟,ATM 交换技术的应用开始从专用网扩大到公用网,其标志是相继推出了一系列用于公用网的大容量 ATM 交换系统和一些公用 ATM 宽带试验网投入运行。

1994 年投入运营的美国北卡罗来纳信息高速公路(NCIH)是美国第一个采用 ATM 技术的公用 ATM 宽带网。1994 年底法国、德国、英国、意大利和西班牙等国发起了泛欧 ATM 宽带试验网,之后扩大到欧洲十多个国家,是覆盖范围较广的 ATM 试验网。日本也建设了 ATM 宽带试验网,在东京、大阪、京都等地设置 ATM 骨干交换机,进行局域网互连、高清晰度电视(HDTV)和多媒体业务等方面的试验。我国在北京、上海和广州等地也建设了 ATM 宽带试验网,并着手互连和扩展到其他城市。

从技术的角度,ATM 在多业务承载方面是合适的,而且 ATM 相关协议和标准十分完善,但其协议体系的复杂性造成了 ATM 系统的研制、配置、管理、故障定位的难度。在当时情况下,ATM 没有机会推倒原有设备,构建纯 ATM 网络。相反,ATM 必须支持已经应用到桌面的 IP 协议才能生存。同时,IP 技术只能提供尽力而为(best effort)服务,没有任何有效的服务质量保证机制。IP 技术在发展过程中也遇到路由器瓶颈等问题。

如果把 ATM 技术和 IP 技术结合,既可利用 ATM 网络资源为 IP 用户提供高速数据转发,发展 ATM 上的 IP 用户业务,又可解决路由器瓶颈问题,推动 Internet 业务的进一步发展。ATM 技术在 20 世纪 90 年代中期达到顶峰,此时,世界通信技术及网络技术的发展格局发生重大变化,特别是 Internet 技术的发展使得 ATM 的应用受到很大影响。ATM 缺乏业务和末端用户支持、价格昂贵、技术复杂的缺点日益显现,IBM 公司力图使 ATM 技术走向桌面的努力也未获成功。最后,ATM 技术被 IP 技术的简单、灵活和经济性所代替。

2. IP 交换技术的发展

以 Internet 为代表的 IP 技术发展迅速,迫切需要提高 IP 网络的服务质量。传统 IP 路由器和 X.25 分组交换机都是在第 3 层进行转发的,采用软件控制将分组从一个端口转移到另外一个端口,这是基于存储-转发的概念,转发时延较大、速率较低。为了提高 IP 分组转发的速度,适应数据及多媒体业务发展的需要,IP 交换技术应运而生。

IP 交换的概念,最早是于 1996 年由美国的 Ipsilon 公司提出的,将 IP 路由器捆绑于 ATM 交换机上,去除 ATM 原有的信令,使用 IP 路由协议进行路由选择。它的连接建立是由数据流驱动,即"一次路由,多次交换"。其具体执行过程为:对于单个 IP 分组,采用传统 IP 逐跳转发方式进行转发;对于长持续时间的业务流,能自动建立一个虚通路,使用 ATM 交换方式进行转发。

Cisco 公司于 1996 年秋提出的标签交换技术也是一种 IP 交换技术,除了可以在 ATM 基础上实现外,还可以在帧中继、以太网等网络中实现。其标记交换路径的建立,除了由数据流驱动外,还可以使用拓扑驱动等方式。

在 IP 交换发展过程中,互联网工程任务组(Internet engineering task force,IETF)起到了积极的推动作用,IETF 在 1997 年初成立了多协议标记交换(multiple protocol label switch,MPLS)工作组,综合了 Cisco 和 Ipsilon 等公司的 IP 交换方案,制定了一个统一、完善的 IP 交换技术标准,即 MPLS。MPLS 所具有的面向连接、高速交换、支持 QoS、扩展性好等特点,使它在具体组网中获得了广泛的应用,并成为主流的宽带交换技术。

1.3.4 下一代网络与软交换

Internet 的迅猛发展正在深刻改变传统电信的概念和体系,电信行业正面临着一场百年未遇的巨变。由于 Internet 的普及与 IP 技术的发展,Internet 迅速扩大成一个足以与电信网抗衡的全球性大网络,进而向电信业务延伸,以其廉价、开放的特点,强烈地冲击着以商业经营为目的的电信网。迫使电信运营商不得不大幅度降价,来暂时缓解来自 Internet 的冲击。与此同时,用户对各种新业务的需求层出不穷,数据业务快速发展,数据业务量迅速膨胀。21 世纪的头几年,世界主要运营网络的数据业务量就已经超过了话音业务量。传统的电路交换将信息传送、交换、呼叫控制、业务和应用功能综合在单一的交换设备中,造成新业务生成代价高、周期长、技术演进困难,从而导致开发成本高、时间长,无法适应快速变化的市场环境和多样化的用户需求。因此,推出一整套的体系和方案来应对严峻的态势,就是下一代网络(NGN)的由来。

"下一代"的提法,最早见于 1996 年美国政府和大学分别牵头提出的下一代 Internet(next generation Internet,NGI)计划和 Internet2。与此同时,互联网工程任务组(IETF)提出下一代 IP,第三代合作伙伴技术(3G partnership project,3GPP)提出了下一代移动通信,以及欧盟的 NGN 行动计划等。1997 年,Lucent 公司的 Bell 实验室首次提出软交换的概念,并逐渐形成了基于软交换的 NGN 解决方案。到了 1999 年,NGN 就成了与"3G"、"宽带"齐名的通信业关注的焦点。以软交换为核心并采用 IP 分组传送技术的 NGN 具有网络结构开放、运营成本低等特点,能够满足未来业务发展的需求。这就促使电信运营商纷纷进行网络改造,积极向 NGN 演进和融合。

以软交换为代表的 NGN 能够得到迅速而广泛的发展,主要由于技术、业务和市场等诸方面的因素,具体如下。

(1) 技术发展。数字技术的发展使语音、数据和图像等可以通过统一的编码进行传输和交换;光通信和无线通信技术的快速发展,使得光传输容量和无线容量的提高速度超过了摩尔定律；高性能路由器技术的发展使得带宽和服务质量大大提高，从而为综合传送各种业务信息提供了一个理想的平台；软件技术的发展，使各大网络及其终端都能支持各种用户所需的功能、特性和业务，IP 协议得到普遍采用，各种以 IP 为基础的业务都能在不同网络上实现互通。

（2）业务发展。基于 IP 的数据业务量已经超过传统电路交换网的话音业务量，用户对业务综合化的要求日益迫切，希望能以合理的价格灵活方便地获得综合化、多样化和交互化的业务。服务供应商也希望能够提供一个快速、开放的业务开发平台，以方便向用户提供各种满足 QoS 和安全性要求的业务。

（3）市场环境。电信市场从封闭的、单一的管理模式发展到开放的、多方竞争的电信市场管理模式，要求电信网向第三方业务提供商提供开放的接口，由业务提供商自主开发满足市场需求的、具有竞争力的、价格低廉的新型电信服务。传统电信网封闭的网络结构难以提供开放的网络接口和开放的业务接口。

目前，软交换及其相关技术在网络互通、服务质量、网络安全和业务开放等方面存在一些不足，但软交换作为发展方向已经获得了业界的广泛认同，并在国内外固定和移动网建设中得到大量成功的应用。随着技术发展和市场应用的进一步拓展，基于软交换的 NGN 必将在固定和移动网络融合的演进过程中发挥重要作用。

本 章 小 结

通信网络包括终端、传输系统和交换节点，其中交换节点是通信网络的核心。在多用户通信组网时，为了降低用户线路投资，在通信网中引入了交换机。交换节点的基本功能是实现任意入线和任意出线之间的连接。交换式网络的工作方式则有面向连接和无连接两种方式。

电信网交换技术主要有电路交换和分组交换。电路交换经历了人工交换、步进式交换、纵横式交换、模拟程控交换和数字程控交换几个阶段。分组交换经历了 X.25、FR、ATM 的发展历程。计算机网使用 IP 交换以及后续的多协议标记交换技术。软交换是一种新的交换体系，是下一代网络的关键技术。光交换融合电路交换和分组交换，是全光通信网的核心技术。

目前通信网络处于不断演化之中，各种网络、各种交换技术同时存在。随着通信网向数字化、综合化、智能化和个人化方向的快速发展，各种交换技术将按下一代网络（NGN）框架在控制、业务等层面进行融合，传统固定网、移动网、宽带互联网甚至有线电视网等网络之间的界限会逐步消失。在核心网领域，将逐步引入 IMS 技术；在接入网领域，将呈现多样化和 IP 化趋势，可以支持固定、移动、窄带、宽带等多种接入技术；终端则呈现多模化和智能化趋势，网络运营商将实现全业务运营。

习 题 1

1-1 在通信网中引入交换技术的目的是什么？
1-2 交换机应具有哪些基本功能？
1-3 电路交换与存储-转发交换的区别是什么？分别适用于何种场合？
1-4 何为下一代网络？它具有哪些特点？

第2章 交换技术基础

内容概要

通信网由用户终端设备、传输设备和交换设备组成。交换设备在通信网中起着非要的作用,由交换设备完成接续,使网内任一用户可与其他用户通信。本章从交换的基本概念入手,首先介绍数字交换技术基础,包括语音信号的数字化、时分多路复用技术、PCM 时分复用系统等;再介绍交换单元与交换网络的基本功能,包括 T-S-T 型交换网络、CLOS 网络、DSN 网络、Banyan 网络;最后介绍通信系统中的信令系统,包括信令的概念及分类、随路信令和共路信令的功能结构和消息格式等内容。

2.1 数字交换技术基础

语音信号的数字化是进行数字化交换和传输的基础。数字化语音信号的存储和传输,已涉及多个领域。保障数字化语音信号实时传输的最基本方式是 PCM 传输。本节我们将对语音信号的数字化技术、信息的多路时分复用技术、30/32 路 PCM 帧结构和 PCM 的高次群等知识进行介绍。

2.1.1 语音信号的数字化技术

音频信号可分成电话质量的语音信号、调幅广播质量的音频信号和高保真立体声信号。语音信号的频率范围是 300 Hz～20 kHz。随着带宽的增加,信号的自然度将逐步得到改善,高保真度音频信号的频率范围是 20 Hz～20 kHz。

语音信号是模拟信号,要将模拟信号在数字传输系统中进行传递,就必须使模拟的语音信号数字化。在发送端,将语音信号经声/电设备变换成模拟信号,再经模/数变换(A/D)设备变成二进制数字脉冲信号,所以在通信线路上传输的是一连串二进制码的数字信号,再到接收端经过数/模变换(D/A)设备把二进制码还原成原来的模拟电信号,最后由电/声变换设备还原成语音信号。

语音信号的模/数变换的方法有很多,如脉冲编码调制(PCM,简称脉码调制)、增量调制(ΔM)和参数编码等,使用得最多的是脉冲编码调制(PCM)方法。

脉冲编码调制(PCM)传输系统中,在发送端,首先要对输入的模拟语音信号进行限带滤波,而后按取样定理对模拟语音信号进行取样,取样之后进行幅度量化,最后进行二进制编码。经过滤波、抽样、量化和编码这四个过程后,模拟语音信号就变换为 PCM 数字信号,该信号送入通信信道上传送,到接收端后经过解码器进行数/模变换后再由低通滤波器恢复原始的模拟语音信号,如图 2-1 所示。滤波、抽样、量化、编码和解码的具体过程分别介绍如下。

16

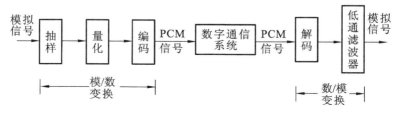

图 2-1 PCM 传输系统

1. 滤波

人类语音信号的频率范围是 100 Hz～8 kHz,那么传输语音信号是否要取 100 Hz～8 kHz 这样带宽的频率范围呢? 我们所知道所取的频带越宽,信号的自然度就越好,但设备的成本也就越高。由于人类语音的自然特性,语音的主要能量集中在 2.2 kHz 以下,更高的频率用于识别讲话人的声音特点。出于对设备成本与语音质量的考虑,就满足可懂度的要求而言,将语音信号频率范围取在 300 Hz～3.4 kHz 之内,通过滤波器可实现这一要求。

2. 抽样

抽样是指在时间轴上等距离地在各取样点取出原始模拟信号的幅度值。

由抽样定理可知,当模拟信号的最高频率为 f_{max} 时,只要取样脉冲的频率 $f_s \geqslant 2f_{max}$,取样后的信号中就包含有原模拟信号的全部信息。在接收端只需经过一个低通滤波器就能够还原成原模拟信号。这一过程称为脉冲幅度调制(PAM),取样后的信号称为脉冲幅度调制信号。

从低通滤波器输出的语音信号的最高频率是 3.4 kHz,按取样定理一般取 8 kHz 作为抽样频率,在接收端就能恢复原来的信号,也就是每隔 1/8 000 s(125 μs)对语音信号抽样一次。

3. 量化

经过取样后得到的脉冲幅度调制(PAM)信号,其幅度仍为连续值,为了将这个连续值离散化就要对它进行量化。所谓"量化"就是把一个无限多取值的信号用有限个数字来表示。

典型的量化过程是将 PAM 信号可能取值的范围划分成若干级,每个 PAM 信号按"四舍五入"的原则就近取某级的值。这种近似的表示法,使接收端信号在恢复时会产生一些失真,所造成的影响类似混入的噪声,所以把由于量化而产生的噪声称为量化噪声。量化噪声的大小完全取决于所表示的值与准确值之间的差别,可以通过缩小量化级间隔来减小量化误差,但由此带来的问题是语音编码的位数会增加。

4. 编码

编码是将量化后的脉冲值转换成 n 位二进制码组。二进制码的位数 n 与量化等级 L 的关系满足 $n = \log_2 L$。图 2-2 中量化等级为 128,采用 7 位二进制编码来表示,再使用一个比特作为符号位,所以一个数字用 8 位码来表示。

5. 解码

解码是编码的逆过程。在接收端将收到的 PCM 码组还原成 PAM 信号。这个过程又称为数/模变换(A/D 变换)。在 PCM 解码中,首先是将输入的串行的 PCM 数码变成并行的 PCM 码,然后变成 PAM 码,最后经过低通滤波器将波形平滑后恢复为原来的信号。

脉冲编码调制的主要工作过程及其对应的波形信号如图 2-2 所示。

2.1.2 时分多路复用技术

多路复用是指将多路信号在同一传输线上进行互不干扰的传输,它是提高传输线利用率,降低成本的有效途径。目前多路复用的方法有很多种,如频分复用(FDM)、时分复用(TDM)、空分复用(SDM)、波分复用(WDM)和码分复用(CDM)等。频分复用方法用于模拟通信,而时分复用方法用于数字通信。

取样定理使时间连续信号可以用离散信号来表示,这就为实现时分多路复用提供了理论依据。对一路信号进行时间取样时,两个取样点之间的时间都是空闲的,完全可以在这段

空闲时间内插入其他路的信号样值。图 2-3 所示的是在第 1 路信号两个样值点之间插入第 2~n 路信号的样值。

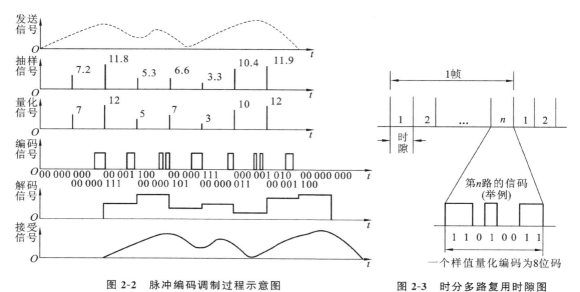

图 2-2　脉冲编码调制过程示意图

图 2-3　时分多路复用时隙图

时分多路复用正是利用各路信号在信道上占有不同时间间隔来把各路信号分开。具体来说,把时间分成均匀的时间间隔,将每一路信号的传输时间分配在不同的时间间隔内,以达到各路信号按时间相互分开,共享同一传输线的目的。

图 2-3 中,每路所占有的时间间隔为路时隙,简称时隙,用 TS 表示。

如果复用路数为 n,并且将每路语音信号的一个抽样值经量化编码后生成 8 位码。第 1 路信号的 8 位码占用时隙 1,第 2 路信号的 8 位码占用时隙 2,依此类推,第 n 路信号的 8 位码占用时隙 n。这样依次传送,待把第 n 路传输完后,再进行第二轮传送。每传一轮的总时间称为 1 帧。只要每一帧的时间符合取样定理的要求,通话就能实现。

如前所述,语音信号的取样频率 $f_s=8$ kHz,其取样周期 TS$=1/8\ 000=125\ \mu$s。则一帧的时间为 125 μs。对于 30/32 路 PCM 系统而言,一帧有 32 个时隙。要将一帧时间 125 μs 分成 32 个时隙,则一个时隙所占用的时间为 $125/32\ \mu$s$=3.9\ \mu$s。

时分多路复用的电路结构如图 2-4 所示。各路语音信号经低通滤波器 LP$_1$ 将频带限制在 3.4 kHz 以内,然后送到取样的电子开关 S$_1$。S$_1$ 受取样脉冲的控制,依次接通各输入线,

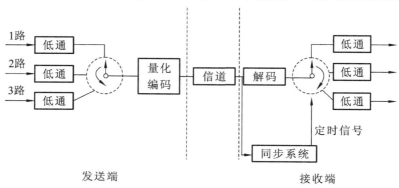

图 2-4　时分多路复用的电路结构图

将语音信号取样成 **PAM** 信号,循环一周的周期等于取样周期 TS,这样就达到了对每一路信号每隔 TS 间隔取样一次的目的。若是 30/32 路 PCM 系统 $n=32$,对每一路信号每隔 125 μs 取样一次,电子开关 S_1 的动作频率为 3.9 μs。

由图 2-4 可知,S_1 不仅起到取样的作用,同时还起到复用合路的作用,所以它也被称为"合路门"。各路的抽样信号按时间错开,送到公用编码器,进行量化编码,然后将数码送到信道。

在收端,将各路数码进行统一解码,使它还原成 PAM 信号,然后由分路开关 S_2 依次接通各路,在各分路中经过低通滤波器 LP_2 把 PAM 信号恢复为语音信号。接收端的分路开关 S_2 起到时分复用的分路作用,所以也被称为"分路门"。

> **注意**:S_2 与 S_1 的起始位置和脉冲频率必须一致,否则会造成错收。也就是说,收/发双方必须在时间上保持严格的同步。

随着 PCM 通信方式和大规模集成电路技术的发展,现在已采用分散编码/解码方式,即每一个话路分别采用一单片集成电路 PCM 编码器和解码器,进行单独编码和解码。单片编码器和解码器中分别包含 A/D 变换(取样、量化及编码部分)和 D/A 变换(解码部分)。

2.1.3 30/32 路 PCM 时分复用系统

1. 30/32 路 PCM 时分复用系统的构成

30/32 路 PCM 系统的结构框图如图 2-5 所示,话路容量为 30 路,同步码及告警码占 1 路,标志信号占 1 路,共 32 路(或称 32 个信道)。

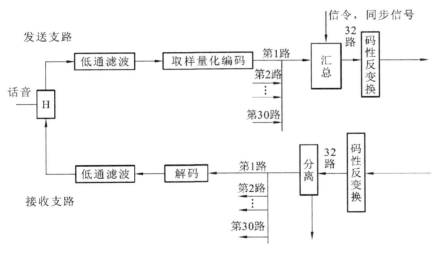

图 2-5 30/32 路 PCM 时分复用

1) 发送支路

每一话路的语音模拟信号经 2/4 线变换用的混合电路 1-2 端送入发送支路,由低通滤波器限制语音信号频带的上限为 3.4 kHz,再由单片集成电路的模/数(A/D)变换部分完成取样、量化和编码功能,编成单极性的 8 位 PCM 信号。然后在汇总电路把各话路的数字语音(或数据)信号、同步码(或告警码)和标志信号码插入到不同时隙,即按不同时隙进行时分合路,组成 PCM 信号群。最后由码型变换电路将其变换成适宜于传输的码型,由单极性码变换成双极性码(HDB3 码或 AMI 码)送往传输线。

2) 接收支路

在接收端,首先将接收到的 PCM 信号群的双极性码进行整形再生,然后经过码型反变换电路恢复成原始编码码型。经分离电路将各话路的语音信号(或数据)、同步码(或告警码)和标志信号码进行分路,分离出来的各话路信号经各自的数/模(D/A)变换部分完成解码功能,使之恢复成 PAM 信号。最后经过低通滤波器恢复每一话路的语音模拟信号。

2. 30/32 路 PCM 系统的帧结构

帧结构是指在一帧(或取样周期)时间内的时间分配关系,如图 2-6 所示。它包括了时隙、码位、同步与标志信号的分配关系。图 2-6 所示的是 30/32 路 PCM 系统的帧结构。图的最上部 F0,F1,…,F15 表示帧顺序,由 F0~F15 共 16 个帧组成了一个复帧,每一帧有 32 个时隙,每一时隙有 8 位码组。TS1~TS15 和 TS17~TS31 共 30 个时隙为"话路时隙",用于传送 30 个话路的语音信号,一个时隙传输一路语音信号。TS1 为第 1 路语音信号的时隙,传输第 1 路语音信号;TS17 为第 16 路语音信号的时隙,传输第 16 路语音信号;TS31 为第 30 路语音信号的时隙,传输第 30 路语音信号;TS0 为"帧同步时隙",用于收/发端同步;TS16 为"标志信号时隙",用来传送复帧同步码和各个话路的标志信号。标志信号是指中继话路的占用/空闲信号等,从而使两个交换机能够相互配合,自动完成电话接续任务。

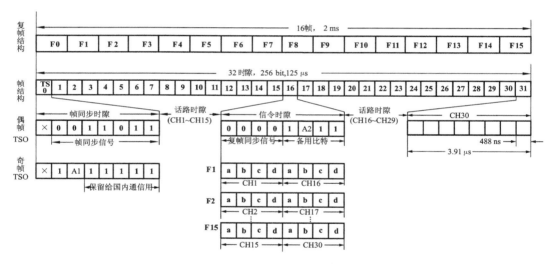

图 2-6　30/32 路 PCM 系统的帧结构

帧同步时隙 TS0,每隔 1 帧传送 1 次帧同步码,帧同步码中第 1 位为留作国际通信用的备用比特,后面 7 位码是帧定位码组,规定为"0011011"。传送同步码的帧,定义为"偶数帧""奇数帧"。TS0 的第 1 位也留作国际通信用的备用比特;第 2 位固定为"1",以便接收端能区分奇数帧;第 3 位为帧失步告警码,用于向对端局告警,同步时该位码为"0",表示对方局至本局同步情况正常,反之,当对方局至本局的同步情况失常时,即置该位为"1",通知对方已失步无法工作;第 4~8 位码可作其他信号用,在未用前暂时固定为"1"。

TS16 作为话路标志信号时隙,用来传送各个话路的标志信号。由于电话的标志信号频率低,每隔 2 ms 传送一次,即电话标志信号的取样频率是 500 Hz,是语音取样频率的 1/16,因而将连续发生的 16 个帧作为一个复帧,30 个话路的标志信号及复帧同步信号用 1 个复帧中的 TS16 来表示即可。F1~F15 帧的 TS16 用来表示话路的标志信号,由于话路标志信号的信息类型不多,一次每一路标志信号采用 4 位码,以 a、b、c、d 表示,这样一个时隙可传送 2

个话路的标志信号,在F1～F15这15帧内可传送30路标志信号。F0帧的TS16用来传送复帧同步信号,其前四位码为复帧同步码"0000",第6位为复帧失步告警码,同步时为"0",失步时为"1",余下码位备用,未用前暂固定为"1"。

> **注意**:标志信号a、b、c、d不能全为"0",否则就会与复帧同步码混淆了。

由帧结构可以方便地求出30/32路PCM系统的码流速率,1帧有32个时隙,每个时隙传送8 bit,一帧共传送32×8 bit=256 bit,一帧时间长度为125 μs,传送码流速率为256 bit/125 μs=2.048 Mbit/s,即30/32PCM系统的码流速率为2.048 Mbit/s。对于30个话路的某一路来说,每秒取样8 000次,每次传8 bit,码流速率为8×8 000 bit/s=64 kbit/s,即每路数据传输的码率为64 kbit/s。一个复帧有16帧,时间长度为16×125 μs=2 ms。

2.1.4 PCM一次群和高次群

数字电话通信主要是PCM通信,随着电子技术的发展,PCM通信也在飞跃发展。PCM传输设备已由电缆扩展到数字微波中继、光缆和卫星。PCM传输话路容量已由一次群(基群)30路发展到二次群的120路、三次群的480路、四次群的1920路……现已发展到上万路的高次群。这些高次群不仅可以用来传输电话、电报、传真等窄带信号,而且可以用来传送可视电话、高速数据和高清晰度电视等宽频带信号。

在频分制通信系统中,高次群系统也可以由若干个低次群的信号通过频率搬移叠加而成的。例如,超群60路是由5个基群12路经过频率搬移叠加而成,1800路是30个60路经过频率搬移叠加而成。

在时分制数字通信系统中,高次群系统也可以由若干个低次群的数字信号通过数字复接设备汇总而成。北美和日本采用以1 544 kbit/s(24路PCM)为基群速率的数字速率系列;欧洲和俄罗斯采用以2 408 kbit/s(30/32路PCM)为基群的数字速率系列。我国也采用以2 408 kbit/s为基群的数字速率系列。两类数字速率系列如表2-1所示。

表2-1 基群速率序列

	北美,日本		欧洲,中国	
	信息速率 kb/s	路数	信息速率 kb/s	路数
基群	1,544	24	2,048	30
二次群	6,312	96	8,448	120
三次群	32,064 或 44,736	480 或 672	34,368	482
四次群			139,264	1920

4个一次群复用为1个二次群时,其传输码率为8 448 kbit/s,由于同步所需,平均对每个一次群高出64 kbit/s((8 448/4－2048)kbit/s=64 kbit/s)。4个二次群复用为1个三次群,传输码率为34.368 kbit/s,4个三次群复用为1个四次群,传输码率为139.264 Mbit/s,同样可将4个四次群复用为1个五次群,传输码率为564.992 Mbit/s。

上述高次群系列,除了通过数字复接设备由若干个低次群汇接构成外,也可由宽带模拟信号编码所得的数字信号送入各高次群信道传输而构成。采用宽带模拟信号进行编码时所需的取样频率及所得的数码率举例如图表2-2所示。

表 2-2　PCM 数字复接系列

名称	频带宽度/kHz	路数	抽样频率/kHz	编码位数（方式）	数码率/(kbit/s)
载波基群	60～108	12	112	13(线性)	1556
载波基群	312～552	60	576	12(线性)	6912
载波主群	812～2044 (60～1300)	300	2600	10(线性)	26000
载波 16 超群	60～4028	960	8432	10(线性)	84320
可视电话	0～1000	/	2048	4(DPCM)	8192
电视	0～6000	/	13300	9(线性)	119700
高质量广播	0～15	/	32	13(线性)	448

对于可视电话、电视盒高质量广播节目的抽样频率可按 $f_s \geqslant 2f_{\max}$ 的要求选取。在一般情况下，可视电话的传输频带为 0～1 MHz，目前大多采用 DPCM（差分 PCM）方式，编 4 位码，抽样频率多选取为 2048 kHz，故所需的数码率为 8192 kbit/s，可以进入二次群信道中传输。

PCM 基群的码率较低，可在市话电缆或明线中传输。PCM 二次群的码率较高，需要用对称电缆、低电容电缆或微同轴电缆传送。对于三次群以上的传送需要采用同轴电缆、波导或光缆作为传输信道。

2.2　交换单元与交换网络

2.2.1　交换单元

交换单元是构成交换网络的最基本部件，用若干个交换单元按照一定的拓扑结构和控制方式就可以构成交换网络。连接特性是交换单元的基本特性，它反映交换单元入线到出线的连接能力。

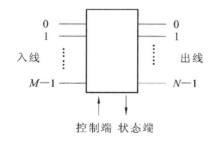

图 2-7　$M \times N$ 的交换单元

1. 交换单元的基本概念

1）交换单元的功能

交换单元的最基本功能就是交换功能，即在任意的入线和出线之间建立连接，或者说是将入线上的信息传递到出线上去。在交换系统中完成这一基本功能的部件就是交换网络，它是交换系统的核心。交换网络是由若干个交换单元按照一定的拓扑结构和控制方式构成的。交换单元是构成交换网络的最基本部件，如图 2-7 所示。

图 2-7 中的交换单元具有 M 条入线，N 条出线，称为 $M \times N$ 的交换单元。其中，入线用 0～$M-1$ 编号来表示，出线用 0～$N-1$ 编号来表示。若入线数与出线数相等且均为 N，则称为 $N \times N$ 对称交换单元。交换单元通常同时还必须具有完成控制功能的控制端和描述内部状态的状态端，才能完成信息的交换。交换单元是信息交换的基本单位。

2）交换单元信息交换的方式

如果有信息需要交换，当信号到达交换单元时，根据复用方式的不同，可分为时分复用方式和统计复用方式。

在时分复用方式中,同步时分复用信号只携带用户信息,没有指定出线地址,需要交换单元根据外部送入的命令,在交换单元内部建立通道,将该入线与相应的出线连接起来,入线上的输入信号沿内部通道在出线上输出,如图 2-8(a)所示,入线的信息没有指定出线的地址,由交换单元根据内部的空闲情况,建立一个通道,使信息从出线输出,具体从哪一条出线输出取决于交换单元的控制信号。在统计复用方式中,统计复用信号不仅携带用户信息,还有出线地址。这时,交换单元可根据信号所带的出线地址,在交换单元内部建立通道,如图 2-8(b)所示。对于统计复用的信号,各个分组信息在输入时使用不同的时隙,它的标识码在一次接续中是相同的,而且在终端还要按照发送信息的先后顺序排列。标识码也是路由选择的标志。

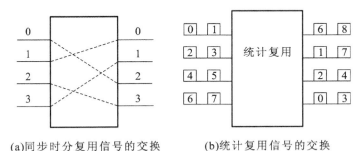

(a)同步时分复用信号的交换　　　(b)统计复用信号的交换

图 2-8　信号到达转换单元时出现的两种情况

3)交换单元的分类

(1)根据入线和出线数目的不同,可大致分为以下三类,如图 2-9 所示。

- 集中型:入线数大于出线数($M>N$),可称为集中器。
- 分配型:入线数与出线数相等($M=N$),可称为连接器。
- 扩散型:入线数小于出线数($M<N$),可称为扩展器。

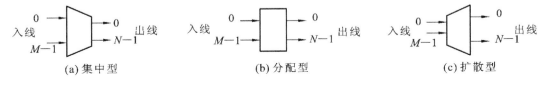

(a)集中型　　　　　　(b)分配型　　　　　　(c)扩散型

图 2-9　交换单元分类 1

(2)根据不同的信息流向,可以分为以下两类,如图 2-10 所示。

- 有向交换单元:当信息经过交换单元时只能从入线进、出线出,不能从入线出、出线进,具有唯一确定的方向,如图 2-10(a)所示。
- 无向交换单元:将一个交换单元的相同编号的入线和出线连在一起,每一条都既可入也可出,即同时具有发送和接收功能,如图 2-10(b)所示。

(a)有向交换单元　　　　　　　　　　(b)无向交换单元

图 2-10　交换单元分类 2

4）交换单元的连接特性

（1）连接的表示形式。

连接是指交换单元接入线和出线的"内部通道"。交换单元的基本特征是连接特性，它反映交换单元入线到出线的连接。对连接特性有效而正确的描述，就可以反映交换单元的特性。其表示形式有如下几种。

① 函数表示形式。

如果用 x 表示入线编号（二进制表示），那么连接函数 $f(x)$ 表示的是出线编号，其中 $0 \leqslant x \leqslant M-1, 0 \leqslant f(x) \leqslant N-1$。连接函数实际上也反映了入线编号构成的数组和出线编号构成的数组之间对应的排列关系，连接函数也被称为置换函数或排列函数。一个连接函数对应一种连接，连接函数表示相互连接的入线编号和出线编号之间的一种对应关系，即存在函数 f，入线 x 与出线 $f(x)$ 相连接。另外从集合角度讲，一个连接函数反映了一个连接集合中集合和集合的一种映射关系。

② 排列表示形式。

用输入/输出线的对应表示连接的关系。

输入线：$t(0), t(1), \cdots, t(n-1)$。

输出线：$r(0), r(1), \cdots, r(n-1)$。

上面的对应关系表示的是入线 $t(i)$ 对应出线 $r(i)$，即入线 $t(0)$ 对应出线的 $r(0)$，入线 $t(1)$ 对应出线 $r(1)$，入线 $t(n-1)$ 对应出线的 $r(n-1)$。

> **注意**：入线和出线不一定是一一对应的，入线或者出线是允许相同的，在上面的入线和出线都没有重复的元素，可将它们看成是点到点的连接。

③ 图形表示形式。

用图形直观地来表现某一时刻交换单元的入、出线连接关系。图形表示是最常用的方法之一，在实际使用时，图形表示形式通常和别的描述方式结合在一起的。

（2）交换单元常用的连接函数有如下几种。

① 直线连接。

函数表示：$$f(x_{n-1} x_{n-2} \cdots x_1 x_0) = x_{n-1} x_{n-2} \cdots x_1 x_0$$

排列表示：$N=4, N=8$；

$$\begin{pmatrix} 0 & 1 & 2 & 3 \\ 0 & 1 & 2 & 3 \end{pmatrix}、\begin{pmatrix} 0 & 1 & 2 & 3 & 4 & 5 & 6 & 7 \\ 0 & 1 & 2 & 3 & 4 & 5 & 6 & 7 \end{pmatrix}。$$

图形表示：$N=4, N=8$，如图 2-11 所示。

② 交叉连接。

交叉连接实现地址编码为：第 0 位和第 1 位入线和出线连接；第 2 位和第 3 位入线和出线连接；第 4 位和第 5 位的入线和出线连接；所有的入线 $2n$ 和出线 $2n+1$ 相连；入线 $2n+1$ 与出线 $2n$ 连接。

函数表示：$f(x_{n-1} x_{n-2} \cdots x_1 x_0) = x_{n-1} x_{n-2} \cdots x_1 \overline{x_0}$。其中，$\overline{x_0}$ 表示 x_0 取非。

当 $N=4$ 时，其连接函数为 $E(X_1 X_0) = X_1 \overline{X_0}$，当 $N=8$ 时，其连接函数为 $E(X_2 X_1 X_0) = X_2 X_1 \overline{X_0}$。

当 $N=4$ 时，$N=8$ 时，排列的形式分别为 $\begin{pmatrix} 0 & 1 & 2 & 3 \\ 1 & 0 & 3 & 2 \end{pmatrix}、\begin{pmatrix} 0 & 1 & 2 & 3 & 4 & 5 & 6 & 7 \\ 1 & 0 & 3 & 2 & 5 & 4 & 7 & 6 \end{pmatrix}。$

其图形的连接形式如图 2-12 所示,图 2-12(a)为 $N=4$ 的图形表示,图 2-12(b)为 $N=8$ 的图形表示。

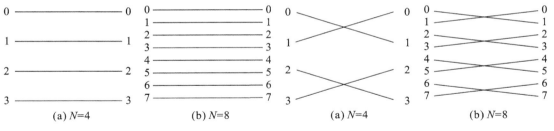

图 2-11　直线连接的图形表示法　　图 2-12　交叉连接的图形表示法

③ 均匀洗牌连接。

均匀洗牌连接是把入线二进制地址编号循环左移作为出线地址编号,也就是将输入端分为数目相同的两个部分,分别与输出端进行均匀洗牌,即一个隔一个地与输出端相连,函数表示为 $f(x_{n-1}x_{n-2}\cdots x_1x_0)=x_{n-2}\cdots x_1x_0x_{n-1}$。均匀洗牌函数其实像移动寄存器一样,地址码循环左移一位。

$N=4$ 时,$N=8$ 时,排列的形式分别为:$\begin{pmatrix} 0 & 1 & 2 & 3 \\ 1 & 0 & 3 & 2 \end{pmatrix}$、$\begin{pmatrix} 0 & 1 & 2 & 3 & 4 & 5 & 6 & 7 \\ 1 & 0 & 3 & 2 & 5 & 4 & 7 & 6 \end{pmatrix}$。

图 2-13(a)所示的是 $N=4$ 的洗牌连接,图 2-13(b)所示的是 $N=8$ 的洗牌连接。洗牌连接的特点是:第 0 个入线和第 0 个出线连接;第 1 个入线和第 1 个出线连接;第 $n-1$ 个入线和第 $n-1$ 个出线连接。即将输入端分成数目相等的两半,前一半和后一半按原顺序时间排列进行置换。

（3）交换单元的性能。

交换单元的性能一般用接口、容量、功能和质量来描述,分别介绍如下。

● 接口:交换单元需要规定自己的信号接口标准,对于传送不同形式的信号有不同的接口标准,对于不同类别的信号也可以有不同的接口标准。交换单元可以是有线的,也可以是无线的;既可以传送模拟信号,也可以传送数字信号。对于传送同一信号,在不同的系统中,相同的交换单元接口,它们在大多数情况下是不兼容的。

● 容量:交换单元的所有入线可以同时送入的总信息量称为交换单元的容量。其容量不仅与输入端的数目有关,也与每一个输入端所采用的复用方式有关。例如,对于采用时分的 PCM 信号,如果一个输入端是 1 路 PCM,那么信息传送的速率是 2.048 Mbit/s;如果一个输入端是 n 路 PCM,那么传送的速率是 $n\times2.048$ Mbit/s。

● 功能:根据交换的信息不同,可以完成从点到点的信息传送,也可以实现点到多点的信息传送功能。对于电路交换,它的交换单元主要是完成点对点的信息传送,而且是双向传送。

● 质量:一个交换单元的质量包括它完成交换功能的情况和信息经过交换单元的损伤。前者包括交换单元能够进行交换的速度、在信号的信噪比较小的情况下是否能完成指定连接;后者包括信息经过交换单元时是否能够正确传送、可能的误码率、经过交换单元的时延等。

2. 时间接线器的基本原理

时间接线器用来完成在一条复用线上时隙交换的基本功能,可简称为 T 接线器。交换

网络是交换机能实现任意两个用户通话最关键的部件,数字交换网络的基本单元都是接线器。接线器按其功能不同,可分为时间接线器和空间接线器。下面先为大家介绍时间接线器。

1)时间接线器的结构和功能

T型时间接线器简称 T 接线器。它由话音存储器(SM)和控制存储器(CM)两部分组成,图 2-14 所示的是 T 接线器的基本结构示意图。其功能是进行时隙交换,完成同一线路不同时隙的信息交换,即把某一时分复用线中的某一时隙的信息交换至另一时隙。话音存储器用于暂存经过 PCM 编码的数字化话音信息,由随机存取存储器(RAM)构成。控制存储器也由 RAM 构成,用于控制话音存储器信息的写入或读出。话音存储器存储的是话音信息,控制存储器存储的是话音存储器的地址。

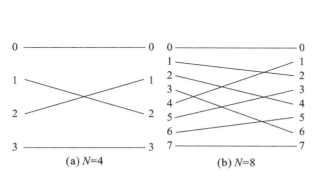

图 2-13　均匀洗牌连接的图形表示法

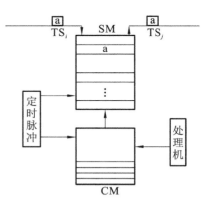

图 2-14　时间接线器的基本结构示意图

所有的数据都从数据入线进入,所有的数据都从数据出线输出,在话音存储单元完成信息的交换。时间接线器采用缓冲存储器暂存话音的数字信息,并用控制读出或控制写入的方法来实现时隙交换,话音存储器和控制存储器都采用随机存取存储器构成。它的基本结构包括以下几个部分。

(1)话音存储器用来暂存数字编码的话音信息。每个话路时隙有 8 位编码,故话音存储器的每个单元应至少具有 8 比特。话音存储器的容量,也就是所含的单元数应等于输入复用线上的时隙数。假定输入复用线上有 512 个时隙,则话音存储器要有 512 个单元。

(2)控制存储器的容量通常等于话音存储器的容量,每个单元所存储的内容是由处理机控制写入的,内容为话音存储器的地址。

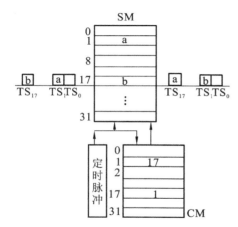

图 2-15　时间接线器的读出控制方式示意图

(3)T 接线器的主要功能是完成不同时隙的信息交换。

2)时间接线器的工作原理

根据时间接线器的话音存储器受控制存储器的控制方式的不同,可分为:顺序写入,控制读出,简称为输出控制;控制写入,顺序读出,简称为输入控制。下面对这两种控制方式的 T 接线器分别进行简单介绍。

(1)读出控制方式。

读出控制方式的 T 接线器是顺序写入控制读出的,如图 2-15 所示。它是话音存储器 SM 的写入,是在定时脉冲控制下的顺序写入,其读出是受控制存储器的控制读出的。话音存储器中每个存储单元内存入的是发话人的话音信息编码,通常是 8 位编码。

对于一条的 PCM,有 32 个时隙,在定时脉冲的控制下,在每一路时隙发出一个控制脉冲,由计数器发出地址码。假如主叫用户占用的时隙 TS_1 和被叫用户占用的时隙 TS_{17} 这两个用户需要交换信息,也就是把 TS_1 的信息 a 和 TS_{17} 的信息 b 进行交换。T 接线器的工作是在中央处理机的控制下进行。当中央处理机得知用户的要求(拨号号码)以后,首先通过用户闲忙表,查被叫用户是否空闲,若空闲,就置忙,占用这条链路。中央处理机 CPU 根据用户要求,向控制存储器发出写命令,写控制存储器的地址为 1,其内容为 17,也就是被叫所占用的时隙,表示话音存储器的地址 17 的话音存储单元存放的是被叫的信息;同时 CPU 根据用户要求,控制存储器地址为 17 的内容写 1,也就是主叫用户所占用的时隙,表示话音存储器地址为 1 存储单元存放的是主叫信息。TS_1 时隙到来后,读取控制存储器地址为 1 的单元内容"17",表示读出话音存储器地址为 17 的信息 b;TS_{17} 时刻到来,读取控制存储器地址为 17 的单元内容"1",读取的内容为话音存储器的单元对应的地址,读话音存储器地址为 1 的信息 b,这样就完成了主叫和被叫用户的信息交换。

主叫用户占用的时隙和被叫用户占用的时隙由中央处理机决定的,而且这两条话音通道是同时建立的。它们在中央处理机的控制下,向控制存储器发出写命令。在整个通话过程中,写命令只需要下达一次,在一次完整的通话过程中,对应控制存储器的内容是不变的,没有占用的时隙可以被别的通话所占用。在通话结束时,中央处理机再发出写的命令,将其对应的内容置"空闲"。

(2)写入控制方式。

T 接线器采用写入控制方式时,T 接线器如图 2-16 所示。它的话音存储器 SM 的写入受控制存储器控制,它的读出则是在定时脉冲的控制下顺序读出。

当中央处理机得知用户要求后,即主叫用户信息 a 和被叫用户信息 b 需要进行交换。假如主叫用户所占用的时隙为 TS_1,被叫用户所占用的时隙为 TS_{17},这两个时隙进行信息交换,所以中央处理机向 T 接线器的控制存储器的地址为 1 的单元填写 17,也就是被叫用户的时隙号;向控制存储器地址为 17 的单元写入 1,也就是主叫用户所占用的时隙号。当 TS_1 时隙到来,由于控制存储器的地址为 1 的信息写入 17,TS_1 到来

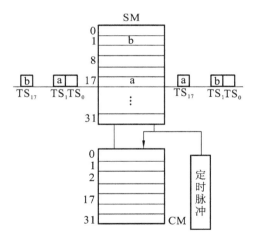

图 2-16 时间接线器的写入控制方式示意图

后,根据控制存储器的地址为 1 内写的信息(17),写入控制存储器相对应的话音存储器地址为 17 的话音存储单元,同时话音存储器地址为 1 的内容被读取,送到输出的数据线上;当 TS_{17} 时隙到来,数据输入线 TS_{17} 的内容写入话音存储器地址为 1 的存储单元,同时地址为 17 的话音存储器单元的内容送到输出的数据线上。

3)时间接线器的复用和分路

对于输入为 n 条 PCM 时,为了在 T 接线器上实现时隙交换,就需要采用复用和分路的方法。在实际的数字交换系统中,为了达到一定的容量要求,在条件允许的情况下,要尽量提高 PCM 复用线的复用度。这就需要在交换前,要将多个 PCM 低次群系统复用成 PCM

高次群系统,然后一并进行交换,这个复用的过程也称为集中。在完成交换后,还要将复用的信号还原到原来的 PCM 低次群上,这个还原的过程称为分路。在程控交换机中,这样的过程通常与复用、分路的过程结合实现。时分接线器的交换容量主要取决于组成该接线器的存储器容量和速度,以 8 端或 16 端 PCM 交换来构成一个交换单元,每一条 PCM 线称为 HW。图 2-17 所示的是 8 端脉码输入的 T 接线器方框图,由复用器、话音存储器、控制存储器和分路器等组成。

T 接线器输入端由 8 条 PCM 组成,所以它的话音存储器应该有 8×32 个存储单元,即 256 个存储单元。T 接线器的控制存储器的单元数目应该与它的话音存储器的相同。8 个输入端的数据线输入数据,经过复用器送到话音存储器,从话音存储器出来的话音信息,经过分路器,送到各处 PCM。

(1) 复用器。

复用器的基本功能是串/并转换,其目的是降低数据传输速率,便于半导体存储器件的存储和读取操作;尽可能利用半导体器件的高速特性,使在每条数字通道中能够传送更多的信息,提高数字通道的利用率。复用器的结构示意图如图 2-18 所示,它由移位寄存器和 8 选 1 选择器组成。

① 串行码:话音数字信号传输时通常采用串行码,而数字交换网络中大量采用的话音存储器则要求并行存取,以提高信号的存取速度,在话音数字信号的传输与交换过程中,常常需要在串行码与并行码之间进行转换。所谓串行码,就是随着时间的推移,按顺序传输的一串脉冲,它们按时隙号和位号排列。图 2-19 所示的是 8 条 PCM 线串行码的传输示意图,其中的每一路 PCM 信息传送的方法是一样的,即先传递 TS_0 的 D_0,然后传递 TS_0 的 D_1,D_2,$\cdots$,D_7,接着是 TS_1 的 D_0,$\cdots$,D_7 一直到 TS_{31} 的 D_0,$\cdots$,D_7,直至完成了一帧信号的传输,接着按顺序传送下一帧,周而复始地进行下去。

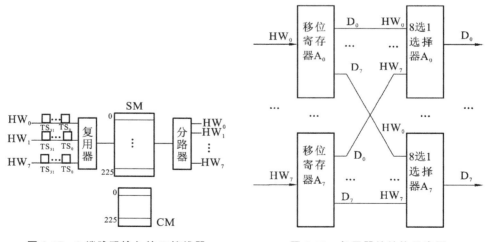

图 2-17 8 端脉码输入的 T 接线器　　　图 2-18 复用器的结构示意图

每一路码传输速率是 2.048 Mbit/s,8 路串行码的传送速度是 16.384 Mbit/s。若 16 端输入时,其传输速率将达到 32.768 Mbit/s,这样高的传输速率会带来许多问题。为了降低传输速率,把串行的码流转换成并行码。输入的串行码,通过移位寄存器把串行码变成并行码,降低了 8 倍的速率,数据线的数目同时也增加了 8 倍。每一条 PCM 的时隙串行码变成并行码后,还要把 8 路的 PCM 变成并行码。

② 并行码:并行码是把每时隙的 8 位码分开在 8 条线上传送,8 条线为一组,每条线只

传送8位码中的一位。而这8位码要同时传送,其传送顺序也是按时隙号传送。如图2-18所示,在串行码传送时,每帧有32×8 bit,而如图2-20所示,在采用并行码传送时,每帧每一条传输码元只有32 bit,每条线上的码率仅为串行码传送时的1/8,当然这是以增加了传输线的条数为代价的。

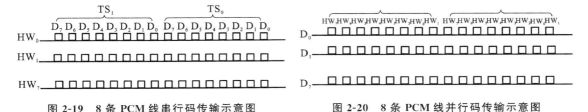

图 2-19   8 条 PCM 线串行码传输示意图   图 2-20   8 条 PCM 线并行码传输示意图

③ 并路复用:从串/并变换出来的是8路的并行PCM码,每一条PCM码之间要进行并/串复用。8端PCM脉码输入的256个时隙排列方式应是HW_0的TS_0,HW_1的TS_0,HW_2的TS_0,…,HW_7的TS_0;HW_0的TS_1,HW_1的TS_1,HW_2的TS_1,…,HW_7的TS_1,依此类推。各条线上的时隙号与复用器输出总时隙号对应关系表示为:输出总的时隙号=HW线的时隙号×8+HW序号。图2-21所示的是并路复用的示意图。8路的PCM并行信息,每一路的信息D_0都送入第一个8选1选择器,每一路的信息D_1都送入第二个8选1选择器,依此类推,直到每一路的信息D_i都送入对应的第$i+1$个8选1选择器。

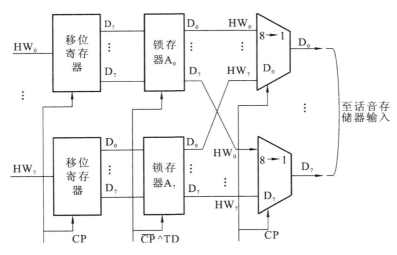

图 2-21   并路复用传输示意图

(2)分路器。

分路器一般由锁存器和移动寄存器组成,主要是完成并/串转换和分路输出。图2-22所示的是分路器的示意图。假如输入的8位PCM并行码,分别送入8个锁存器,在位脉冲的控制下,每一路的信息HW_i的信息送入对应的锁存器。HW_0的信息在位定时脉冲控制下,在第0路锁存器输出;HW_1的信息在位定时脉冲控制下,在第1路对应的锁存器输出,依此类推。从每一个锁存器输出的信息是并行的1路PCM码流,移位寄存器的功能是实现将并行的8位PCM码转换成8位串行的PCM码。

4)时间接线器的容量

时间接线器的容量等于话音存储器的容量及控制存储器的容量,也等于输入复用线上的时隙数,一个输入N路复用信号的时间接线器就相当于一个$N \times N$交换单元。因此,增

加 N 就可以增加交换单元的容量。在输入复用信号的帧长和并行数据位数确定时,N 越大,存储器读写数据的速度就越快,所以 N 的增加是有限的。

3. 空间接线器基本原理

空间接线器实际上是时分的空间接线器,其功能是完成信息的空间交换,它的每一个交叉点是时分复用的。空间接线器也是常用的接线器之一。

空间接线器用来完成对传送同步时分复用信号的不同复用线之间的交换功能,而不改变其时隙位置,可简称为 S 接线器。S 接线器是由 $m \times n$ 交叉点矩阵和控制存储器构成。在每条入线 i 和出线 j 之间都有一个交叉点 K_{ij},当每个交叉点在控制存储器控制下接通时,相应的入线即可与相应的出线相连,但必须建立在一定的时隙基础上。S 接线器和 T 接线器的控制存储器的结构基本相同,但 S 接线器没有话音存储器。

根据控制存储器是控制输出线上交叉接点闭合还是控制输入交叉接点的闭合,可分为输出控制方式和输入控制方式两种。

图 2-23 所示的是一个输出控制方式的 S 接线器。它有 8 条输入母线和 8 条输出母线,每一条入线和出线都有一个交叉点,共有 64 个交叉点。假如每一条数据线传送 1 条 PCM,每一条输出线上都对应有一个控制存储器,每个存储器都有 32 个存储单元。

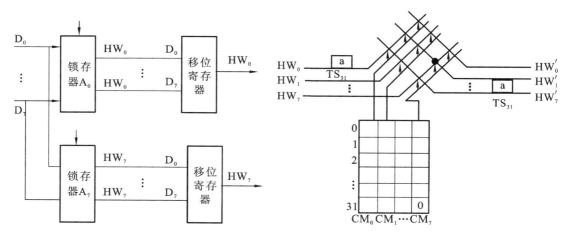

图 2-22 分路器的传输示意图　　　图 2-23 空间接线器的输出控制方式示意图

HW_0 路的 TS_{31} 信息 a 要经过 S 接线器到达 HW_7,所以 CPU 向 HW_7 对应的控制存储单元下达写命令,由于要经过 S 接线器的信息占用的是 TS_{31} 时隙,所以它的控制存储器地址为 31 的存储单元写 0,表示 HW_0 路的信息要送到 HW_7 路。当 TS_{31} 时隙到来时,在时钟的控制下,读 HW_7 的地址为 31 的存储单元的内容。它的内容为 0,所以 CPU 在 TS_{31} 时隙 HW_0 和 HW_7 的交叉点闭合,信息 a 便从 HW_0 送到 HW_7,完成了信息的交换。

输入控制方式的接线器是每条输入线上有一个控制存储器,它与输出控制方式一样也是每条输入线和输出线都有一个交叉点。在每个交叉点都有一个控制存储单元相连,控制交叉点的接通和断开。控制存储器的写入受 CPU 的控制。

图 2-24 所示的是一个 8×8 的输入控制方式的 S 接线器。它有 8 条数据输入线和 8 条数据输出线,每一条输入线和输出线都有一个交叉的点。如果它也是一条数据线对应 1 条 PCM,它的控制存储单元也有 32 个,与 PCM 的时隙一一对应。如果 HW_1 的 TS_{31} 话音信息 a 要送到 HW_7,所以 CPU 向 HW_1 控制存储器下达写命令。CPU 向 HW_1 的地址为 31 的存储单元写入 7。这样如果 TS_{31} 时隙到来,读 HW_1 地址为 31 的存储单元内容"7",使 HW_1

和 HW_7 的交叉点闭合,信息 a 从 HW_1 交换到 HW_7,但时隙没有变化,还是 TS_{31},完成的交换只是空间位置上的变换。

4. 总线型交换单元的基本原理

1）一般结构

总线是最早用于计算机领域中的名词,是指把计算机的各个部件连接在一起的技术设备。其最简单的情况就是一组连线。但总线与一般连线不同的地方是:总线一般是把多余两个的器件连接在一起。"总"又有汇总、集中点的意思。例如,在普通计算机中中央处理器从存储器中读数、中央处理器向存储器写数、中央处理器向外设写数或读数等,各个部件之间的数据流通都是通过总线来进行的。因此,总线相当于一个数据的集散地。因此,总线也完全可以用于电信交换。

在电信交换中使用的总线型交换单元的一般结构如图 2-25 所示。其包括入线控制部件、出线控制部件和总线三部分。交换单元的每条入线都经过各自的入线控制部件与总线相连,每条出线也经过各自的出线控制部件与总线相连。总线按时隙轮流分配给各个入线控制部件和出线控制部件使用,分配到的输入部件将输入信号送到总线上。

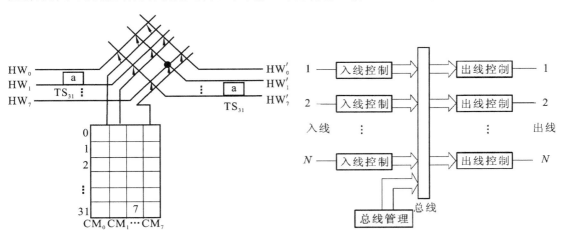

图 2-24　空间接线器的输入控制方式示意图　　　图 2-25　总线型交换单元的一般结构

2）功能及特点

总线型交换单元的各部件功能如下。

（1）入线控制部件的功能是接收入线信号,进行相应的格式变换,放在缓冲存储器中,并在分配给该部件的时隙上把收到的信息送到总线上。因为输入信息是连续的比特流,而总线上接收和发送信息则是突发的,所以设一个入线控制部件每隔时间 t 获得一个时隙,输入信息的速率为 v b/s,则缓冲存储器的容量至少应该是 $(v \times t)$ b。

（2）出线控制部件的功能是检测总线上的信号,并把属于自己的信息读入一个缓冲存储器中,进行格式变换,然后由出线送出,形成出线信号。同理,设一个出线控制部件在每个时间段 t 内获得的信息量是一个常数,而出线的数字信息速率为 v b/s,则缓冲存储器的容量至少应该是 $(v \times t)$ b。

（3）总线一般包括多条数据线和控制线。数据线用于在入线控制部件和出线控制部件之间传送信号,控制线用于控制各入线控制部件获得时隙和发送信息,以及出线控制部件读取属于自己的信息。一般将总线包括的数据线数和控制线数称为总线的宽度。又因为其中数据线的多少对于交换单元的容量有决定性的意义,故有时也就把总线包括的数据线称为

总线的宽度。

（4）总线时隙分配应按一定的规则。最简单也最常用的规则是不管各入线控制部件是否有信息，只是按顺序把时隙分给各入线。比较复杂但效率较高的规则是只在入线有信息时才分配给时隙。

由上述可知，总线型交换单元入线数和信号速率受总线上面能够传送的信息速率及入线、出线控制电路的工作速率的限制。

5．数字交换单元（DSE）基本原理

DSE 是组成数字交换网络（DSN）的基本单元。

1）结　构

DSE 的结构如图 2-26 所示，具体介绍如下。

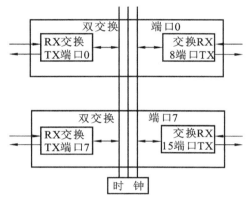

图 2-26　DSE 的结构

（1）每个 DSE 由 8 个双交换端口构成，共有 16 个交换端口。每个交换端口是双向端口，分为发送侧（TX）和接收侧（RX）两部分。每个交换端口接一条 32 路双向 PCM 链路，输入/输出串行码速率 4096 kb/s，每帧 32 路，称为 32 个信道，每路 16 bit。

（2）16 个交换端口之间用 39 条并行时分复用总线连接，包括以下类型。

● 数据总线：16 条。
● 端口地址总线：4 条。
● 信道地址总线：5 条。
● 控制总线：5 条。
● 证实线：1 条。
● 返回信道总线：5 条。
● 时钟线：3 条。

（3）端口的接收侧（RX）包括（见图 2-27）以下部分。

● 输入同步电路：由于输入 PCM 链路的速率虽然相同，但其相位可能有差异，即其帧和位可能不同步，本电路就是为了使帧和位同步。

● 端口 RAM：有 32 个存储单元，每个单元对应 1 条信道，其存入内容是该信道应接续的发送端口的号码。

● 信道 RAM：有 32 个存储单元，分别对应于 32 个信道，存入的内容是该信道应接续的发送话路号码。

（4）端口的发送侧包括以下部分。

● 数据 RAM：交换用的话音存储器，有 32 个存储单元，分别对应于 32 个信道，采用控制写入，顺序读出的方式。

● 端口比较器：将时分复用总线上的端口号码与本端口号码相比较，如果相同，就说明数据总线上的数据是送至本端口的。

● 发送控制：用来协调发送侧的内部操作，如对 RAM 的读写、空闲话路选择等。

DSE 的 16 个交换端口中，任一端口接收侧 32 个信道中的任一信道可通过时分复用总线连接到 16 个交换端口中任一端口发送侧 32 个信道中的任一信道。所以，这实际上是一个 512×512 的无向分配型交换单元。

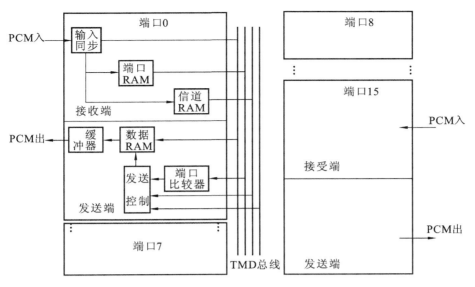

图 2-27 DSE 的端口结构简图

2）工作原理

PCM 链路每帧有 32 个信道,每路有 16 个比特。这 16 比特信息称为信道字,信道字中既可以有控制信息,又可以有用户话音/数据信息,DSE 根据收到的不同信道字来完成不同的任务。

当选择和建立通路时,若所选信道成功,会沿一条证实线回送一个"证实"信号(ACK),若选择遭到改变,则回送一个"不证实"信号(NACK)。NACK 信息是通过 PCM 链中的第 16 信道向与之相连的前一级端口回送的,并逐级反向回送给发送信道字的部件。

DSE 中任意接收端口 RX 的一个信道 CH,通过时分复用总线连接到任一发送端口 TX 的任一信道 CH,就形成了 DSE 内部的一条通路。这是由 RX 的控制逻辑电路根据外部送来的选择信道字,进行通路选择而建立的。DSE 具有建立、保持、拆除其内部通路的功能,并通过对已建立的通路进行信息交换。对于选择信道字来说,可以选择指定发送端口上的任一空闲路由,这称为指定选择;也可以选择任意空闲发送端口任意空线路由,这称为自由选择。

下面举例说明 DSE 中进行信息交换的过程,如图 2-28 所示。假设进入第 3 端口的信道 10 内的信息,要交换到第 9 端口的信道 20 上去,则具体过程如下。

（1）当 $RX_3 CH_{10}$ 处于空闲状态时(FE＝00),在第 10 时隙收到外部送来的选择信道字(FE＝01),设该信道字为指定选择 $TX_9 CH_{20}$。

（2）将选择信道字中的所选的端口号 9 送到端口总线 P 上,所选信道号 20 送到信道总线 C 上。此时,各发送端就用各自的端口号比较器,把自己的端口号与端口总线 P 上的端口号进行比较,结果 TX_9 与端口总线 P 上的端口 9 相符,TX_9 就接收信道总线 C 上的信道号码"20"。

（3）选择完毕后,RX_3 将所选的发送端口 9 写入端口 RAM 的第 10 单元中,将所选的发送信道号 20 写入话路 RAM 的第 10 单元中,CH_{10} 的状态由空闲改为占用,以便以后每帧的第 10 时隙传递信息。此时 DSE 内部通路建立。

（4）将 $RX_3 CH_{10}$ 在 TS_{10} 输入"话音/数据"信道字 S 时,RX_3 控制在端口 RAM 的第 10

单元中读出端口号 9,在话路 RAM 的第 10 单元中读出信道号 20。

(5)将读出的端口号 9 送到端口总线 P 上,信道号 20 送到信道总线 C 上,同时,将 CH_{10} 的 16 位串行输入信息,经同步电路将话音/数据信息 S 置于数据总线 D。再经过端口比较,由端口 9 接收时分复用总线上的信道号"20"和信息 S。

(6)将信息 S 写入数据 RAM 第 20 单元(控制写入),TX_9 回送一个证实信号(ACK),经证实线送到 RX_3。然后,TX_9 在 TS_{20} 时,从数据 RAM 第 20 单元读出信息 S(顺序读出)。这样,在 TS_{10} 从 RX_{10} 输入的信息就在 TX_9 CH_{20} 输出,从而完成了所需的信息交换。

2.2.2 T-S-T 型交换网络

交换网络是若干个交换单元按照一定的拓扑结构和控制方式构成的网络。对于一个大的交换网络,单级的 T 接线器或者 S 接线器都不可能实现。由于时间接线器只能完成时隙的交换,而空间接线器只能完成空间的交换,只有把二者结合起来,才能够既实现空间交换,又实现时隙交换,同时还能够增加交换容量。现在常见的是三级的交换网络,即 T-S-T 和 S-T-S。交换网络的组成如图 2-29 所示,一个交换网络可以由很多的交换单元组成,最简单的交换网络由一个交换单元组成。交换网络按拓扑连接方式可分为:单级交换网络和多级交换网络。

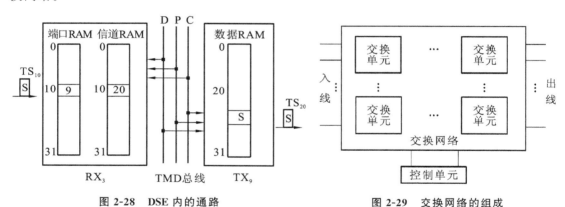

图 2-28　DSE 内的通路　　　　图 2-29　交换网络的组成

单级交换网络是由一个交换单元或若干个位于同一级的交换单元构成的。最简单的交换网络可以是一个基本的交换单元构成。单级交换网络在实际中使用并不多,通常使用的是多级交换网络。多级交换的特点是:第 1 级的入线都与第 1 级的交换单元连接;所有与第 1 级相连的交换单元出线都只与第 2 级的入线连接,所有第 2 级的出线只与第 3 级的入线相连接;所有第 n 级的交换单元入线只与第 $n-1$ 级的出线连接,所有第 n 级的出线只与第 $n+1$ 级的入线相连。

多级交换网络通常会引起阻塞。阻塞就是主叫发起呼叫,被叫虽然空闲,由于网络内部链路不通,引起的呼叫损失。多级交换网络会出现内部阻塞问题。多级交换网络不一定都会出现阻塞。一般来说,阻塞的网络,通过增加级数可以减少阻塞,甚至消除阻塞。根据多级网络是否会发生阻塞可分为两种阻塞网络:严格的无阻塞网络,网络无论处于什么状态,只要起点和终点是空闲的,一定能够建立起连接;可重排无阻塞网络,可能对已经建立起的连接,重新选择路由,总可以在起点和终点空闲的情况下建立连接。

多级交换有两个特点:①两级交换网络每一对出、入线的连接需要通过两个交换单元和一条级间链路,增加了控制单元的难度;②由于第 1 级的第 1 个交换单元与第 2 级的每 1 个交换单元之间仅存在一条链路,任何时刻一对交换单元之间只能有一对出、入线接通。在实际使用中,大多数情况下使用的是多级交换网络,交换网络中交叉的点越多,代价就越高,建立连接的路径也越多,阻塞的机会也越少,连接能力越强。

T-S-T 型交换网络是电路交换系统中经常使用的一种典型的交换网络,它由交换单元的 T 接线器和 S 接线器连接而成,如图 2-30 所示。

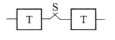

图 2-30　T-S-T 网络

1. 结构

T-S-T 型交换网络是三级交换网络,两侧是 T 接线器,中间一级是 S 接线器,S 级的出、入线数决定于两侧 T 接线器的数量。假设每侧有 32 个 T 接线器,T 接线器的容量都为 512,则网络结构如图 2-31 所示。输入侧话音存储器用 SMA0 到 SMA31 表示,控制存储器用 CMA0 到 CMA31 表示;输出侧话音存储器用 SMB_0 到 SMB_{31} 表示,控制存储器用 CMB_0 到 CMB_{31} 表示。

S 接线器为 32×32 矩阵,对应连接到两侧的 T 接线器,并采用输出控制方式,控制存储器有 32 个,用 CMC_0 到 CMC_{31} 表示。输入侧接线器采用顺序写入、控制读出方式,输出侧 T 接线器则采用控制写入、顺序读出方式。

2. 工作原理

下面以实现第 0 个 T 接线器的时隙 2 与第 31 个 T 接线器的输出时隙 511 的交换为例说明 T-S-T 交换网络的工作原理,参见图 2-31。

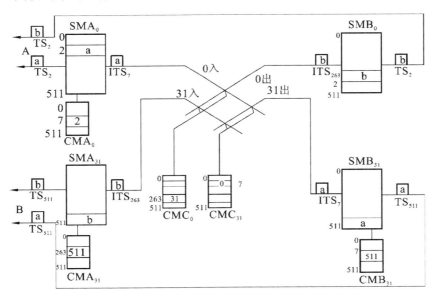

图 2-31　T-S-T 交换网络

1) 通路建立

首先,交换机要选择一个内部时隙用于交换,假设选择时隙 7,接着交换机在 CMA_0 的单元 7 中写入 2,在 CMB_{31} 的单元 7 中写入 511,在 CMC_{31} 的单元 7 中写入 0,这些单元 7 均对应于时隙 7,即内部时隙。

于是,在接线器 0 的时隙 2 输入用户信息,在 CMC_0 的控制下在时隙 7 读出。在 S 接线器,由于在 CMC_{31} 的单元 7 中写入 0,所以在内部时隙 7 所对应的时刻,第 32 条(编号 31)输出线与第 1 条(编号 0)输入线的交叉点接通,于是用户信息就通过 S 级,并在 CMB_{31} 的控制下,写入 SMB_{31} 的单元 511。当输出时隙 511 到达时,存入的用户信息就被读出,送到第 32 个(编号 31)T 接线器的输出线,完成了交换连接。

2)双向通路的建立

通常用户信息要双向传输,而 T-S-T 交换网络为单向交换网络,这意味着对于每一次交换连接,在 T-S-T 网络中应建立来去两条通路。

结合图 2-31 来看,称 T 接线器 0 的输入时隙 2 为 A 方,T 接线器 31 的输出时隙 511 为 B 方,则除了建立 A 到 B 的通路外,还应建立 B 到 A 的通路,以便将 SMA_{31} 中输入时隙 511 中的内容传到 SMB_0 的输出时隙 2 中去。为此,必须再选用一个内部时隙,使 S 级的入线 31 与出线 0 在该时隙接通。

为了便于选择和简化控制,可使两个方向的内部时隙具有一定的对应关系,通常可相差半帧。设一个方向选用时隙 7,当一条复用线上的内部时隙数为 512(帧长为 512)时,另一个方向选用第 $7+512/2=263$ 时隙。在计算时,应以 512 为模。这种相差半帧的方法可称为反相法。此外,也可以采用奇、偶时隙的方法,当一个方向选用偶数时隙 $2P(P=0,1,2,\cdots)$,另一个方向总是选用奇数时隙 $2P+1$。

对照图 2-31,如果采用反相法,为建立 B 到 A 的通路,应在以下控制存储器中写入适当内容。

- CMA_{31}:单元 263 中写入 511。
- CMC_0:单元 263 中写入 31。
- CMB_0:单元 263 中写入 2。

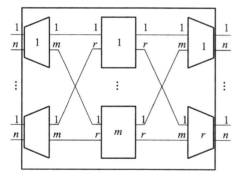

图 2-32 三级 CLOS 网络结构

2.2.3 CLOS 网络

为了减少交叉点总数且同时具有严格的无阻塞特性,C. Clos 提出了一种多级网络结构,推出了严格无阻塞的条件,这就是著名的 CLOS 网络。如图 2-32 所示的是三级 CLOS 结构。对于三级交换网络,容易理解且应用广泛,除非特别说明,一般说的 CLOS 网络也指三级 CLOS 网络,更多级的 CLOS 网络可以由三级 CLOS 网络递归构造而成。

1. CLOS 网络的结构

两边各有 r 个对称的 $m \times n$ 个交换单元,中间是 m 个 $r \times r$ 的交换单元。而且每一个交换单元都与下一级的交换单一连接,且仅有一个连接。因此任一条入线与出线之间均存在一条通过中间级交换单元的路径。m、n、r 是整数,决定了交换单元的容量,称为网络参数,并记为 $C(m,n,r)$。

C. Clos 实际的构造了一个 $N=36$ 的三级 CLOS 网络。其中,第 1 级有 6 个 6×11 的矩形交换单元,中间级有 11 个 6×6 的方形交换单元,第 3 级有 6 个 11×6 的矩形交换单元。该网络共有 1188 个交叉点,小于 $N^2=36^2=1296$。

2. 三级 CLOS 网络无阻塞条件

在最不利情况下,中间级会有 $(n-1) \times 2$ 个交换单元被占用,因此中间级至少要有 $(n-$

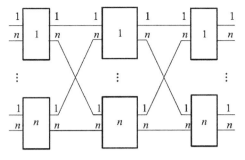

1)×2+1＝2n−1 个交换单元,即 $m \geqslant 2n-1$ 时,可确保无阻塞。所以对于 $C(m,n,r)$ CLOS 网络,如果 $m \geqslant 2n-1$,则此网络是严格无阻塞的。图 2-33 所示的是一个 $m=n=r$ 的三级可重排无阻塞 CLOS 网络。

如果 $m \geqslant n$,则此网络是可重排无阻塞的。这种网络不满足严格的无阻塞条件,不能实现入线和出线之间的所有可能的连接。

图 2-33　三级可重排无阻塞 CLOS 网络

2.2.4　DSN 网络

DSN 网络是由多个总线型交换单元——DSE 按照一定的连接方式连接而成的。

1. 结构

DSN 采用单侧折叠式网络结构,这种网络结构所有出、入线处于同一侧,并使任何一个网络终端具有唯一地址。通路选择时根据出、入线端子的地址号进行比较,来决定接续路由的反射点,而且反射点可处于 DSN 的任一级,即接续路由不一定要经过 DSN 中的所有各级,DSN 扩充方便,可平滑地进行扩充。在交换网络需要扩充时,不需要改动原网络的结构。

1) DSN 的组成

DSN 是多级交换网络,它由入口级和选组级两大部分组成,如图 2-34 所示。

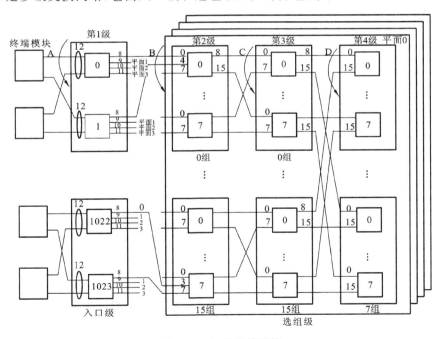

图 2-34　DSN 网络结构

入口级是 DSN 的第一级,它由很多成对的入口接线器组成,每个入口接线器就是一个 DSE,可连接 16 条 PCM 链路,其中编号 0~7 和 12~15 的端口可连接各种外围接口,即终端模块。编号 8~11 的端口可连接选组级。

选组级最多可有 4 个平面,入口级 DSE 的 4 条编号为 8~1 端口的 PCM 链路,就是分别接在这 4 个平面上。选组级配置的平面数取决于 DSN 所连终端的话务量,每个平面的结

构是相同的,由 1～3 级组成(它们分别称为 DSN 的第 2、3、4 级)。级数的多少由终端模块数的多少来决定。DSN 的第 2 级和第 3 级各有 16 组,每组各有 8 个 DSE,它们都是以编号 0～7 的接口接前一级 PCM 链路,以编号 8～15 的接口接后一级 PCM 链路。第 4 级只有 8 个组,每组 8 个 DSE,其 16 个端口都在左侧,与第 3 级相连,这就构成了单侧折叠式的结构。

2) DSN 的连线规律

DSN 的连线规律是指构成 DSN 的 DSE 的级间连接方式。由图 2-34 可以看出(按 0～7 编号):

① 第 1 级(入口级)　→　　第 2 级

端口号:8　→　　平面号

DSE 号或 DSE 号+4　→　　端口号

② 第 2 级　→　　第 3 级

组号　→　　组号

DSE 号　→　　入口端号

出口端号:8　→　　DSE 号

即在同一组号内连接,DSE 的连线相互交叉。

③ 第 3 级　　　　第 4 级

组号　→　　端口号

DSE 号　→　　DSE 号

出端口号　→　　组号

即在不同组号之间的连线进行交叉连接。

3) 网络地址

连接在 DSN 中入口级上的每一个终端模块都有唯一的地址码,地址码用 ABCD 四个数来表示。

(1) A 为终端模块接在第 1 级 DSE 入端口上的号码,共有 12 种,占 4 比特。

(2) B 为第 1 级接在第 2 级 DSE 入端口上的号码,由于第 1 级 DSE 是成对出现的,两个成对的 DSE 在第 2 级 DSE 入端口的位置相差 4,故第 2 级 DSE 的入端口虽有 8 个,而其编址只需要四种情况,各占 2 比特。

(3) C 为第 3 级编址,代表第 2 级连接在第 3 级 DSE 的入端口号,有 8 个入端口,需占 3 比特。

(4) D 为第 3 级接在第 4 级 DSE 的入端口号,占 4 比特。

观察图 2-33,结合 DSN 的连线规律可知,地址码 ABCD 的含义同时还包括以下几个方面。

(1) D 为第 2 级和第 3 级的组号。

(2) C 为第 2 级的 DSE 号。

(3) B 为第 1 级的 DSE 号。

(4) A 为终端模块的编号。

2. 工作原理

当两个终端模块通过 DSN 建立连接时,应从主叫所在的终端模块经过 DSN 中各级 DSE 到反射点,再从反射点返回到被叫所在的终端模块。每经过一个 DSE,都要建立 DSE 内部的一条通路,从主叫到反射点经过的 DSE,其内部通路为任选一个出端口形成,而从反射点到被叫经过的 DSE,其内部通路为指定选择的出端口。级间连接由连线规律和网络地址决定。

反射点是通过地址比较决定的,即将一个终端模块的网络地址 ABCD 与对方地址 A′B′C′D′进行比较,从比较结果来决定反射点在 DSN 的第几级。地址比较的结果可以有以下几种。

① D≠D′。因为 D 为第 2 级和第 3 级的组号，所以两个终端模块在 DSN 中建立的通道必定不在同一组，不同组之间的交换必须通过第 4 级，反射点在第 4 级。

② D=D′，C≠C′。同理，这时两个终端模块在 DSN 中建立的通路必定位于 2、3 级的同一组，同组之间的交换不需要通过第 4 级，反射点在第 3 级。

③ D=D′，C=C′，B≠B′。因为 C 为第 2 级的 DSE 号，所以，这时两个终端模块在 DSN 中建立的通路必定经过第 2 级的同一个 DSE，反射点在第 2 级。

④ D=D′，C=C′，B=B′，A≠A′。因为 B 为第 1 级的 DSE 号。所以这时通路只经过第 1 级，反射点在第 1 级。

另外，由被叫所在的终端模块到主叫所在的终端模块的反向通路的建立方法与正向通路的建立方法完全相同。

例如，要求在 DSN 中建立双向通路。主叫地址 ABCD 为 4 1 5 2，被叫地址 A′B′C′D′ 为 1 2 2 4 10。由于主叫和被叫的 D≠D′，要在两者间建立双向通路，反射点在第 4 级。如图 2-35 所示。

2.2.5　BANYAN 网络

1. Banyan 网络概念

Banyan 网络是一种空分交换网络，为由若干个 2×2 交换单元组成的交换网络，主要应用在 ATM 交换机上。图 2-36 所示的是 Banyan 网络典型的 2×2 的交换单元，它有平行连接和交叉连接两种不同的连接方式，能够完成不同编号的入线和出线的连接。如图 2-37 所示的是 8×8 的三级 Banyan 网络。

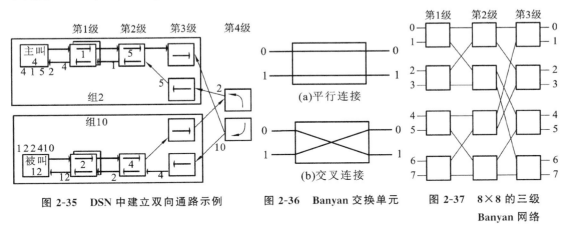

图 2-35　DSN 中建立双向通路示例　　图 2-36　Banyan 交换单元　　图 2-37　8×8 的三级 Banyan 网络

2. Banyan 网络的基本特性

（1）树形结构特性：从 Banyan 网络的任一输入端口引出的一组通路形成了二分支树，级数越多，分支越多，网络的级数 $k=\log_2 N$，每一级有 $N/2$ 个交换单元。

（2）单通路特性：Banyan 网络的任一入端到任一出端之间有 1 条且仅有一条通路。

（3）自选路由特性：自选路由，即给定出线地址，不用外加控制命令就可以选到出线，可以通过使用对应于出端号的二进制码的选路标签来自动选路。

（4）可扩展性：Banyan 网络的构成具有一定的规律，可以采用由规则的扩展方法将较小规模的 Banyan 网络扩展成较大规模的网络。

已有 $N×N$ 的 Banyan 网络需构成 $2N×2N$ 的 Banyan 网络，则可用两组 $N×N$，再加上一组 N 个 2×2 交换单元构成。第一组的 $N×N$ 的 N 条出线分别与 N 个 2×2 交换单元

的某一入线相连,第二组的 $N \times N$ 的 N 条出线分别与 N 个 2×2 交换单元的另一入线相连。图 2-38 所示的是 8×8 的 Banyan 交换网络构成图。

(5)内部竞争性:Banyan 网络是具有内部竞争的有阻塞网络。解决内部阻塞的方法有:内部阻塞是在 2×2 交换单元的两条入线要向同一出线上发送信元时产生的。最坏的情况下概率为 50%,若减小入线上的信息量就可以减少阻塞的概率,故可通过适当限制入线上的信息量或加大缓冲存储器来减少内部阻塞。可以通过增加多级交换网络的级数来消除内部阻塞。已有证据表明,若要完全消除 $N \times N$ 的 Banyan 网络的内部阻塞,至少需要 $2 \log_2 N - 1$ 级,可以增加 Banyan 网络的平面数,构成多通道交换网络。

3. Batcher-Banyan 网络

该网络也简称 B-B 网,是由 Batcher 排序网和 Banyan 网组成的,成功避免了 Banyan 网络的内部阻塞,这是目前 ATM 交换机使用较多的一种网络。Batcher 排序网由 2×2 的比较器(Batcher 比较器)构成的,其结构如图 2-39 所示。

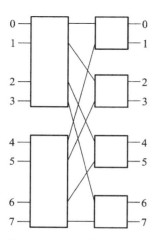

图 2-38 8×8 的 Banyan 交换网络的构成

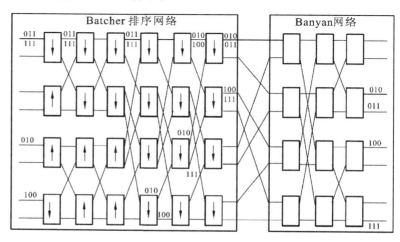

图 2-39 Batcher-Banyan 网络

2.3 信令系统

信令系统是通信网的重要组成部分。建立通信网的目的是为用户传递各种信息。为此,必须使通信网中的各种设备协调工作,故设备之间必须相互传送有关的控制信息,以说明各自的运行情况,提出对相关设备的接续要求,从而使各设备协调运行,这些控制信息就是信令。

信令,是面向连接工作模式的通信网络为实现通信源点和目的节点之间能够准确而有效地互通信息,协调网络设备为此建立适宜的传信通路所必需的协议命令序列。信令消息的组成,通常包含通信源端和目的端地址、信令类别、设备状态和所要完成的连接控制任务等消息。在通信网的发展过程中,提出过多种信令方式,如 ITU-T 的前身 CCITT 建议了 No.1~No.7 信令方式,我国也相应的规定了中国的 No.1 和 No.7 信令,且目前我国的公众电信网主要采用 No.7 信令,局部和一些专网仍在使用 No.1 信令。本节简要介绍信令及其相关内容。

2.3.1 信令的概念及分类

所谓信令,就是指在通信网中为了完成某一项通信服务而建立的一条信息传送通道,通信网中相关节点之间通过该通道相互交换和传送的控制信息。信令系统的主要功能是指导终端、交换系统、传输系统协同运行,在指定的终端之间建立和拆除临时的通信连接,并维护通信网络的正常运行,包括监视功能、选择功能和管理功能等。

信令的分类方式很多。

(1) 按信令的传送方向的不同,可分为前向信令和后向信令。前向信令是指沿着主叫方向被叫方在相关网络设备之间传送的信令,后向信令是指由被叫方向主叫方发送的信令。

(2) 按信令的工作区域的不同,可分为用户线信令和局间信令。用户线信令是指用户终端和交换局之间传送的信令,局间信令是交换局之间传送的信令,局间信令比用户线信令复杂得多,按完成的功能的不同,分为线路信令和记发器信令。线路信令是在话路设备(如各种中继)之间传送的信令(如占用、挂机、拆线和闭塞等);记发器信令是在记发器之间传送的信令(如地址及其他与接续有关的控制信息)。

(3) 按信令完成的功能的不同,可分为监视信令、地址信令和维护管理信令等。监视信令用来监视用户线和中继线的应用状态变化;地址信令用来在主叫终端发出的被叫号码和交换机之间传送的路由选择信息;维护管理信令用来处理网络拥塞、资源调配、故障报警及计费信息等。

(4) 按信令的传送方式的不同,可分为随路信令和共路信令。随路信令是指信令和话音在同一通路上传送的工作方式,如图 2-40 所示,主要用于模拟交换网或数模混合的通信网;共路信令是把传送信令的通路和传送话音的通路分开,即把若干条话路中的各种信令集中在一条通路上传送,其工作方式如图 2-41 所示。共路信令称成为公共信道信令,不但传送速度快,而且在通话期间仍可以传送和处理信令。此外,共路信令成本低廉,具有提供大量信令的潜力,便于开发新业务。

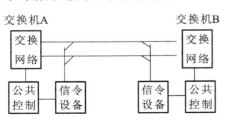

图 2-40 随路信令方式示意图

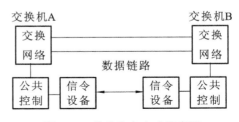

图 2-41 共路信令方式示意图

2.3.2 随路信令

1. 随路信令

信令的传送要遵守一定的规约和规定,这就是信令方式。它包括信令的结构形式、信令在多段路由上的传送方式及控制方式。选择合适的信令方式,关系到整个通信网通信质量的好坏及投资成本的高低。

随路信令是传统的信令方式,局间各话路传送各自的信令,即信令和话音在同一信道上传送,或在与话路有固定关系的信道上传送。随路信令虽然实现简单,可满足普通电话接续的需要,但信令传送效率低,且不能适应电信新业务的发展。中国的 No.1 信令就是一种随路信令。随路信令方式具有如下特征。

(1) 信令全部或部分在话音通路中传送。

(2) 信令的传送处理与其服务的话路严格对应和关联。

(3) 信令在各自对应的话路中或固定分配的通道中传送,不构成集中传送多个话路信令的通道,因此也不构成与话路相对独立的信令网。

1）用户线信令

用户线信令和局间信令如图 2-42 所示。图 2-42（a）所示的是两个用户通过两个交换局进行通话的连接示意图，图 2-42（b）所示的是其接续过程中使用的信令及其流程。

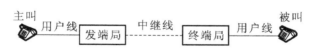

(a) 两个用户通过两个交换局进行通话的连接示意图

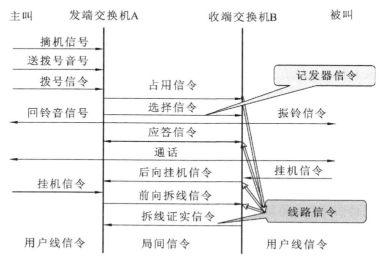

(b) 用户通话过程中信令及其流程

图 2-42　用户线信令和局间信令示意图

用户线信令是用户和交换局之间在用户线上传送的信令。如图 2-42（b）中所示的主叫-发端局、终端局-被叫间传送的信令就是用户线信令。

用户线信令包括：用户状态信令、选择（地址）信令、铃流和各种信号音。用户状态信令由话机产生，通过闭合或切换直流回路，用以启动或复原局内设备，包括摘机、挂机等。用户状态信令一般为直流信令。选择信令是用户发送的拨号（被叫号码）数字信令。在使用号盘话机及直流脉冲按键话机的情况下，发出直流脉冲信号；在使用多频按键话机的情况下，发送的信号是由两个音频组成的双音多频信令。铃流及各种信号音是交换机向用户设备发送的信号，或在话机受话器中可以听到的可闻信号，如拨号音、回铃音、忙音、长途通知音和空号音等。

随着数据通信和 ISDN 的发展，ITU-T 针对数字用户线提出了数字用户信令（DSS1，digital subscriber signaling No.1），由 Q.930/Q.931 定义，并在实际中得到了一定的应用。

2）线路信令与记发器信令

局间信令采用随路信令方式时，从功能上可分为线路信令（line signaling）和记发器信令。

（1）线路信令。线路信令用于监视中继设备的呼叫状态。主要包括以下几种。

● 占用信令：一种前向信令，用来使来话局中继设备由空闲状态变为占用状态。

● 应答信令：被叫用户摘机后，由终端局向发端局逐段传送的后向信令。

● 挂机信令：被叫用户话毕挂机后，由终端局向发端局逐段传送的后向信令。

● 拆线信令：前向信令，由去话局中继设备向来话局中继设备发送。

● 重复拆线信令：在去话局向来话局发出拆线信令后，如在 3～5 s 内收不到来话局回送的释放监护信令,就发送前向重复拆线信令。

● 释放监护信令:来话局收到拆线信令后,向去话局发送的后向证实信令。

● 闭塞信令:当来话局中继设备工作不正常时,向去话局发送的后向信令。

● 再振铃信令:为长途半自动接续的话务员信令,长途话务员与被叫用户建立连接时,被叫用户应答之后又挂机,若话务员需要再呼出该用户时,由去话局向来话局发送此前向信令。

● 强拆信令:为长途半自动接续的一种前向话务员信令。如果长途话务员在接续中遇到了被叫用户市话忙,在征得被叫用户同意后,发送强拆信令。

● 回振铃信令:一种后向话务员信令,只在话务员回叫主叫用户时使用。

除了上述信令外,还有请发码信令(占用证实信令)、首位号码证实信令和被叫用户到达信令等。

(2)记发器信令。记发器信令是在电话自动接续时,在交换机记发器之间传送的控制信令。主要包括选择路由所需要的选择信令(也称地址信令)和网络管理信令。

记发器信令按照其承载传送方式可分为两类,一类是十进制脉冲编码方式,另一类是多频编码方式。由于后者采用多音频组合编码方式实现信令的编码,因此无论是信令的容量还是信令传送的速度和可靠性都有较大的提高。记发器信令一般采用多频互控(multi-frequency compelled,MFC)方式进行传送。

2. 中国 No. 1 信令

中国的 No. 1 信令是国际 R2 信令系统的一个子集,可通过 2 线或 4 线传送。按信令传送方向的不同,有前向信令和后向信令之分;按信令功能的不同,有线路信令和记发器信令。下面主要介绍数字型信令和局间记发器信令。

1)数字型线路信令

在 PCM E1 数字传输系统中必须采用局间数字型线路信令。为提供 30 个话路线路信令的传送,提出了复帧的概念,即有 16 个子帧(每子帧为 125 μs,含 32 个时隙)组成一个复帧。这样,一个复帧中就有 16 个 TS_{16},其中第一帧(F_0)的 TS_{16} 的前 4 个比特用作复帧同步,后 4 个比特中用 1 个比特作为复帧失步对告码,其余 15 帧($F_1 \sim F_{15}$)的 TS_{16} 按半个字节方式分别用做 30 个话路的线路信令传送。PCM 系统的帧结构及 TS_{16} 的分配情况如图 2-6 所示。

其中,一个复帧内每个话路占用 4 比特(a,b,c,d)用于传送线路信令。根据规定,前向信令采用 a_f,b_f,c_f3 位码,后向信令采用 a_b,b_b,c_b3 位码,它们的基本含义如下。

(1)a_f 是表示去话局状态的前向信令,$a_f = 0$ 为摘机占用状态,$a_f = 1$ 为挂机拆线状态。

(2)b_f 是表示去话局故障状态的前向信令,$b_f = 0$ 为正常状态,$b_f = 1$ 为故障状态。

(3)c_f 是表示话务员再振铃或强拆的前向信令,$c_f = 0$ 为话务员再振铃或进行强拆操作,$c_f = 1$ 为话务员未进行再振铃或未进行强拆操作。

(4)a_b 是表示被叫用户摘机状态的后向信令,$a_b = 0$ 为被叫摘机状态,$a_b = 1$ 为被叫挂机状态。

(5)b_b 表示来话局状态的后向信令,$b_b = 0$ 为空闲状态,$b_b = 1$ 为占用或闭塞状态。

(6)c_b 是表示话务员回振铃的后向信令,$c_b = 0$ 为话务员进行回振铃操作,$c_b = 1$ 为话务员未进行回振铃操作。

2)MFC 记发器信令

多频方式的带内记发器信令有脉冲多频信令和多频互控信令两种,我国采用多频互控(MFC)信令。在这种信令方式中,前向和后向信令都是连续的,对每个前向信令都用一个后向信令加以证实。并且前向信令和后向信令互相控制传送进程,故称为多频互控方式。记

发器信令主要完成主、被叫号码的传送,以及主叫用户类别、被叫用户状态及呼叫业务类别的接送。采用多频互控可靠性较高,但传送速度较慢,约每秒钟发送 6～7 个信令。

3)信令编码

线路信令分模拟线路信令和数字型线路信令。模拟线路信令用中继线上传送的电流或某一单音频(有 2600 Hz 或 2400 Hz 两种)脉冲信号表示;数字型线路信令用数字编码表示。记发器信号一般采用双音多频方式编码,采用 120 Hz 的等差级频。前向信号采用 1380～1140 Hz 频段,按"六中取二"编码,最多可组成 15 种信号。后向信号采用 780～1140 Hz 频段,按"四中取二"编码,最多可组成 6 种信号。

4)信令传输

对于模拟线路信令,一般通过话音信道传输;对数字型线路信令,则通过 PCM 系统的第 16 时隙传输。记发器信令的传输可采用互控方式或非互控方式。采用互控方式时,一个互控周期分 4 个节拍。第一个节拍去话局发送前向信号;第二个节拍来话局收到前向信号,回送后向证实信号;第三个节拍去话局收到后向信号,停发前向信号;第四个节拍来话局检测到前向信号停发,停发后向信号。记发器信号为带内信令,因此既可以通过模拟信道传输,也可经 PCM 编码后由数字信道传输。

2.3.3　共路信令

1. 共路信令

共路信令也称为公共信道信令,是 20 世纪 60 年代发展起来的用于局间接续的信令方式。ITU-T/CCITT 提出的第一个共路信令是 6 号信令,主要用于国际通信,也适合国内网使用,信令传输速率为 2.4 kb/s。经试验和应用证明,6 号信令用于模拟电话网是适合的。

为适应数字电话网的需要,ITU-T/CCITT 于 1972 年提出了 6 号信令的数字形式建议,信令传输速率为 4.8 kb/s 和 56 kb/s。但 6 号信令的数字形式并未改变其适于模拟环境的固有缺陷,不能满足数字电话网特别是综合业务数字网的发展需要。

自 1976 年起 ITU-T/CCITT 开始研究 No.7 信令方式,先后经历了四个研究期,提出了一系列的技术建议。它采用开放式的系统结构,可以支持多种业务和多种信息传送的需要。这种信令能使网络的利用和控制更为有效,而且信令传送速度快、效率高、信息容量大,可以适应电信业务发展的需要。因此,在世界各国得到了广泛的应用。下面主要介绍 No.7 信令及其相关内容。

2. No.7 信令

No.7 信令属于共路信令,ITU-T/CCITT 于 1980 年首次提出了与电话网和电路交换数据网相关的 No.7 信令的建议(黄皮书)。在黄皮书的基础上,1984 年研究并提出了与综合业务数字网和开放智能业务相关的 No.7 信令建议(红皮书)。到 1988 年提出蓝皮书建议,基本完成了消息传递部分(MTP)、电话用户部分(TUP)和信令网的监视与测量三部分的研究,并在 ISDN 用户部分(ISUP)、信令连接控制部分(SCCP)和事物处理能力(TC)三个重要领域取得进展,基本满足开发 ISDN 基本业务和部分补充业务的需要。1993 年发布《No.7 信令网技术体制》,1998 年经修改后再次发布《No.7 信令网技术体制》。No.7 信令的其他技术规范在 2000 年前后得到进一步的完善。

No.7 信令信令主要用于:①电话网的局间信令;②电路交换数据网的局间信令;③ISDN 的局间信令;④各种运行、管理和维护中心的信息传递;⑤移动通信;⑥程控交换机

（PABX）的应用等。

No.7信令除了具有共路信令的特点外,在技术上具有很强的灵活性和适应性。具体表现如下。

1）功能化模块

No.7信令系统采用模块化功能结构,如图2-43所示。No.7信令信令系统由消息传递部分和多个不同的用户部分组成。

消息传递部分的主要功能是为通信的用户部分之间提供信令消息的可靠传递。它只负责消息的传递,不负责消息内容的检查和解释。用户部分是指使用消息传递能力的功能实体,它是为各种不同电信业务应用设计的功能模块,负责信令消息的生成、语法检查、语义分析和信令控制过程等。

用户部分体现了No.7信令系统对不同应用的适应性和可扩充性。各功能模块具有一定联系但又相互独立,特定功能模块的改变并不明显影响其他功能模块,各国根据本国通信网的实际情况,选择相应的功能模块组成一个实用的系统。采用功能模块化结构,也有利于No.7信令的功能扩充。例如,在1984年新引入了信令连接控制部分（SCCP）和事务处理能力（TC）部分,使得No.7信令在原有基本结构的基础上,可以很方便地满足移动通信、运行管理维护和智能网（IN）应用的要求。

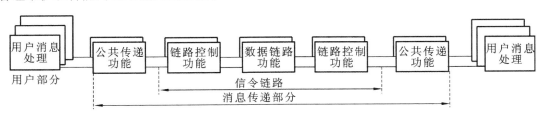

图 2-43 No.7 信令系统结构

2）通用性

No.7信令在各种特定应用中都包含了任选功能,以满足国际和国内通信网的不同要求：国际网的信令应当尽可能在国内网中使用;由于各国国内通信网的业务特点不同,应该允许根据其应用特点选用 ITU-T/CCITT 建议的功能。

3）消息传递功能的改进

No.7信令采用了新的差错控制方法,克服了消息传递的顺序和丢失问题。因此 No.7信令既可以完成电话、数据等有关呼叫建立、监视和释放的信令传递,也可以作为一个可靠的消息传递系统,在通信网的交换局和各种特种服务中心间（如运行、管理维护中心和业务控制点等）进行各种数据业务的传递。

此外,No.7信令还具有完善的信令网管理功能,以进一步确保消息在网络故障情况下的可靠传递。No.7信令采用不等长消息格式,以分组传送和标记寻址方式传送信令消息。在传统的电话网中,最适合采用 64kb/s 和 2Mb/s 的数字信道工作。

3. No.7 信令功能结构

No.7信令系统将消息传递部分分为三个功能级,并将用户部分作为第四功能级。按功能级划分的结构如图2-44所示。

这里的级与OSI参考模型的"层"没有严格的对应关系,各级的主要功能如下。

1）第一级——信令数据链路功能级

第一级定义了信令数据链路的物理、电气和功能特性,以及链路接入方法。它是一个双

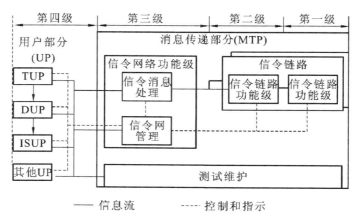

图 2-44 No.7 信令系统的四级功能结构

工传输通道,包括工作速率相同的两个数据通道,即数字信令数据链路或模拟信令数据链路。通常采用 64 kb/s 的 PCM 数字通道作为 No.7 信令系统的数字信令数据链路。原则上可利用 PCM 系统中的任一时隙作为信令数据链路。实际系统中常采用 PCM 一次群的 TS_{16} 作为信令数据链路,这个时隙可以通过交换网络的半固定连接与信令终端相接。

> **注意**:信令数据链路的一个重要特性是链路具有透明性。链路透明是指"透明的传送比特流",也就是比特流经链路传输后不能发生任何变化。因此在信令链路中不能接入回声抑制器、数字衰减器、A/μ律变换器等设备。

2) 第二级——信令链路功能级

第二级定义了信令消息沿信令数据链路传送的功能和过程,它与第一级一起为两个信令点之间的消息传送提供一条可靠的链路。在 No.7 信令系统中,信令消息是以不等长的信号单元形式传送的。第二级功能主要包括:信号单元的定界和定位;差错检测;通过重发机制实现信号单元的差错校正;通过信号单元差错率监视检测信令链路故障;故障信令链路的恢复过程;链路的流量控制等。

3) 第三级——信令网功能级

第三级定义了关于信令网操作和管理的功能和过程。这些过程独立于第二级的信令链路,是各个信令链路操作的公共控制部分。第三级功能由下面两部分组成。

(1) 信令消息处理(signaling message handling,SMH),其作用是:当本信令节点为消息的目的地时,将消息送往指定的用户部分;当本节点为消息的转接点时,将消息转送至预先确定的信令链路。信令消息处理包括下面几点。

● 消息鉴别:确定本节点是否为消息的目的地点。

● 消息分配:将消息分配至指定的用户部分。

● 消息路由:根据路由表将消息转发至相应的信令链路。

(2) 信令网管理(signaling network management,SNM),其作用是在信令网发生故障的情况下,根据预设数据和信令网状态信息调整消息路由和信令网设备配置,以保证消息传递不中断。信令网管理是 No.7 信令中最为复杂的部分,也是直接影响传送可靠性的极为重要的部分。信令网管理功能进一步分为信令业务管理、信令链路管理和信令路由管理三个子功能。

4）第四级——用户部分

第四级由各种不同的用户部分组成,每个用户部分定义与某种电信业务有关的信令功能和过程,已定义的用户部分有以下几种。

- 针对基本电话业务的电话用户部分(telephone user part,TUP)。
- 针对电路交换数据业务的数据用户部分(data user part,DUP)。
- 针对综合业务数字网业务的 ISDN 用户部分(ISDN user part,ISUP)。
- 针对移动电话,如全球移动通信系统(GSM)的移动应用部分(mobile application part,MAP)。
- 操作维护管理部分(operation,maintenance and administration part,OMAP)。
- 智能网应用部分(intelligent network application part,INAP)。

4. No.7 信令消息格式

如前所述,No.7 信令是以不等长消息形式传送的。消息一般由用户部分定义,一些信令网管理和测试维护消息可由第三级定义。一个消息作为一个整体在终端用户之间透明地传送。为了保证可靠传送,消息中包含有必要的控制信息,在信令数据链路中实际传送的消息成为信令单元(SU)。通常以 8b 作为信令单元的长度单位,并成为一个 8 位位组(octet)。所有信令单元均为 8b 的整数倍。No.7 信令共有三种信令单元:消息信令单元(message signal unit,MSU)、链路状态信令单元(link status signal,LSSU)、填充信令单元(fill-in signal unit,FSU),它们的格式如图 2-45 所示各部分的功能详细介绍如下。

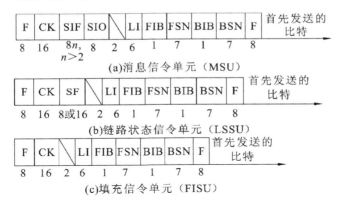

图 2-45　No.7 信令单元的基本格式

（1）MSU 为真正携带用户信息的信令单元,信息内容包含在信令信息字段(signal information field,SIF)和业务信息八位位组(service indicator octet,SIO)中。LSSU 为传送信令链路状态的信令单元,链路状态由状态字段(status field,SF)指示。LSSU 在信令链路开始投入工作或者发生故障(包括出线拥塞)时传送,以便使信令链路能正常工作或得以恢复正常工作。FISU 是在信令链路上无 MSU 和 LSSU 传送时发送的填充信令单元,以维持信令链路两端的通信状态,并可起到证实受到对方发来消息的作用。

（2）F(flag)为信令单元定界标志。

（3）FSN 和 BSN 为信令单元序号。其中,FSN(forward sequence number)为前向序号,标识消息的顺序号;BSN(backward sequence number)为后向证实序号,向对方指示序号直至 BSN 的所有消息均正确的收到。

（4）BIB 和 FIB 为重发指示位。其中,BIB(backward indication bit)为后向重发指示

位,BIB 反转指示要求对方从 BSN+1 消息信令单元开始重发。FIB(forward indication bit)
为前向指示位,FIB 反转指示本端开始重发消息。

> **说明**:第二级利用信令单元序号和重发指示位来保证消息的不丢失、不错序,并在检出差错以后,利用重发机制实现差错校正。

(5) LI(length indicator)为长度指示语,用于表明 LI 以后直至校验位比特之前的八位
位组的数目。LI 的取值范围为 0~63。三种信令单元的长度指示语分别为:LI=0 表示填充
信令单元 FISU,LI=1 或 2 表示链路状态信令单元 LSSU,LI>2 表示消息信令单元 MSU。

(6) SIO 为业务信息八位位组,只存在于 MSU 中,它分为业务指示语(service
indicator,SI)和子业务字段(sub-service field,SSF)两部分,如图 2-46 所示。

SSF				SI				
D	C	B	A	D	C	B	A	
子业务字段				业务指示语				首先发送的比特 →

图 2-46 业务信息八位位组

SI 供消息分配功能使用,用于分配用户部分的信令消息,在某些特殊场合可用于消息选
路功能。其具体编码见表 2-3。

表 2-3 SI 编码功能

编　　码	功　　　能
0000	信令网管理功能
0001	信令网测试和维护消息
0010	备用
0011	信令连接控制功能(SCCP)
0100	电话用户部分(TUP)
0101	ISDN 用户部分(ISUP)
0110	用户数据部分(DUP)(与呼叫和电路有关的消息)
0111	数据用户部分(DUP)(性能登记和撤销消息)
1000~1111	备用

(7) SIF 为信令消息字段,该字段是用户实际承载的消息内容,如一个电话呼叫或数据
呼叫的控制信息、网络管理和维护信息等。SIF 的字段长度为 2~272 个八位位组。需要注
意的是,ITU-T/CCITT 原来规定 SIF 的最大长度为 62 个八位位组,加上 SIO 字段,一共为
63 个八位位组,这正是长度指示码 LI 的最大值。后来,由于 ISDN 业务要求信令消息有更
大的容量,因此 1988 年的蓝皮书规定,SIF 的最大长度可为 272 个八位位组。为了不改变原
有的信令单元格式,LI 字段保持不变,规定凡 SIF 长度等于或大于 62 个八位位组时,LI 的
值均置为 63。

(8) SF 为状态字段。SF 只存在于链路状态信令单元 LSSU 中,用来指示链路的状态,
包括失去定位、正常定位、紧急定位、处理机故障、退出服务和拥塞等。其长度可为一个八位
位组或两个八位位组。目前仅用一个八位位组,其格式如图 2-47 所示。

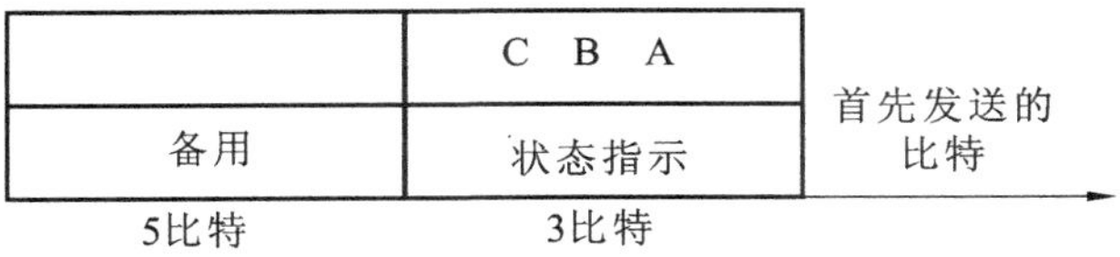

	C B A	
备用	状态指示	首先发送的比特
5比特	3比特	

图 2-47　状态字段组成

状态指示字段 CBA 的编码含义见表 2-4。

表 2-4　CBA 编码功能

编　码	功　能
000	失去定位状态指示 SIO
001	正常定位状态指示 SIN
010	紧急定位状态指示 SIE
011	退出服务状态指示 SIOS
100	处理机故障状态指示 SIPO
101	链路忙状态指示 SIB

（9）CK 为校验位。为了检出差错,信令单元采用 16 位循环冗余码进行检验。

本 章 小 结

现代程控交换机都是数字交换机,在数字交换机内部交换和处理的都是二进制编码的数字信号,本章首先介绍了绍数字交换技术基础,以及语音信号的数字化、时分多路复用技术、30/32 路 PCM 时分复用系统、PCM 一次群和高次群等内容。

本章还介绍了交换网络的基本部件——交换单元,提示了它们的结构特性和工作原理。交换网络是由若干个交换单元按照一定的拓扑结构和控制方式构成的,包含交换单元、拓扑结构和控制方式三个要素。

本章还全面介绍了信令的基本概念、信令的分类、No.7 信令和信令系统的相关标准,信令是终端和交换机之间,以及交换机和交换机之间进行"对话"的语言,是电信网的审计系统,协调终端系统、传输系统、交换系统和业务节点的运行,在指定的终端之间建立连接,维护网络的正常运行和提供各种各样的服务等。对于通信网来说,信令网是一个重要的支撑网。

习 题 2

2-1　交换单元的基本功能是什么?

2-2　T 接线器有哪两种工作方式?

2-3　为什么说数字交换单元(DSE)既能进行时间交换,又能进行空间交换?

2-4　试说明 2×2 Batcher 比较器和 2×2 交换单元有何异同。

2-5　什么是信令?为什么说它是通信网的神经系统?

2-6　简述 No.7 信令的功能结构和各级的主要功能。

第3章 电信网与因特网

内容概要

本章首先介绍了电信网和因特网的概念和关系,其中详细介绍了计算机网络、互联网和公用电话交换网;再引出通信协议的概念,通信系统分层的概念,开放系统互连模型,并详细介绍了电信网中普遍使用的 X.25 建议、H.323 系统技术和协议、SIP 系统技术和协议;最后介绍了融合通信及统一通信的概念及发展前景。

3.1 因特网与 PSTN

3.1.1 计算机网络

21 世纪的一个重要特征就是数字化、网络化和信息化,它是一个以网络为核心的信息时代。要实现信息化就必须依靠完善的网络,因为网络可以非常迅速地传递信息。

这里所说的网络是指"三网",即电信网络、有线电视网络和计算机网络。这三种网络向用户提供的服务不同。电信网络的用户可得到电话、电报以及传真等服务。有线电视网的用户能够观看各种电视节目。计算机网络则可使用户能够迅速传送数据文件,以及从网络上查找并获取各种有用资料,包括图像和视频文件等。

20 世纪 90 年代以来,以因特网(Internet)为代表的计算机网络得到了飞速的发展,已从最初的教育科研网络逐步发展成为商业网络,并已成为仅次于全球电话网的世界第二大网络。

由于因特网已经成为世界上最大的计算机网络,因此下面我们先简单介绍一下计算机网络,再详细地介绍因特网的组成与发展。

1. 计算机网络的定义

计算机网络的精确定义并未统一。本书借用 A. S. Tanenbaum 编写的《计算机网络》中对计算机网络的描述作为对计算机网络概念的定义,即"计算机网络是由多台独立自主的计算机互联而成的系统的总称"。这一定义有以下两层意思。

(1) 独立自主的计算机是组成计算机网络的基本要素。

(2) 计算机间利用通信手段能进行数据交换,实现资源共享。

2. 计算机网络的发展

● 计算机网络技术发展的第一个里程碑以报文或分组交换技术的出现为标志。

● 计算机网络技术发展的第二个里程碑以开放式系统互联参考模型 OSI/RM(open system interconnection/reference model)的出现为标志。

● 计算机网络技术发展的第三个里程碑以 Internet 的迅速发展与推广为特征。

关于计算机网络的发展阶段的经典的划分方法如下。

(1) 第一代网络,是以单台自主计算机为中心的远程联机系统,称之为"面向终端的计算机通信网络",如图 3-1 所示。在这个时期,由于远程联机系统中自主计算机只有一台,所以不能称之为严格意义上的计算机网络。其中,前端处理机的作用在于完成部分通信任务,将计算机从通信任务中解脱出来,使之主要用于系统数据的"处理加工"等方面,充分发挥其所长。

图 3-1　远程联机系统

（2）第二代网络,在计算机通信网的基础上,完成计算机网络体系结构和协议形成的计算机初期网络。其中,IMP 接口信息处理机主要用于主机和终端的互连。有些文献中提到了通信子网和资源子网,通常通信子网是指网络中面向数据传输或者数据通信的部分资源集合,主要支持用户数据的传输。该子网包括传输线路、网络设备和网络控制中心等软硬件设施,如图 3-2 中虚线内所有节点即构成了通信子网,通信子网主要承担网络中的通信任务。资源子网是指在网络中面向数据处理的资源集合,主要支持用户的应用,图 3-2 中虚线外的所有主机和终端,它们既是数据的"源"也往往是数据的"目的地",资源子网由用户的主机资源组成,包括接入网络的用户主机,以及面向应用的外设（如终端）、软件和可共享的数据（如公共数据库）等。但很多时候可能一个节点从功能上来说既通信又对数据进行处理,所以这种划分只是逻辑上的一种划分。

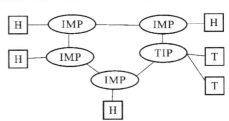

图 3-2　计算机初期网络

H—主机；IMP—接口信息处理机；

T—终端；TIP—终端接口处理机

（3）第三代网络,称为开放式标准化计算机网络。它在解决了计算机联网和网络互联标准的基础上,提出了七层结构的开放系统互联参考模型 OSI/RM 及相应协议,这大大促进了网络技术的标准化工作,为网络的普及奠定了良好的基础。本节后续会介绍开放式标准化计算机网络的有关内容。

（4）第四代网络,各种类型的网络全面互联,并向宽带化、高速化、智能化方向发展。网络的发展趋势必将导致计算机网络、通信网络、广播电视网络三网合一,网络安全、服务质量 QoS(quality of service)、多媒体信息（特别是视频信息）的快速传输将成为网络性能的关键问题。

3. 计算机网络种类的划分

1）按覆盖的地理范围划分

（1）广域网（wide area network,WAN）,其作用范围通常为几十到几千公里。广域网有时也称为远程网。广域网是因特网的核心部分,其任务是长距离传输主机所发送的数据。

（2）城域网（metropolitan area network,MAN,也称市域网）,其作用范围在广域网和局域网之间,约为 5～100 km。其传输速率一般在 100 Mb/s 以上。

（3）局域网（local area network,LAN）,一般通过专用高速通信线路把许多台计算机连接起来,速率一般在 10 Mb/s 以上,甚至可达 1 000 Mb/s,但在地理上则局限在较小的范围内（如 1 个建筑物、1 个单位内部或者几公里左右的 1 个区域）。

（4）个人区域网（personal area network），个人区域网就是在个人工作地方把属于个人使用的电子设备用无线技术连接起来的网络，因此也常称为无线个人区域网 WPAN（Wireless PAN），其范围大约在 10 m 左右。

2）按公用与专用划分

所谓公用网（public network）是指电信部门或从事专业电信运营业务的公司提供的面向公众服务的网络，如中国电信提供的以 X.25 协议为基础的分组交换网 China PAC，数字数据网 ChinaDDN，中国因特网 Chinanet，以及非电信部门提供的以卫星通信为基础的"金桥网"。所谓专用网（private network）是指政府、行业、企业和事业单位为本行业、本企业和本事业单位服务而建立的网络。尽管在现代社会中，除部分内部的保密资源外已很少有完全专用而不提供对外服务的网络，但这类网络的目的与应用从总体上看仍与专门提供通信与网络服务的公用网有很大的区别。专用网的实例很多，其中有代表性的包括中国教育和科研计算机网 CERNET，中国科学院网 CASNET，中国经济信息网 CEINET 以及各级政府部门的网络等。

3）以 Internet 技术为基础的网络划分

由于 Internet 在世界范围内广为流行，Internet 的 TCP/IP 技术成为建网的基本支撑技术，由此而产生了新的网络划分方式，即 Internet，Intranet 和 Extranet。

Internet 又称互联网、网际网或因特网，是以 TCP/IP 为基础的全球唯一的国际互联网络的总称。当然，该网的一部分有时也被称为 Internet，如中国因特网 Chinanet。

Intranet 是 1995 年开始兴起的企事业专用网，又称"内联网"。它是集 LAN、WAN 和数据服务为一体的一种网络，采用因特网的相关技术（如 TCP/IP 协议、Web 服务器和浏览器技术等）将计算机连接起来，从而建立起企业的内部网络。在内外部间通过防火墙（firewall）实施隔离，通过代理服务器（proxy server），加密等措施保证内部信息的通信与访问安全。从这种意义上讲，Intranet 是 Internet 技术在专用网络中的一种应用。Intranet 有许多优点。例如：简单易用，用户培训负担轻；系统建立容易，成本低；标准化程度高，容易集成各类信息系统等。目前，国内正处于开发管理信息系统（management information system，MIS）和建网的热潮中，Intranet 应该是网络化 MIS 系统的优选方案之一。

Extranet 是继 Intranet 之后，为增加企业与合作伙伴、提供商、客户和咨询者的业务交往而出现的，也采用 Internet 技术的一种新型网络。Forrester Research 公司的一份报告表明，财富排名在全世界前 1000 名的企业中，有一大半都采用了 Extranet。由于很少有人专门建设只实施于上述企业间业务交往的专用网，因此，可以把它看成是 Intranet 的外延。

4）按在大范围网络内的作用与地位划分

另一种网络的划分法是以在一个范围较大的网络内按所起作用和地位来划分。例如，在城域网和地区性网络中常把高速的核心网称为"骨干网"，而把连接骨干网与用户的外围网络称为"接入网"；又如，把含有 OSI/RM 中全部 7 层的端系统及其相关资源的网络称为"资源网"，而把连接多个资源网的网络（通常包含 OSI/RM 中的下 3 层）称为"通信子网"（sub-network）等。

5）按传输信息种类划分

将传输普通数据的网络称为数据通信网；将传输普通数据、话音和图形图像数据的网络称为多媒体网或综合业务数字网（ISDN，即 integrated service digital network）。

6）按所采用的主要网络技术划分

以 X.25 为基础的分组交换网，以异步传输模式为基础的 ATM 网，以帧中继技术

(frame relay)为主的帧中继网以及卫星通信为基础的卫星网等。

7）按网络的交换功能进行分类

网络的设计者常常根据网络使用的数据交换技术将网络分为电路交换网、报文交换网、分组交换网、帧中继(frame relay)网和 ATM（asynchronous transfer mode，异步传送模式)网。

8）按网络的拓扑结构进行分类

根据网络中计算机之间互连的拓扑形式可把计算机网络分为星型网(一台主机为中央节点，其他计算机只与主机连接)、树型网(若干台计算机按层次连接)、总线型网(所有计算机都连接到一条干线上)、环型网(所有计算机形成环形连接)、网状网(网中任意两台计算机之间都可以根据需要进行连接)和混合网(前述数种拓扑结构的集成)等。

9）按网络的控制方式进行分类

网络的管理者往往非常关心网络的控制方式。按网络的控制方式可以分为集中式网络、分散式网络和分布式网络等。

3.1.2 互联网

1．因特网的起源

因特网于 1969 年诞生于美国，最初名为阿帕网(ARPAnet)，是一个军用研究系统，后来又成为连接大学及高等院校计算机的学术系统，现在则已发展成为一个覆盖五大洲 150 多个国家的开放型全球计算机网络系统，拥有许多服务商。普通计算机用户只需要一台个人计算机网线与因特网服务商连接，便可进入因特网。但因特网并不是全球唯一的互联网络。例如，在欧洲，跨国的互联网络就有"欧盟网"（Euronet），"欧洲学术与研究网"（EARN），"欧洲信息网"（EIN），在美国还有"国际学术网"（BITNET），世界范围的还有"飞多网"（全球性的 BBS 系统)等。

了解了以上情况，我们就可以知道大写的"Internet"和小写的"internet"所指的对象是不同的。当我们所说的是上文谈到的那个全球最大的也就是我们通常所使用的互联网络时，我们就称它为"因特网"或称为"国际互联网"，虽然后一个名称并不规范。在这里，"因特网"是作为专有名词出现的，因而开头字母必须大写。但如果作为普通名词使用，即开头字母小写的"internet"，则泛指由多个计算机网络相互连接而成一个大型网络。按全国科学技术名词审定委员会的审定，这样的网络系统可以通称为"互联网"。这就是说，因特网和其他类似的由计算机相互连接而成的大型网络系统，都可算是"互联网"，因特网只是互联网中最大的一个。《现代汉语词典》对"互联网"和"因特网"所下的定义分别是"指由若干电子计算机网络相互连接而成的网络"和"目前全球最大的一个电子计算机互联网，是由美国的 ARPA 网发展演变而来的"。

2．因特网、互联网、万维网的概念和关系

互联网是互联网络的技术术语的缩写形式，是特殊的网关或路由器的互连计算机网络产生的结果。当互联网用于指整个全球 IP 网络系统时，则作为一个专有名词对待。

互联网和万维网在日常用语没有太大的区别。然而，互联网和万维网并不是同一个网络。互联网建立了一个全球性的计算机之间的数据通信系统，相比之下，网络是一个服务，只是通过互联网沟通。万维网是一个相互关联的文件和其他资源，通过链接的超链接和网址的集合。除了网络，互联网也提供众多且强大的其他服务，其中包括电子邮件、文件传输、新闻组、在线游戏等。Web 服务可以存在于互联网的部分，如专用 Intranet。因特网、互联

网、万维网的关系如图 3-3 所示。

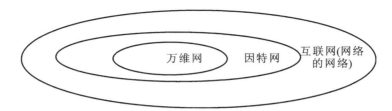

图 3-3 因特网、互联网、万维网的关系

互联网是指将两台计算机或者是两台以上的计算机终端、客户端、服务端通过计算机信息技术的手段互相联系起来的结果,人们可以与远在千里之外的朋友相互发送邮件、共同完成一项工作、共同娱乐。互联网具有以下特点。

(1) 通过全球唯一的网络逻辑地址在网络媒介基础之上逻辑地链接再一起。这个地址是建立在"互联网协议"(IP)或今后互联网时代其他协议基础之上的。

(2) 可以通过"传输控制协议"和"互联网协议"(TCP/IP),或者今后其他接替的协议或与"互联网协议"(IP)兼容的协议来进行通信。

(3) 可以让公共用户或者私人用户享受现代计算机信息技术带来的高水平、全方位的服务。这种服务是建立在上述通信及相关的基础设施之上的。

这当然是从技术的角度来定义互联网。这个定义至少揭示了三个方面的内容:①互联网是全球性的;②互联网上的每一台主机都需要有"地址";③这些主机必须按照共同的规则(协议)连接在一起。

起源于美国的因特网现已发展成为世界上最大的国际性计算机互联网。我们先给出关于网络,互联网以及因特网的一些最基本的概念。

网络由若干节点和连接这些节点的链路组成。网络中的节点可以是计算机、集线器、交换机或路由器等。图 3-4 中给出了一个具有三条链路和四个节点的网络。

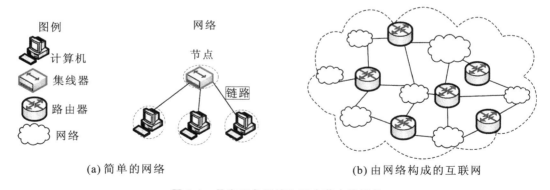

(a) 简单的网络   (b) 由网络构成的互联网

图 3-4 具有三条链路和四个节点的网络

网络和网络还可以通过路由器互连起来,这样就构成了一个覆盖范围更大的网络,即互联网。因此互联网是"网络的网络"。

因特网是世界上最大的互联网络。习惯上,大家把连接在因特网上的计算机都称为主机(host)。因特网也常常用一朵云来表示,图 3-5 表示许多主机连接在因特网上。

网络把许多计算机连接在一起,而因特网则把许多网络连接在一起。网络互连并不是把计算机仅仅简单地在物理上连接起来,因为这样做并不能达到计算机之间能够互相交换信息的目的。我们还必须在计算机上安装许多使计算机能够交换信息的软件才行。

上面所说的网络中一定有计算机。没有人会仅仅把几个路由器用链路连接起来，构成一个无用的"网络"。因此，本书所谈到的网络都是包含有计算机的网络。像这样包含有计算机的网络，以及用这样的网络加上许多路由器组成的互联网，都可以称为计算机网络。当然，世界上最大的互联网——因特网，也是一种计算机网络。

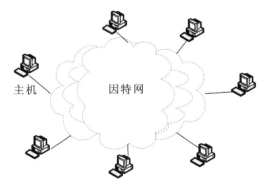

图 3-5　因特网示意图

3. 因特网发展的三个阶段

因特网的基础结构大体上经历了三个阶段的演进，但这三个阶段在时间上的划分并非完全分开而是有部分重叠的，这是因为网络技术的进步是渐近的而不是突变的。

（1）第一阶段是从单个网络 ARPAnet 向互联网发展的过程。

（2）第二阶段的特点是构建了三级结构的因特网——NSFNet。它是一个三级计算机网络，分为主干网、地区网和校园网（或企业网）。

（3）第三阶段的特点是逐渐形成了多层次 ISP 结构的因特网。

因特网已经成为世界上规模最大和增长速度最快的计算机网络，没有人能够准确说出因特网究竟有多大。因特网的迅猛发展始于 20 世纪 90 年代。由欧洲粒子物理研究所（CERN）开发的万维网 WWW（world wide web）被广泛使用在因特网上，大大方便了广大非网络专业人员对网络的使用，成为因特网快速增长的主要驱动力。

由于因特网存在着技术上和功能上的不足，加上用户数量猛增，使得现有的因特网不堪重负。因此 1996 年美国的一些研究机构和 34 所大学提出了研制和制造新一代因特网的设想，并宣布在之后 5 年内投入 5 亿美元实施"下一代因特网计划"，即"NGI 计划"。

进入 20 世纪 90 年代以后，以因特网为代表的计算机网络得到了飞速的发展。已从最初的教育科研网络逐步发展成为商业网络，并已成为仅次于全球电话网的世界第二大网络。

因特网的基础结构大致经历了三个发展阶段，具体介绍如下。

（1）因特网发展的第一阶段。

第一个分组交换网 ARPAnet 最初只是一个单个的分组交换网。而且 ARPA 重在研究多种网络互连的技术。其中最具代表性的是 TCP/IP 协议在 ARPA 上的应用，1983 年 TCP/IP 协议成为标准协议，同年，ARPAnet 分解成两个网络：ARPAnet 和其中 MILNET，其中 ARPANET 是进行实验研究用的科研网，MILNET 是军用计算机网络。

1983～1984 年，Internet 逐渐成形。1990 年 ARPAnet 正式关闭。

（2）因特网发展的第二阶段。

1986 年，NSF（national science fundamental）建立了国家科学基金网——NSFNet，它是一个三级计算机网络：包括主干网、地区网和校园网三级。1991 年，美国政府决定将因特网的主干网转交给私人公司来经营，并开始对接入因特网的单位收费。1993 年因特网主干网的速率提高到 45 Mb/s（T3 速率）。并且各网络之间需要使用路由器来连接，而且主机到主机的通信可能要经过多种网络。

（3）因特网发展的第三阶段。

从 1993 年开始，由美国政府资助的 NSFNet 逐渐被若干个商用的 ISP（Internet service

provider)主干网络所代替。

1994 年开始创建了 4 个网络接入点 NAP(network access point),分别由 4 个电信公司经营。NAP 是用来交换因特网上流量的节点,在 NAP 中安装有性能很好的交换设施。到 21 世纪初,美国的 NAP 的数量已达到十几个。从 1994 年到现在,因特网就逐渐演变成多级结构网络。

下面再简单介绍一下计算机网络在我国的发展情况。

最早着手建设专用计算机广域网的是原铁道部,其在 1980 年即开始进行计算机联网实验。1989 年 11 月,我国第一个公用分组交换网 CNPAC 建成运行。CNPAC 分组交换网由 3 个分组节点交换机、8 个集中器和一个双机组成的网络管理中心组成。1993 年 9 月建成新的中国公用分组交换网,并改称为 CHINAPAC,由国家主干网和各省、自治区、直辖市的省内网组成。在北京、上海设有国际出入口。

20 世纪 80 年代后期,公安、银行、军队以及其他一些部门也相继建立了各自的专用计算机广域网。这对迅速传输重要的数据信息起了很大的作用。除了上述广域网外,从 20 世纪 80 年代起,国内的许多单位都陆续安装了大量的局域网。局域网的价格便宜,其所有权和使用权都属于本单位,因此便于开发、管理和维护。局域网的发展很快,对各行各业的管理现代化和办公自动化起到了积极的作用。

1994 年 4 月 20 日,我国用 64 kb/s 专线正式连入因特网。从此,我国被国际上正式承认为因特网接入国家。同年 5 月,中国科学院高能物理研究所设立了我国的第一个 Web 服务器。同年 9 月,中国公用计算机互联网 CHINANET 正式启动。到目前为止,我国陆续建造了基于因特网技术的并可以和因特网互联的 9 个全国范围的公用计算机网络:①中国公用计算机互联网(CHINANET);②中国教育和科研计算机网(CERNET);③中国科技网(CSTNET);④中国联通互联网(UNINET);⑤中国网通公用互联网(CNCNET);⑥中国国际经济贸易互联网(CIETNET);⑦中国移动互联网(CMNET);⑧中国长城互联网(CGWNET);⑨中国卫星集团互联网(CSNET)。

4. 因特网的组成

因特网的拓扑结构虽然比较复杂,并且在地理上覆盖了全球,但从其工作方式上看,可以划分为以下的两个部分。

(1)边缘部分 由所有连接在因特网上的主机组成。这部分是用户直接使用的,用来进行通信(如传送数据、音频或视频)和资源共享。

处在因特网边缘的部分就是连接在因特网上的所有主机。这些主机又称为端系统(end system)。端系统在功能上可能有很大的差别,小的端系统可以是一台普通个人计算机,而大的端系统则可以是一台非常昂贵的大型计算机。

(2)核心部分 由大量网络和连接这些网络的路由器组成。这部分是为边缘部分提供服务的(提供连通性和交换)。

在网络核心部分起特殊作用的是路由器。路由器是一种专用计算机(但不是主机)。如果没有路由器,再多的网络也无法构建成因特网。路由器是实现分组交换的关键构件,其任务是转发收到的分组,这是网络核心部分最重要的功能。

5. 因特网基本服务

1)WWW 服务

万维网(world wide web,简称 WWW)是 Internet 上集文本、声音、图像、视频等多媒体信息于一身的全球信息资源网络，是 Internet 上的重要组成部分。浏览器（browser）是用户通向 WWW 的桥梁和获取 WWW 信息的窗口，通过浏览器，用户可以在浩瀚的 Internet 海洋中漫游、搜索和浏览自己感兴趣的所有信息。

WWW 的网页文件是用超文件标记语言 HTML（hyper text markup language）编写，并在超文件传输协议 HTTP（hype text transmission protocol）支持下运行的。超文本中不仅含有文本信息，还包括图形、声音、图像、视频等多媒体信息（故超文本又称超媒体），更重要的是超文本中隐含着指向其他超文本的链接，这种链接称为超链接（hyper links）。利用超文本，用户能轻松地从一个网页链接到其他相关内容的网页上，而不必关心这些网页分散在何处的主机中。

HTML 并不是一种一般意义上的程序设计语言，它将专用的标记嵌入文档中，对一段文本的语义进行描述，经解释后产生多媒体效果，并可提供文本的超链接。WWW 浏览器是一个客户端的程序，其主要功能是使用户获取 Internet 上的各种资源。常用的浏览器有 Microsoft 公司开发的 Internet Explorer（IE）、谷歌公司开发的 Chrome 和 Mozilla 基金会开发的 FireFox 浏览器等。

2）电子邮件服务

E-mail 是 Internet 上使用最广泛的一种服务。用户只要能与 Internet 连接，具有能收发电子邮件的程序及个人的 E-mail 地址，就可以与 Internet 上具有 E-mail 所有用户方便、快速、经济地交换电子邮件。可以在两个用户间交换，也可以向多个用户发送同一封邮件，或将收到的邮件转发给其他用户。电子邮件中除文本外，还可包含声音、图像、应用程序等各类计算机文件。此外，用户还可以邮件的方式在网上订阅电子杂志、获取所需文件、参与有关的公告和讨论组，甚至还可浏览 WWW 资源。收发电子邮件必须有相应的软件支持，常用的收发电子邮件的软件有 Exchange、Outlook Express 等，这些软件提供邮件的接收、编辑、发送及管理功能。大多数 Internet 浏览器也都包含收发电子邮件的功能，如 Internet Explorer。邮件服务器使用的协议有简单邮件转输协议 SMTP（simple mail transfer protocol）、电子邮件扩充协议 MIME（multipurpose internet mail extensions）和邮局协议 POP（post office protocol）。POP 服务需由一个邮件服务器来提供，用户必须在该邮件服务器上取得账号才可能使用这种服务。目前使用得较普遍的 POP 协议为第 3 版，故又称为 POP3 协议。

3）Usenet 网络新闻组服务

Usenet 是一个由众多趣味相投的用户共同组织起来的各种专题讨论组的集合。通常也将之称为全球性的电子公告板系统（BBS）。Usenet 用于发布公告、新闻、评论及各种文章供网上用户使用和讨论。讨论内容按不同的专题分类组织，每一类为一个专题组，称为新闻组，其内部还可以分出更多的子专题。

Usenet 的每个新闻都由一个区分类型的标记引导，每个新闻组围绕一个主题，如 comp.（计算机方面的内容）、news.（Usenet 本身的新闻与信息）、rec.（体育、艺术及娱乐活动）、sci.（科学技术）、soc.（社会问题）、talk.（讨论交流）、misc.（其他杂项话题）、biz.（商业方面问题）等。用户除了可以选择参加感兴趣的专题小组外，也可以自己开设新的专题组。只要有人参加，该专题组就可一直存在下去；若一段时间无人参加，则这个专题组便会被自动删除。

4）文件传输服务

文本传输服务又称为 FTP 服务，它是 Internet 中最早提供的服务功能之一，目前仍然

在广泛使用。

FTP(file transfer protocol)协议是 Internet 上文件传输的基础，通常所说的 FTP 是基于该协议的一种服务。FTP 文件传输服务允许 Internet 上的用户将一台计算机上的文件传输到另一台上，几乎所有类型的文件，包括文本文件、二进制可执行文件、声音文件、图像文件、数据压缩文件等，都可以用 FTP 传送。FTP 实际上是一套文件传输服务软件，它以文件传输为界面，使用简单的 get 或 put 命令进行文件的下载或上传，如同在 Internet 上执行文件复制命令一样。大多数 FTP 服务器主机都采用 Unix 操作系统，但普通用户通过 Windows 系统也能方便地使用 FTP。FTP 最大的特点是用户可以使用 Internet 上众多的匿名 FTP 服务器。所谓匿名服务器，指的是不需要专门的用户名和口令就可进入的系统。用户连接匿名 FTP 服务器时，都可以用"anonymous"（匿名）作为用户名、以自己的 E-mail 地址作为口令登录。登录成功后，用户便可以从匿名服务器上下载文件。匿名服务器的标准目录为 pub，用户通常可以访问该目录下所有子目录中的文件。考虑到安全问题，大多数匿名服务器不允许用户上传文件。

5）远程登录服务

远程登录服务又称为 Telnet 服务，它是 Internet 中最早提供的服务功能之一，目前很多人仍在使用这种服务功能。

Telnet 是 Internet 远程登录服务的一个协议，该协议定义了远程登录用户与服务器交互的方式。Telnet 允许用户在一台连网的计算机上登录到一个远程分时系统中，然后像使用自己的计算机一样使用该远程系统。要使用远程登录服务，必须在本地计算机上启动一个客户应用程序，指定远程计算机的名字，并通过 Internet 与之建立连接。一旦连接成功，本地计算机就像通常的终端一样，直接访问远程计算机系统的资源。远程登录软件允许用户直接与远程计算机交互，通过键盘或鼠标操作，客户应用程序将有关的信息发送给远程计算机，再由服务器将输出结果返回给用户。用户退出远程登录后，用户的键盘、显示控制权又回到本地计算机。一般用户可以通过 Windows 的 Telnet 客户程序进行远程登录。

6）电子公告牌服务

BBS(bulletin board service，公告牌服务)是 Internet 上的一种电子信息服务系统。它是如今很受欢迎的个人和团体交流手段。如今，BBS 已经形成了一种独特的网上文化。网友们可以通过 BBS 自由地表达他们的思想、观点。BBS 实际上也是一种网站，从技术角度说，电子公告板实际上是在分布式信息处理系统中，在网络的某台计算机中设置的一个公共信息存储区。任何合法用户都可以通过 Internet 或局域网在这个存储区中存取信息。早期的 BBS 仅能提供纯文本的论坛服务，现在的 BBS 还可以提供电子邮件、FTP、新闻组等服务。BBS 按不同的主题分为多个栏目，其栏目的划分是依据大多数 BBS 使用者的需求、喜好而设立。BBS 的使用权限分为浏览、发帖子、发邮件、发送文件和聊天等。几乎任何上网用户都有自由浏览的权力，而只有经过正式注册的用户才可以享有其他的服务。BBS 的交流特点与 Internet 最大的不同，正像它的名字所描述的，是一个"公告牌"，即运行在 BBS 站点上的绝大多数电子邮件都是公开信件。因此，用户所面对的将是站点上几乎全部的信息。

6. 因特网的体系结构

如图 3-6 所示为 Internet 体系结构示意图。

| 应用层 |
| 表示层 |
| 会话层 |
| 传输层 |
| 网络层 |
| 数据链路层 |
| 物理层 |

电子邮件	文件传输	远程登录	域名服务	WWW	…… ……
传输层（UDP，TCP）					
IP（Internet Protocol）					
数据链路层					
物理层					

（a）OSI/RM 的 7 层结构 　　　　（b）Internet 的 5 层结构

图 3-6　OSI/RM 的 7 层结构与 Internet 的 5 层结构的对应关系

从图 3-6 中可以看出,尽管 Internet 在下面两层广泛使用各种技术而未定义专用的协议,但其下面 4 层结构与 OSI/RM 的下 4 层一一对应。Internet 在体系结构上有别于 OSI/RM 之处在于将 OSI/RM 中的上面 3 层合并为应用层,将应用层所需的会话层和表示层功能根据需要融入应用层之中。

Internet 体系结构与 OSI/RM 的另一个重要差异在于没有 OSI 中的服务概念。因此,其层间的配合采用直接使用邻层协议实现的提供的内部接口或程序调用(procedure call)的方式来完成。

3.1.3　电信网

1. 电信网的定义、组成要素和分类

1）定义

能够将瞬息万变的社会中的各种语言、声音、文字、图像、图表、数据、视频等媒体变换成电信号并且在任意两地间的任何两个人或两个通信终端设备之间,按照预先约定的规则(或称协议)进行传输和交换的网络,就称为电信网。

2）组成要素

电信网的组成要素包括:终端设备,传输系统,交换节点,网络技术。

3）分类

（1）按传输媒介的不同,可分为:有线电信网(电线、电缆、光缆等)和无线电信网(长波、中波、短波、超短波、微波、卫星等)。

（2）按业务的不同,可分为:电话网、电报网、数据网、传真网、综合业务数字网(ISDN)、多媒体通信网、信令网、同步网、管理网等。

（3）按功能的不同,可分为:交换网、传送网、移动网、接入网等。

（4）按通信范围的不同,可分为:本地网、长途网、国际网等。

（5）按性质的不同,可分为:业务网,支撑网,基础网。

4）中国电信网目前的分类

中国电信网目前的分类基本上遵循了 ITU-T 的标准有以下两大类共十四个网,具体为:

① 业务网:公用交换电话网(PSTN)、分组交换公用数据网(PSPDN)、公用陆地移动通信网(PLMN)、窄带综合业务数字网(N-ISDN)、宽带综合业务数字网(B-ISDN)、智能网(IN)、接入网(AN)、多媒体通信网(MTN)、计算机互连网(Internet and Intranet)、数字数据

网(DDN)、同步数字系列传送网(SDH);②支撑网:七号公共信道信令网(No.7CCS)、数字同步网(DSN)、电信管理网(TMN)。

在一个较大的城市中,想要把所有的用户都连接到一个电话局是不可能的。原因是较大的服务区域将使用户线的平均长度增加,从而增大线路投资。另外,用户离交换机过远,线路参数的变化将会影响通话质量和接续性能。因此,一般都将城市划分为几个区,各区设电话分局,各区的用户线接到本区分局的交换机上,分局与分局之间用中继线连接,这样就组成了市内电话网。

电话通信仅有市内电话网是不够的,要解决任何两个城市之间的用户电话通信,就必须要建立长途电话网。我国幅员辽阔,长途电话业务量大,因此如何规划长途网,如何科学、经济地建立长途电话网也成为必须要考虑的问题。

电话局的数量和用户线的成本之间存在着经济上的矛盾。如果少设电话局,那么许多用户线将很长,因而线路投资就大;反之若多设电话局,用户线就短一些,但是电话局之间需要大量的中继线,相应的交换设备也多,因而成本也高。所以设计电话网时,必须进行技术和 经济上的全面分析比较,同时也要根据用户分布的实际情况来考虑。

2. 公用交换电话网(public switched telephone network,PSTN)

1)概述

公用电话网经过了人工网和模拟自动网的历程,进入了现在的数字程控自动电话交换网。自1982年12月我国第一个数字程控交换机在福州市电话网开通后,我国公用电话网的规模迅猛发展,网络结构也开始了从量变到质变的过程。

2)电话网的一般结构

(1)网状网。

网状网也称全互连网,是电话局间的直接中继法。在网中的每个电话局均有直达路由与所有其他电话局连接。这种网的优点是任何两个电话局之间的接续一般不需经过第三个电话局,接续迅速;当某两个电话局之间的中继线出故障时,又可组织迂回通信,并只需经过另一个局的转接就可完成接续,因此电路调度灵活,可靠性高。但是,整个电话网所需的中继线较多,线路利用率较低,投资和维护费用大。故这种全互连网只适用于电话局间话务量较大的情况或分局数量较少的城市。

如图3-7(a)所示的网状网,如果网内有 N 个电话局,则其电路群的数目为 $N(N-1)$。可见随着电话局数量的增加,中继线群将迅猛增加。

(2)星形网。

星形网的结构如图3-7(b)所示。它设有一个中心局 T,该中心局也称汇接局。其他各局到汇接局设有直达中继线,各电话局之间的通信都需经汇接局转接,整个电话网构成辐射的形状,所以也称为辐射式电话网。

星形网的优点是减少了电路群数和中继线的总长度 ,若有 N 个局,电路群数只有 $N-1$ 个 。由于各局间的通信只能通过一个电路群,显然其局间话务量较集中,电路利用率也比较高。但它的缺点也由此产生,即各局之间的通信都要经过汇接局,一旦汇接局不能转接,将使全网的局间通信中断。星形网可作为局部地区网,例如当一个地区比较分散,其较中心的位置有一个较大的局,而它的周围是一些较小的局时,可采用星形网结构。另外,星形网中的汇接局设备往往与其中一个电话局的设备安装在同一建筑物中。

(3)复合网。

复合网一般是网状网和星形网的综合,如图3-8所示。复合网以星形网为基础,在局间话务量小的时候采用汇接接续,在局间话务量较大时设置直达电路,构成部分直达式网。这是根据实际情况吸取上述两种基本形式的优点的组网方法。

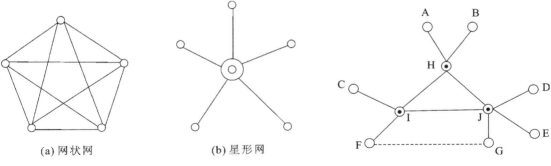

图 3-7　电话网的基本形式　　　　　　　图 3-8　复合网

从图 3-8 可以看出,这种形式的网在 H、I、J 三个汇接局之间采用网状网结构,而汇接局以下的各局分别采用星形网结构。它既提高了电路利用率,又有适当的灵活性,并且根据需要还可在局间话务量较大的 F 局和 G 局之间设置直达电路。显然,复合形式的网在实用中显得经济合理。

除上述基本形式的电话网结构外,还有一些特殊形式的电话网结构,如在移动电话网中可采用蜂窝型网结构,在专用通信网中可采用环形网结构、总线型网结构等。

3. PSTN 的前景

1)PSTN 电话网智能化改造

作为最重要的通信网,长期以来 PSTN 几乎就是电信的代名词。随着中国电信行业进入全面竞争阶段,为了扩大市场份额,各运营商的竞争焦点都集中在为用户提供多样化和层次化的新业务和提高业务的服务质量上。移动运营商凭借良好的网络架构和业务便捷性,通过快速、全网推出业务,在用户和业务发展上占尽先机,而作为传统固话运营商,依靠单一的 PSTN 网络以及在其之上开放的相关增值业务,无论是网络覆盖、漫游功能,还是在业务提供、运营模式等方面与移动网络相比都先天不足,无法相提并论。

目前,PSTN 网络存在的主要问题有以下几个方面。

(1)网络结构不合理。目前的 PSTN 端局数量过多,汇接局容量小、数量大,网络组织复杂,导致网络资源利用率和运行效率都较低。另外,端局之间不完全的网状网连接以及部分端局和汇接局合一的现象造成网络层次不清,路由复杂,使得维护管理较为困难。

(2)机型繁多。我国本地网交换机机型种类繁多,业务提供能力参差不齐,难以开展全网增值业务。而且部分老机型的技术支持力量薄弱,售后服务难以满足需要。

(3)智能业务触发不灵活。智能网是当前为 PSTN 提供语音增值业务的主要方式,但已显现出很大的局限性。一方面,很多端局不支持业务交换点(SSP),没有支持多呼叫处理能力,难以在全网快速统一地开展智能业务。另一方面,智能业务触发方式单一,导致很多新业务无法实现或开展不方便,而且不支持智能网增值业务的嵌套和组合,无法满足用户同时使用多个增值业务的需求。

(4)用户数据管理分散。目前 PSTN 中的用户数据是分散放置,即端局和汇接局交换机各自存放和管理本局的用户数据,这种方式存在着用户属性管理分散、用户数据不能共享等缺点,开发新业务常常需要端局修改制作大量数据,难以实现业务即开即通。

PSTN 面临日益严峻的挑战,表现在以下两个方面。

（1）互联网的蓬勃发展颠覆了传统的电信商业模式，PSTN 语音业务被网络电话、E-mail、即时通信等其他通信方式分流越来越大，尤其是传统长途电话业务受 IP 电话的冲击最大。

（2）移动语音对固定语音的替代作用日益明显，以宽带为重心的数据业务的增长速度大大超过了语音业务的增长速度。早在 2003 开始，中国移动用户数首次超过 PSTN 网络用户数；2009 年以来，全球 75％的语音呼出分钟将由移动发起（在 2004 年仅为 20％）；全球 35％的 PSTN 用户停止使用传统固话，而只依靠移动或 VoIP 业务。

随着用户的业务需求越来越多，对现有的智能网网络提出了新的要求。例如，彩铃、预付费、一号通（含同振）、混合放号及一号双机/多机等业务的开展，都需要对 PSTN 进行智能化改造来提供这些业务。不同的运营商对待 PSTN 的态度也是不一样的。对于激进的"革命派"，可能抛弃原有 PSTN，全力向 NGN 转型，如英国 BT 的 21CN 计划就体现了这一思路；而对于温和的"改良派"，从保护现有投资和提高资源利用率的角度出发，依然希望尽量延长 PSTN 的生命周期，挖掘 PSTN 的网络潜力，提升 PSTN 的价值。运营商的网络业务现状和竞争态势是决定运营商态度的关键，我国的 PSTN 设备大量处在"青春期"，利用价值和改造潜力都还很大，所以有必要对 PSTN 电话网进行智能化的改造。

PSTN 在网络与业务方面都存在局限性，已无法满足业务创新和提供综合信息服务的要求，必须向基于 IP 的下一代网络（NGN）转型。"网络转型"的基本方向是：从主要提供语音连接的基础服务向提供综合信息通信服务转型，从窄带通信向宽带通信转型，从单业务运营商向全业务运营商转型。PSTN 智能化的总体解决方案：引入全网用户集中数据库（综合智能-HLR，以下称 SHLR）为重要切入点，有效解决用户数据的集中、全网智能业务的鉴别与触发、提高运行管理效率、为向下一代网络过渡、实现可持续发展打下基础。

2）VoIP 的应用

随着近年来互联网络技术的快速发展以及我国网络基础设施的不断完善，越来越多的企业和个人用户都切身体会到了现代信息高速公路带来的便利，如何通过现在的网络资源为企业获得更大的经济效益是目前众多的科研单位和企业共同关注的课题。

VoIP（voice over IP）技术是目前网络技术发展出来的一个分支，又称为网络电话。它利用现有的 Internet 接入，将模拟的语音信号数字化，并进行压缩后经 VoIP 电话网络路由或交换网络送至目的地，VoIP 电话包再将其还原成语音信号的语音通信方式。VoIP 电话采用了压缩和统计复用等技术，并基于 Internet 数据网络，同时实现语音和数据的通信，能充分利用网络资源，提供廉价服务。

Internet VoIP 系统具有丰富的电话功能，高可靠性，易于扩容，遵循国际标准，能满足话音和数据集成的应用。目前 VoIP 的两大应用领域如下。

（1）数据、话音通过互联网的接入和传输。能够有效利用自身的资源，节约网络运营成本。

（2）利用 VoIP 技术实现真正的数据与语音乃至多媒体信息的结合，使局域网内智能设备能真正无缝地交互和处理来自广域网的大量的信息资源，有助于提高处理大量信息的能力，增强对突发事件的应对效率。

VoIP 应用，主要是以 VoIP 技术为基础的相关增值应用，包括话音汇接业务、IP 传真、局域网电话等众多业务项目。例如，开展 IP 电话服务，是将语音信号压缩成数据资料封包后，在 IP 网络基础上传送的语音服务。也就是说，通过开放互连网络建立语言传输系统；利用 Internet 上提供实时语音服务，进行远距离电话网络交谈，而不再使用传统的公众电话网络(PSTN)。IP 电话可以拓展 LAN 的应用范围，提供电话服务，以及共享计算机资源、打印机和因特网访问。

3.2 通信协议

分组交换网非常适合于计算机之间的通信，在分组交换节点之间要不断地进行数据（包括控制信息）的交换。要做到有条不紊地交换数据，每个节点就必须遵守一些事先约定好的规则，这些规则明确规定了所交换的数据的格式以及事件实现顺序的有关问题。这些为进行数据的交换和传输而建立的规约，称为通信协议。

将不同计算机厂生产的计算机互连起来共享资源是很复杂的。这是因为不同的生产厂家所采用的体系结构、使用的协议是不同的，这就需要找到为解决计算机互连而协议一致的原则。通过调查研究，1979 年国际标准化组织(ISO)制定了一个为异机种系统间通信所必要的标准，即开放系统体系结构的参考模型。通信协议和协议参考模型是如今用于描述数据通信和通信网的基本手段。

下面在引入通信系统分层概念的基础上，介绍 ISO 开放系统互连参考模(OSI-RM)。使读者了解计算机网的七层协议的划分和功能，然后再介绍 CCITT 在 1976 年通过的建议及一些有关的协议。

3.2.1 抽象通信过程

任何通信过程都可以抽象成为两个相同的通信实体经过通信线路传送信息的过程。其中涉及以下两个基本概念。

（1）连接两个通信实体的通信线路，实现的功能是向两端的实体提供某种通信能力。

（2）上述通信线路和通信实体对用户而言，相当于一条逻辑通信线路。如图 3-9 所示的是这些最基本的概念。

例如，可以将传真机作为通信实体，利用的是电话线路提供的话音通信的能力，向用户提供发送和接收图文传真的能力。

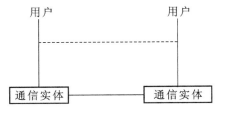

图 3-9　抽象通信过程

为了明确一个通信过程，必须定义相应的通信线路和通信实体的功能。对于通信线路，需要定义它提供的通信能力。对于通信实体则必须明确它利用何种通信能力、向它的用户提供何种通信能力以及接收外部管理的能力和机制。上述的定义内容称为通信协议，它规定了通信实体间和用户间通信所必须遵守的约定。

3.2.2 通信系统分层的基本概念

实际的数据通信过程必须完成比特流传送、比特同步、流量控制、差错控制、路由选择、对话过程管理、信息加密等诸多方面的操作，不同的通信过程可以选择其中不同的组合，所以希望由单一通信实体完成所有可能要求的操作是不切合实际的，同时也不利于定义具体的操作功能。人们考虑到可以将端点支持用户通信的一个通信实体变成 N 个通信实体级联的结构，如图 3-10 所示。将 N 个级联的通信实体看成一个通信实体的 N 个部件，从而得到 N 层的通信实体如图 3-11 所示。把一个通信实体分成 N 层分别描述，就可以得到 N 层的协议参考模型。

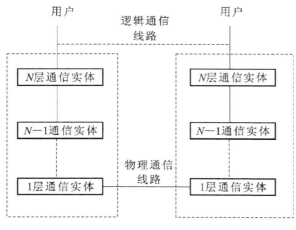

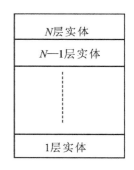

图 3-10　N 个通信实体级联　　　图 3-11　N 层的通信实体

每层实体完成特定的功能,上层根据下层提供的功能,增加本层相应的功能,进一步提交给更上层,最后得到可靠的通信的过程。两个进行通信的通信实体的相同层次必须对该层完成的功能有统一的认识,这就是同等层之间的协议。任何同等层协议的完成都是通过下层提供的逻辑传输功能实现的,而不是直接交互(任何层交互范围限于其相邻层)。采用分层结构可以有以下优点。

(1) 各层之间是独立的。一个层次并不需要知道它下面的一层是如何实现的,而仅仅需要知道该层通过层间接口(即界面)所提供的服务。例如,数据链路层之间进行通信时,并不需要知道 Modem 做了什么,也不需要知道在一个帧内包含了些什么信息字段等。数据链路层之间交互作用的目的只是成功地将帧从发送节点送到某一指定的接收节点。

(2) 灵活性好。当任何一层发生变化时,如由于技术的变化等,只要接口关系保持不变,则在这层以下各层均不受影响。此外,某一层提供的服务还可以修改,当某层提供的服务不再需要时,甚至可将该层短路即取消该层。

(3) 结构上可分隔开。各层都可以采用最合适的技术来实现。

(4) 网络结构清晰,可理解程度高,易于实现和维护。这种结构使得一个庞大而又复杂系统的实现和调试变得易于处理。因为整个系统已被分解为若干个易于处理的部分了。

(5) 能促进标准化工作。这是由于每一层的功能和所提供的服务都已有了精确的说明。

3.2.3　开放系统互连参考模型(OSI-RM)

国际标准化组织(ISO)根据网络分层的原则提出了计算机互连的七层模型,将通信实体按其完成功能分为七层,分别为物理层、数据链路层、网络层、传输层、会话层、表示层和应用层,如图 3-12 所示。它上以应用进程为界,下以物理媒体为界。应用进程和通信媒体不属于 OSI 参考模型。通常将第 1～3 层功能称为低层功能(即通信传送功能);第 4～7 层功能称为高层功能(即通信处理功能),通常需由终端来提供。

下面我们对七层的功能分别进行介绍。

1. 物理层

要传递信息就要利用一些物理媒体,如双绞线,同轴缆线等。但具体的物理媒体并不在 OSI 的七层之内。有人把物理媒体当成第 0 层,因为它的位置处于物理层的下面。物理层

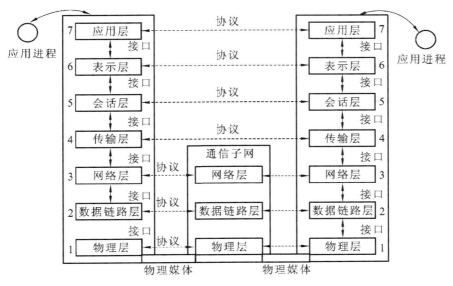

图 3-12 计算机互连的七层模型

的任务就是为它的上一层（即数据链路层）提供一个物理连接，以便透明地传送比特流。在物理层上所传数据的单位是比特。

"透明地传送比特流"表示经实际电路传送后的比特流没有发生变化，因此，对传送比特流来说，这个电路好像不存在。也就是说，这个电路对该比特流来说是透明的。这样，任意组合的比特流都可以在这个电路上传送。当然，比特流具体代表什么意思，则不是物理层所要管的。

物理层要考虑多大的电压代表"1"或"0"，以及当发送端发出比特"1"时，在接收端如何识别出这是比特"1"而不是比特"0"。物理层还要确定连接电缆的插头应当有多少根引脚以及各个引脚应如何连接。

物理连接并非永远在物理媒体上存在的，它要靠物理层来激活、维持和去活。

2. 数据链路层

数据链路层负责在两个相邻节点间的线路上，无差错地传送以帧为单位的数据。每一帧包括一定数量的数据和一些必要的控制信息。与物理层相似，数据链路层要负责建立、维持和释放数据链路的连接。在传送数据时，若接收节点检测到所传数据中有差错，就要通知发方重发这一帧，直到这一帧正确无误地到达接收节点为止。在每一帧所包括的控制信息中，有同步信息、地址信息、差错控制，以及流量控制信息等。

这样，数据链路就把一条有可能出差错的实际链路，转变成为让网络层向下看起来好像是一条不出差错的链路。

3. 网络层

广域计算机网一般划分为通信子网和资源子网，对于一个通信子网来说，最多只有到网络层为止的最低3层，网络层是通信子网的最高层。在计算机网络中进行通信的两个计算机之间可能要经过许多个节点和链路，也可能还要经过好几个通信子网。在网络层，数据的传送单位是分组或包。网络层的任务就是要选择合适的路由和交换节点，使发送站的传输层传下来的分组能够正确无误地按照地址找到目的站，并交付给目的站的传输层，这就是网络层的寻址功能。

当一个通信子网中到达某个节点的分组过多时,就会彼此争夺网络资源,这就可能导致网络性能的下降,有时甚至发生网络瘫痪的现象。防止产生这种网络拥塞,也是网络层的工作内容。

4. 传输层

在传输层,信息的传送单位是报文。当报文较长时,先要把它分割成好几个分组,然后再交给下一层(网络层)进行传输。

传输层的任务是弥补具有低三层功能的各种通信网的欠缺和差别,保证数据传输的质量,满足高三层的要求。根据通信子网的特性最佳地利用网络资源,并以可靠和经济的方式,为两个端系统(也就是源站和目的站)的会话层之间,建立一条传输连接,以透明地传送报文。或者说,传输层为上一层(会话层)提供一个可靠的端到端的服务。传输层屏蔽了会话层,使它看不见传输层以下的数据通信的细节。在通信子网中没有传输层,传输层只存在于端系统(即主机)之中。传输层以上的各层就不再管信息传输的问题了。正因为如此,传输层就成为计算机网络体系结构中最为关键的一层。

5. 会话层

这一层也可称为会晤层或对话层。在会话层及以上的更高层次中,数据传送的单位仍为报文。

会话层虽然不参与具体的数据传输,但它却对数据传输进行管理。会话层在两个相互通信的应用进程之间,建立、组织和协调其交互。例如,确定是双工工作(每一方同时发送和接收)还是半双工工作(每一方交替发送和接收);当发生意外时(如已建立的连接突然断了),要确定在重新恢复会话时应从何处开始。

6. 表示层

表示层主要解决用户信息的语法表示问题。表示层将欲交换的数据从适合于某一用户的抽象语法,变换为适合于 OSI 系统内部使用的传送语法。有了这样的表示层,用户就可以把精力集中于所要交谈的问题本身,而不必更多地考虑对方的某些特性。例如,对方使用什么样的语言。

对传送的信息加密(和解密)也是表示层的任务之一。由于数据的安全与保密这一问题比较复杂,在七层中的其他一些层次也与这一问题有关。

7. 应用层

应用层是 OSI 参考模型中的最高层。应用层的作用是:确定进程之间通信的性质以满足用户的需要(这反映在用户所产生的服务请求);负责用户信息的语义表示,并在两个通信者之间进行语义匹配。这就是说,应用层不仅要提供应用进程所需的信息交换和远地操作,而且还要作为互相作用的应用进程的用户代理(user agent),来完成一些为进行语义上有意义的信息交换所必需的功能。

为了对 OSI 的七层概念加深理解,下面对应用进程数据如何在开放系统互连环境中进行传输作进一步说明。

图 3-13 详细描述了应用进程的数据是怎样一层接一层地传递的。这里为简单起见,省去了两个开放系统之间的节点,即省去了中继开放系统。图中着重说明的是应用进程的数据各层之间的传递过程中所经历的变化。

应用进程 AP_A 先将其数据交给第 7 层;第 7 层加上若干比特的控制信息就变成了下一层的数据单元;第 6 层收到这个数据单元后,加上本层的控制信息,再交给第 5 层,成为第 5

层的数据单元;依此类推。不过到了第 2 层后,控制信息分成两部分,分别加到本层数据单元的首部和尾部,而第 1 层由于是比特流的传送,所以不再加上控制信息。

当这一串的比特流经过网络的物理媒体传送到目的站时,就从第 1 层依次上升到第 7 层。每一层根据控制信息进行必要的操作,然后将控制信息剥去,将剩下的数据单元交给更高一层。最后,把应用进程 AP_A 发送的数据交给目的站的应用进程 AP_B。

可以用一个简单的例子来比喻上述过程,有一封信从最高层向下传送,每经过一层就包上一个新的信封;包有多个信封的信传送到目的站后,从第一层起,每层拆开一个信封后就交给它的上一层,传到最高层后,取出发信人所发的信交给收信用户。

虽然应用进程数据要经过如图 3-13 所示的复杂过程才能送到对方的应用进程,但这些复杂过程对用户来说,却都被屏蔽掉了,以至于应用进程 AP_A 觉得好像是直接把数据交给了应用进程 AP_B。同理,任何两个同样的层次(如在两个系统的第 4 层)之间,也好像如同图 3-13 中的水平虚线所示的那样,可将数据(即数据单元加上控制信息)直接传送给对方。这就是所谓的"对等层"之间的通信。我们以前经常提到的各层协议,实际上就是在各个对等层之间传送数据时的各项规定。

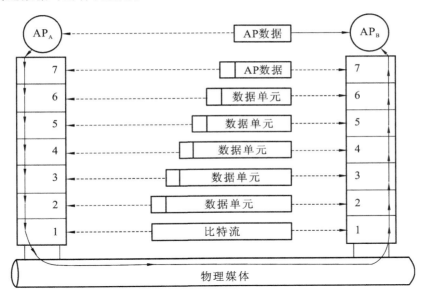

图 3-13　OSI 环境下的数据流传输过程

3.2.4　X.25 建议

涉及分组交换的规程有许多,可分为接口规程和网内规程两种。所谓接口规程是指终端用户和网络之间的通信规程,而网内规程是指网络内部(各通信处理机之间)的通信规程。为了实现各种终端用户和不同的分组交换网之间的自由连接,接口规程必须在全世界范围内实现统一,为此国际标准化组织(ISO)和国际电报电话咨询委员会(CCITT)制定了一系列标准,本节主要介绍著名的 X.25 建议。

1. X.25 建议概述

X.25 建议是指用专用电路连接公用数据网上的分组式数据终端设备(DTE)与数据电路终接设备(DCE)之间的接口。它是分级数据网中最重要的协议之一,有人把分组数据网简称为 X.25 网。

  X.25 建议是 CCITT 在 1976 年 10 月通过的标准。当时很多国家都在建设公用分组交换数据网,为了便于国际及国内分组网的互通,CCITT 制定了 X.25 建议。由于当时对某些细节考虑不够周全,另外新业务、新技术不断发展,因此 X.25 至今还在不断发展与完善中。

  X.25 建议规定了 DTE 与 DCE 之间的接口。DTE 是 CCITT 对主机、前端处理器、智能终端等用户设备的统称。DCE 在电话网的数据通信系统中是一个信号变换设备,该信号是由 DTE 发出的,以便形成一个能在线路上传输的信号形式,因此 DCE 可以是调制解调器、线路耦合器以及其他设备。在 X.25 场合,DCE 是指 DTE 所连接的入口或交换节点,因此,如果 DTE 与交换节点之间的传输线路采用模拟线路,那么 DCE 也把用户连接到远端交换节点的调制解调器包括在内,如图 3-14 所示。

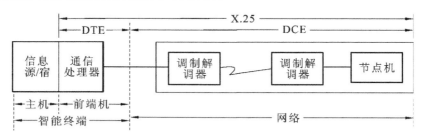

图 3-14 X.25 环境下的 DTE 与 DCE

  X.25 包含的三个不同且独立的层,相应于开放系统互连七层模式中下三层所规定的具体内容,即规定了 DTE 与 DCE 同层之间交换信息的协议,二者之间的接口协议层次关系,如图 3-15 所示。各层之间的信息关系如图 3-16 所示。

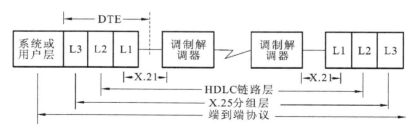

图 3-15 DTE 和 DCE 接口的协议层次

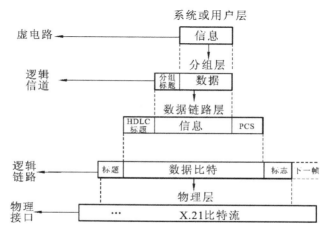

图 3-16 通过 X.25 各层的信息

从高层传送过来的消息在 X.25 的第三层一般分为 128 个八位组长度的数据块,并在其前面加上分组标题成为一个分组,在该层进行适当处理后送往 X.25 的第二层,分组在该层进行处理,加上 HDLC 标题、FCS 及 011111110 标志成为一个帧,送往 X.25 的第一层,最后送往线路进行传输。

> **注意**:实际信息是从同一系统的高层→低层以及低层→高层传送的,但在逻辑上按开放系统互连层次模式的概念,信息是在两个系统的同等层之间传送的,所以图中的逻辑信道、逻辑链路等就是这种概念的体现。

2. X.25 各层简介

1) X.25 的第一层(物理层)

第一层(物理层)采用 X.21、X.21 bis 建议。CCITT 的 X.21 建议规定了在公用数据网上同步工作的 DTE 与 DCE 之间的通用接口,它是以数字传输线路作为基础制定的,DCE 装设在用户处,终接网络的数字传输线路并提供网络到 DTE 的接口,如图 3-17 所示。

DTE-DCE 之间的主要接口线有 6 条,发送线 T 用于发送数据,接收线 R 用于接收数据,控制线 C 用于显示传统的摘机/挂机状态,指示线 I 用于显示数据传送阶段开始与结束,信号码元定时线 S 用于 DCE 提供 DTE 的码元定时,以便使 DTE 与 DCE 的码元同步。

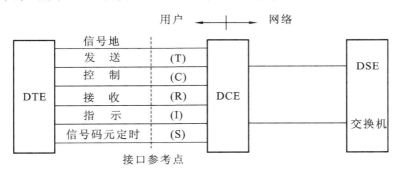

图 3-17 X.21 规定的 DTE-DCE 主要接口线

DTE 与 DCE 之间有以下三个时间阶段。

(1) 空闲阶段,为 DTE 待用的时间段,它相当于电话网中的"挂机"状态。

(2) 控制阶段,为呼叫建立和呼叫拆除的时间段。

(3) 数据传送阶段,为呼叫已建立,可以进行数据传输的时间段。

在数据传送阶段,X.21 接口可提供任意比特序列的数据传送。当采用调制解调器的模拟传输线路时,或使用具有 V 系列接口的 DTE 时,可采用 X.21 bis 建议。这时 DTE 与 DCE 的接口实际采用 V.24 建议。

2) X.25 的第二层(数据链路层)

X.25 建议中采用了 ISO 制定的高级数据链路控制(HDLC)规程。目前使用较普遍是它的一个子集,称为平衡型链路接入规程(LAPB),它是一种由 OSI 支持的位同步的全双工规程,分基本型和扩展型两种。基本型的一帧内的信息长度最大为 135 个八位组,在信息字段可容纳一个分组,扩展型的信息字段可以更长一些。

(1) LAPB 的主要功能。

① 编制帧序号,在基本操作中允许最多在信道上有 7 帧未被处理。

② 用类似于 CRC-16 的 16 位帧检查序列(FCS)进行检错。如收到的是正确数据,则回送一个正确的认可(ACK)信号,如收到时发现错误则请求对方重发,接收方将丢弃该帧,而发送端在经过一段规定的超时期间后进行重发。

(2) LAPB 的帧格式。

LAPB 的帧格式如图 3-18 所示。其中,标志字段由 01111110 这样的比特组合形成,用于同步,位于帧的开始和结束,上一帧结束的帧标志同时是下一帧的开始标志字段。地址字段标识出该帧是命令帧还是响应帧,在发送端发出的命令帧或信息帧以后紧跟着是接收方发送的响应帧(如认可 ACK 帧),命令帧内的地址是发送命令的 DCE 或 DTE 地址,而响应帧内的地址则是发送该帧的 DTE 或 DCE 地址。控制字段包括命令或响应方,如果使用的话,还有序号。控制字段的格式有三种类型,即编号的信息帧传送、编号的监视功能,以及无编号的控制功能。

信息传送的控制字段中包括帧序号 N(S)、轮询位 P 和认可序号 N(R),如图 3-18 所示。N(S)是已发送的信息帧序号,N(R)是接收方预期将收到的下一序列的信息帧的序号(第 6 位是最低位),也即最近已成功发送的帧是(N(R)−1)。

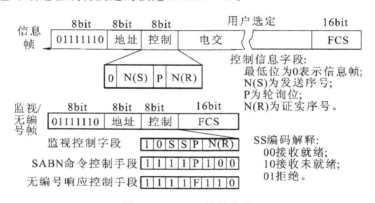

图 3-18　LAPB 的帧格式

当在发送端用命令探询对方的响应时,轮询位置"1",当用于信息帧内则是请求一个监控帧,它的响应可能表示接收方可以接受或认可,结束位 F 在监视响应帧内置"1"表示该帧是轮询的结果。

监视帧的控制字段除 N(R)与上述相同外,第 3、4 位(SS)为监视功能字段,可以有三种组合:"00"表示接收准备就绪(RR),即是已做好准备接收序号为 N(R)的信息帧;"10"表示接收未准备就绪(NR),表示正处于占用状态;"01"表示拒绝(REJ)命令,则是由 DCE 或 DTE 用来申请对方重发以 N(R)开始的信息帧。

P/F 是轮询/结束位,其用法与信息帧的控制字段相同。

无编号命令(U)是用来实现附加的数据链路功能的。例如,在占用阶段后重新启动传输,改变命令/控制字段长度。其中,SABM 和 DISC 的两种无编号命令的功能是:SABM 是置异步平衡模式,即在两节点之间建立一种具有相同链路控制能力的全双工链路,SABM 命令的正常响应是一种无编号的认可(UA)响应。DISC 是拆线,结束该链路。

(3) LAPB 的线路操作步骤。

DCE 向 DTE 发送连续的标志字段表示信道状态有效,能够建立数据链路,DTE 向DCE 发送 SABM 命令并开始建立链路。当 DCE 肯定可以传送信息期间,DTE 回送一个UA 并将它的状态变量 N(R)和 N(S)置"0"。

DTE 或 DCE 都可以发送 DISC 命令来结束这一工作模式,接收方可发送一个 UA 以对该命令认可,此时在 DTE 或 DCE 收到该 UA 后即进入拆线阶段。

我们在标志字段内规定用 "01111110" 来表示,为避免在信息字段中出现与此相类似的比特组合而被处理机误解为标志字段,而将信息字段内的某处当作一帧的结束或开始来处理,所以规定了位填充技术,即当在信息帧内连续出现五个 "1" 时,由发送器自动插入一个 "0",而在接收器的计数器收到的连续 "1" 的数目达到五个时,则将其后紧接的一个 "0" 自动撤除。

信息字段内放置着由用户信息经网络层加上网络报头后的信息。

3) X.25 第三层(分组层)

X.25 第三层规定了分组层(网络层)DTE/DCE 接口、虚电路业务规程、分组格式等内容。X.25 分组格式如图 3-19 所示。

分组层的功能包括以下几个方面。

(1) 在 X.25 接口为每个用户呼叫提供一个逻辑信道,并通过逻辑信道号 LCN 来区分同每个用户呼叫有关的分组。

(2) 为每个用户的呼叫连接提供有效的分组传输,包括顺序编号,分组的确认和流量控制过程。

(3) 提供交换虚电路 SVC 和永久虚电路 PVC,提供建立和清除交换虚电路连接的方法。

(4) 监测和恢复分组层的差错。

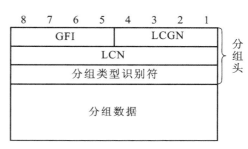

图 3-19　X.25 分组格式

3.2.5　H.323 系统技术和协议

H.323 标准由 ITU-T 制订,已在工业界广为采用,是 IP 电话系统最重要的技术基础,也是各厂商设备互通的技术依据。

H.323 标准适用业务是包括话音、数据和视频及其组合的多媒体通信。其中,对话音通信的支持是必备功能,数据和视频通信是任选功能。适用网络是一般的分组网络(packet-based network,PBN),包括点到点连接、多点接入网络段或多个网络段、局域网和广域网。技术内容主要是定义 PBN 上实现多媒体通信,特别是会议通信的系统结构和控制过程。目标系统支持 PBN 和包括 PSTN、ISDN、B-ISDN 和 QoS 有保证的 LAN 在内的多种网络的互通。需要指出的是,目前在网络上部署的 IP 电话系统只涉及 H.323 标准关于话音通信基本功能的一个子集。H.323 的系统结构如图 3-20 所示。

H.323 系统的组成部件称为 H.323 实体(entity),它包括终端、网关、网闸、多点控制器(MC)、多点处理器(MP)和多点控制单元(multipoint control unit,MCU)等。其中,终端、网关和 MCU 统称为端点,端点可以发起呼叫,也可以接受呼叫,媒体信息流就在端点生成或终接。网闸、MC 和 MP 则不可呼叫,但是网闸参与呼叫的控制,具有运输层地址,是可寻址的 H.323 实体;MC 和 MP 执行多点(会议)呼叫信息流的处理和控制,是系统的功能实体,物理上总是位于某个端点之中,因此没有独立的运输层地址,是既不可呼叫又不可寻址的 H.323 实体。

H.323 终端是在 PBN 上遵从 H.323 建议标准进行实时通信的端点设备,可以集成在 PC 中,也可以是独立的 IP 电话机或可视电话机等。

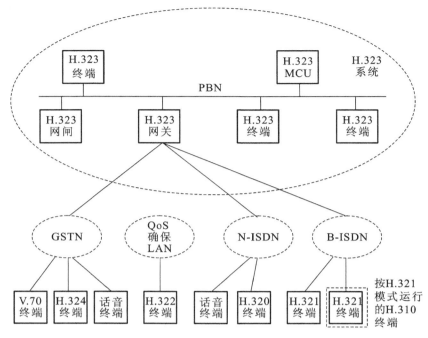

图 3-20　H.323 系统结构

网闸(gate keeper,GK)又称为网守或关守,它为 H.323 端点提供地址翻译和 PBN 接入控制服务,还可以提供带宽管理和网关定位等服务。网闸是网络的管理点,一个网闸管理的所有终端、网关和 MCU 的集合称为一个管理区(zone)。通常,又将同属于一个运营机构管辖的 H.323 实体的集合称为一个管理域(domain)。在一个管理域中可含有多个网闸,不同管理区的终端通过各自所属网闸间的配合实现相互间通信,不同管理域之间则通过代理网闸实现业务互通。

H.323 系统通过网关(gate way,GW)和其他网络互通。图 3-20 所示为 H.323 系统和 GSTN(包括 PSTN 和 PLMN)、N-ISDN、QoS 确保 LAN(如 IETF802.9 综合业务 LAN)以及 B-ISDN 的互通情况。其中,H.320 终端是 N-ISDN 中的可视电话终端;H.324 是 GSTN 中的低比特率多媒体终端;H.322 是 QoS 确保 LAN 中的可视电话终端;H.321 终端是加上适配层功能后在 B-ISDN 中使用的 H.320 终端;H.310 终端是宽带声像终端,它需按 H.321 模式运行才能与 H.323 终端互通;V.70 终端是 GSTN 上使用的数字话音数据同传(digital simultaneous voice and data,DSVD)终端;GSTN 和 N-ISDN 上的话音终端就是普通电话机或 ISDN 电话机。

从概念上来说,网关的作用就是完成两项转换功能,即媒体信息编码转换和信令转换。对于后者来说,如果把网关视为原来网络的一个终端,则需完成的是用户信令(如 Q.931)至 H.323 控制协议的转换;如果把网关视为原来网络中的一个节点,则其需完成的是网络信令(如 7 号信令)至 H.323 控制协议的转换。

H.323 系统的协议栈结构如图 3-21 所示。其下三层为 PBN 的底层协议,如在 LAN 中,可为物理媒体 MAC-IPX;在 IP 网络中,其网络层协议就是 IP,下面是相应的主机-网络接入协议层。运输层有两类协议:不可靠传送协议,如 UDP,用于传送实时声像信号和终端至网闸的管理信令;可靠传送协议,如 TCP,用于传送数据信号及呼叫信令和媒体控制协议。

声像应用		终端控制和管理			数据应用
G.7××	H.26×	RTCP	H.225.0终端至网闸信令（RAS）	H.225.0呼叫信令	H.245媒体信道控制	T.120系列
加　密					
RTP					
不可靠传送协议			可靠传送协议		
网　络　层					
链　路　层					
物　理　层					

图 3-21　H.323 协议栈结构

话音和视频编码分别采用相应的 G 系列和 H 系列建议,封装在 RTP 协议分组中,经由 UDP 传送。数据通信采用 T.120 系列建议,IP 网络中的传真采用 T.38 建议,在 TCP 上传送。H.225.0 和 H.245 是 H.323 系统的核心协议,前者主要用于呼叫控制,后者用于媒体信道控制。在 H.323 中,呼叫指的是两个端点之间的一种点到点的联系。一个呼叫通信可以只包含一种媒体,也可以包含多种媒体信息,每种媒体信息在一个逻辑信道上传送。在 IP 网络中,逻辑信道就是 TCP 连接或者无连接的 UDP 通道。每个逻辑信道的打开和关闭、参数设定、收发双方的能力协商等控制功能由 H.245 协议完成,它还要完成多点会议呼叫各逻辑信道的配合控制功能。H.245 的控制信号在一条专门的可靠信道(如 TCP 连接)上传送,称为 H.245 控制信道,控制信道必须在任何逻辑信道之前先行建立,并在通信结束后释放。在任何呼叫开始之前,首先必须在端点之间建立呼叫联系,同时建立 H.245 控制信道,这就是 H.225.0 呼叫信令协议的主要功能。当控制功能移交给 H.245 以后,原则上呼叫联系即可释放,呼叫释放也由 H.225.0 完成。

3.2.6　SIP 系统技术和协议

1. 技术特点

国际上研究 IP 多媒体网络技术有两大体系。一是 ITU-T 体系,基于电信网信令和协议制订了著名的 H.323 标准,利用其子集构成的 IP 电话系统已得到广泛应用。另一个是 IETF 体系,它并没有制订新的协议标准,而是利用已有的 IP 网络协议,提出在 IP 网络上提供多媒体业务的解决方案。该方案的基础协议是会话启动协议(session initiation protocol, SIP)和会话描述协议(session description protocol, SDP)。基于 SIP 协议的 IP 电话标准已接近完成,SIP 电话系统已在不少国家部署,虽然目前大多限于企业应用,但是其技术优势日见明显,已受到业界的高度重视。

与 H.323 体系类比,SIP 协议的作用类似于 H.225.0,完成呼叫控制信令的传送。不同的是,SIP 并非专门为 IP 电话专门设计的新的协议,而是原来就有的、由 IETF MMUSIC 工作组定义的一个通用的会话建立协议,这里的会话泛指 IP 网络客户和服务器之间任意的一个事务。协议设计思想与 HTTP 等 Internet 常用协议一致,基于文本,语法简单,易于扩展。尤其是协议采用 URL 地址机制,可以十分方便地嵌入网页,能与 Web 应用天然地融合,有利于 IP 电话和网上业务的结合。

SDP 协议的作用类似于 H.245,用于描述媒体信道的类型和属性。基于文本的 SDP 媒体描述可以作为消息体方便地嵌入 SIP 协议报文,从而在呼叫建立的同时完成媒体信道的

建立,因此它采用的是呼叫控制和连接控制相结合的方法,有利于呼叫的快速建立。实际上,H.323新版本的H.245隧道和快速连接就是借鉴SIP/SDP技术而提出的加速机制。

与H.323系统另一个重要的不同之处是,SIP系统没有网闸这一网络实体,网闸的寻址、带宽管理、计费信息采集等功能分别由相应的服务器完成。另外,SIP系统提出了分离网关的思想,定义了网关控制协议,在此基础上形成了重要的H.248协议。

2. 协议栈结构

基于SIP的IP网络多媒体通信系统的协议栈结构如图3-22所示。媒体传送层和H.323系统相同,采用G系列和H系列编码的话音和视频信号经RTP协议封装后在IP网络上传送,并用RTCP监测传送的QoS。任选协议RSVP用于资源预留,用以保证传送的QoS。

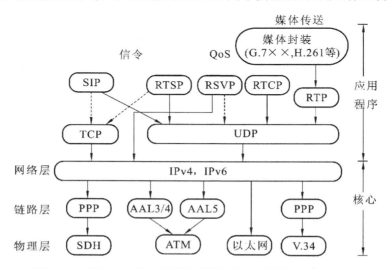

图 3-22 基于 SIP 的 IP 网络多媒体通信系统的协议栈结构图

信令协议SIP/SDP可在TCP或UDP上传送,推荐首选UDP,由应用层控制协议消息的定时和重发,其目的主要是加快信令传送速度,同时可方便地利用多播机制并行搜索目的用户,无须为每一搜索建立一个TCP连接。

另一个Internet会话中常用的信令协议是实时流协议(real time streaming protocal,RTSP),用于控制存储媒体的实时操作,在IP电话系统中主要用于语音信箱的控制。

其他在图中未示出的协议包括:搜寻PSTN互通网关的路由协议TRIP;支持IP电话计费的协议RADIUS或DIAMETER;指示服务器动态配置呼叫处理特性的语言CPL;查询用户位置的协议LDAP等。

由此可见,IETF制定IP网络多媒体通信标准的一个重要原则是最大限度地重用已有的协议。其中每个协议完成一种功能,端系统和网络服务器根据其提供的服务,只需实现相应的协议,不但有利于提高系统的模块性、灵活性、简易性和可扩展性,而且可简化互操作性问题。

3. 网络结构

SIP系统采用IP网络常用的客户机/服务器(C/S)结构,如图3-23所示,定义了若干种不同的服务器和用户代理,通过和服务器之间的请求和响应完成呼叫和传送层的控制。

SIP本身也是一个C/S协议。呼叫控制请求发出方称为客户,请求接收和处理方称为服务器。由于端系统既能发出呼叫,又能接收呼叫,因此SIP端系统应包含一个客户协议程序和一个服务器协议程序,分别称为用户客户代理(UA client,UAC)和用户代理服务器(UA server,UAS),与 PSTN 互通的网关也视为一个端系统。

在网络中有以下两类服务器。

(1)代理服务器(proxy server):SIP 请求可经由多个代理服务器,每个服务器接收请求后将其转发给下一跳服务器。下一跳可能是另一个代理服务器,也可能是最终的用户代理服务器。

(2)重定向服务器(redirect server):其功能是通过响应告诉客户下一跳服务器的地址,然后由客户根据此地址向下一跳服务器重新发送请求。

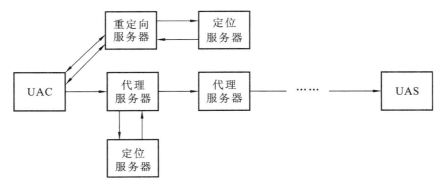

图 3-23 SIP 系统网络结构

代理服务器和重定向服务器在确定下一跳服务器时都可能向定位服务器(location server)发出查询请求。定位服务器本身不属于 SIP 系统的范围,是 Internet 中的公共服务器,其查询可采用多种协议,如 finger、LDAP 或基于多播的协议。考虑到用户的移动性,用户可能会在多个主机上登录,因此定位服务器有可能返回多个位置信息。如果重定向服务器收到多个位置指示,则将这些位置信息全部回送给客户;如果代理服务器收到多个位置指示,则可按顺序方式或并行方式逐一试探这些位置,直至呼叫成功或被用户拒绝为止。

SIP 请求到达端用户后,用户代理服务器通常根据使用者的交互信息或其他输入信息作出响应。

4. 协议功能

SIP 协议的基本功能是建立或终结会话,该会话可以是 Internet 多媒体会议、Internet 电话呼叫或多媒体信息流分配等。

SIP 是通过"邀请"的方式来建立会话的。由同一个源邀请的一个会议的所有参加者构成一个呼叫,SIP 呼叫由一个全局唯一的呼叫标识(Call-ID)参以标识。点到点 IP 电话会话是一种最简单的会话,它映射为单一的 SIP 呼叫。在通常情况下,呼叫由主叫方创建,但是一般来说,呼叫可由并不参与媒体通信的第三方创建,此时会话的主叫方和会话的邀请方并不相同。

正因为"邀请"是 SIP 协议的核心机制,因此 SIP 请求消息最重要的一个操作就是"邀请"(INVITE)。发出邀请请求后,终接用户或网络应回送响应。在 SIP 中,响应分为两类。一类是中间响应,报告呼叫进展情况,如用户空闲、正在"振铃"(提示用户)等;另一类为最终响应,包括成功响应和异常失败响应。客户和服务器之间的操作从第 1 个请求至最终响应为止的所有消息构成一个 SIP 事务。一个正常呼叫一般包含三个事务,即三个请求:

呼叫启动的邀请(INVITE)请求、证实(ACK)请求以及呼叫终结的再见(BYE)请求。其中邀请请求要求服务器回送响应,而证实请求只是证实已收到最终响应,不需要服务器回送响应。

为了能正确传送协议消息,SIP还需解决两个重要的问题。一是寻址,即采用什么样的地址形式标识终端用户;二是用户定位。SIP沿用WWW技术解决这两个问题。寻址采用SIPURL,按照RFC 2396规定的URI导则定义其语法,特别是用户名字段可以是电话号码,以支持IP电话网关寻址,实现IP电话和PSTN的互通。用户定位基于登记和DNS机制。SIP用户终端上电后即向登记服务器(registrar)登记,SIP专门定义了一个"登记"(REGISTER)请求消息,并规定了登记操作过程。登记服务器通常和代理服务器或重定向服务器在一起,登记信息进入IP网络公共的定位服务器,SIP服务器可通过适当的协议访问该服务器,确定用户的位置。登记服务器本身也能提供一定的定位服务。

根据以上功能要求,SIP协议定义了6个请求消息和6类响应消息。每个SIP消息的格式均相同,只是其调用的请求方法(操作)或响应码不同而已。

定义的6个请求消息分别是:邀请(INVITE)、证实(ACK)、再见(BYE)、取消(CANCEL)、选择(OPTIONS)和登记(REGISTER)。其中,INVITE用来邀请用户或应用程序加入某会话,相当于呼叫信令中的SETUP消息。ACK用于证实客户机已收到关于INVITE请求的最终响应,该消息仅和INVITE配套使用。BYE用于指示释放呼叫,可由主叫方或被叫方发出,任一方收到BYE后应停止向发起BYE请求的另一方发送媒体流。CANCEL用于取消一个尚未完成的请求。OPTIONS用于询问服务器的能力,包括用户的忙闲状态信息。REGISTER则用于客户程序在启动时向登记服务器登记其地址。

6类响应消息对应的状态码如下。

- 1xx:信息响应,即呼叫进展响应。
- 2xx:成功响应。
- 3xx:重定向响应。
- 4xx:客户出错响应,表示请求语法出错。
- 5xx:服务器出错,表示请求合法,但该服务器无法完成此请求。
- 6xx:全局故障,表示任何服务器都无法完成此请求。

SIP沿用了许多HTTP/1.1中已定义的响应码。SIP/2.0新增的状态码从x80开始,以免和新定义的HTTP状态码冲突。另外,SIP新增加1类6xx状态码。

常用的响应状态码如表3-1所示。其中,100、180、200响应相当于呼叫信令中的Callproceeding、Alerting和Connect消息。

表 3-1 常用 SIP 响应状态码

状态码	含义
100	试呼中
180	振铃
181	呼叫正在前转

状态码	含义
182	排队
200	OK
300	多重选择
201	永久迁移
302	临时迁移
305	使用代理服务器
380	替换服务(请求服务不能执行)

SIP 协议定义的只是会话(呼叫)建立、终结和修改的控制信息,并不涉及媒体控制。媒体类型、编码格式、收发端口地址等信息需由 SDP 协议描述,作为消息体(body)封装入 SIP 消息。

5. SIP 消息格式

SIP 请求消息的格式为:

　　　请求消息=请求起始行

　　　　　　　＊ (通用头部|请求头部|实体头部)

　　　　　　　空行

　　　　　　　[消息体]

其中,请求起始行=方法,用于请求 URI SIP 版本号。

方法类型已在前面述及,请求 URI 是被邀用户的当前地址,SIP 版本号现设定 SIP/2.0。"＊"号表示该字段可有多个。

一个基本的 INVITE 请求消息可为:

```
INVITE Sip:watson@ boston.bell-tel.com SIP/2.0
Via:SIP/2.0/UDP Kton.bell-tel.com
From:A.bell<Sip:a.g.bell@ bell-tel.com>
To:T.Watson<Sip:Watson@ bell-tel.com>
Call-ID:3298420296@ Kton.bell-tel.com
Cseq:1 INVITE
Contact:A.bell<Sip:a.g.bell@ bell-tel.com>
Content-Type:application/sdp
Content-Length:…
(SDP 描述)
```

下面以此为例简要说明各字段的意义。

From 字段指示请求发起方的地址。To 字段指示请求发送目的终端的地址,由发起方设定;起始行中的请求 URI 为目的终端的当前地址,一般说来,它和 To 字段的地址值相同。二者的区别是,To 字段指示的是终端用户的永久地址,由于移动性或其他原因该用户的当前地址可能会与永久地址有所不同。在请求消息的传送过程中,代理服务器可能根据定位查询结果更改请求 URI,但 To 字段地址值始终保持不变。Via 字段指示的是该请求消息经过的中间服务器,每经过一个服务器,应根据其地址构造一个新的 Via 字段,加入 Via 字段列表的顶端,其目的是保证响应消息沿原路返回请求发起方,支持中间服务器的有状态控

制,同时也可以在请求消息前传过程中供中间服务器作路由环路校核用。另一地址字段是 Contact,在 INVITE 请求中包含此字段的目的是指示请求发出的位置,使被叫可以直接将请求(如 BYE)发往该地址,而不必借助 Via 字段经由一系列代理服务器返回。在重定向(3xx)响应消息中,该字段指示转向地址,在登记请求消息中则指示用户可达位置。

Call-ID 字段为标识呼叫的全局唯一标识符,建议内含 NTP 时戳,据此识别若干请求消息是否属于同一呼叫。Cseq 为命令序号字段,标识同一呼叫控制序列中的不同命令,如 INVITE 命令和 BYE 命令。

SIP 协议还可能封装有相关描述的消息体。一类消息体是 MIME 形式的文本信息,如响应消息中指示呼叫进展情况和失败原因的说明。另一类消息体就是关于媒体信道信息的 SDP 协议描述。若含有消息体,则在其前面应包含实体头部,指明消息体的内容类型、编码方式和长度。对于 SDP 描述体来说,其"内容类型"应为 application/sdp。

响应消息的格式为:

响应消息= 状态行

　　　　* (通用头部|响应头部|实体头部)

　　　　空行

　　　　[消息体]

其中,状态行的格式为:

状态行= SIP 版本　状态码　理由短语

其余部分结构和请求消息类似,不再赘述。

6. SIP 呼叫控制过程示例

下面给出一个最基本的两方呼叫建立和释放的 SIP 控制流程,借此可对 SIP 协议过程有一个全面的了解。

1) 呼叫建立过程

设 Bell 呼叫 Watson,Bell 表示他能够接收 RTP 音频编码 0(PCM μ 律编码)、3(GSM)、4(G.723)和 5(DVI4)。首先,Bell 发出邀请,具体代码如下。

```
C→S:INVITE Sip:watson@ boston.bell-tel.com SIP/2.0
Via:SIP/2.0/UDP Kton.bell-tel.com
From:A.Bell<Sip:a.g.bell@ bell-tel.com>
To:T.Watson<Sip:watson@ bell-tel.com>
Call-D:3298420296@ Kton.bell-tel.com
Cseq:1 INVITE
Subject:Mr.Watson,Come here
Content-Type:application/sdp
Content-Length:…
v=0
o=bell 53655765 2353687637 INIP4 128.3.4.5
s=Mr.Watson,come here
c=INIP4 Kton.bell-tel.com
m=audio 3456 Rtp/AVP 0 3 4 5
```

其中,C→S 表示该消息是从 UAC 发往 UAS 的。邀请抵达被叫端后,被叫 UAS 返回呼叫进展响应,具体代码如下。

```
S→C:SIP/2.0 too Trying
Via:SIP/2.0/UDP Kton.bell-tel.com 420
From:Bell<Sip:a.g.bell@ bell-tel.com>
To:T.Watson<Sip:Watson@ bell-tel.com> ;
tag=37462311
Call-ID:3298420296@ Kton.bell-tel.comc
Cseq:1 INVITE
Content-Length:0
```

消息的 To 字段中的标记(tag)值由 UAS 置入,其作用是在代理服务器并行转发请求至多个目的地时,供代理服务器识别该响应来向哪个目的地。随着呼叫进展,UAS 继续发送响应消息,具体代码如下。

```
S→C:SIP/2.0 180 Ringing
Via:SIP/2.0/UDP Kton.bell-tel.com
From:A.bell<Sip:a.g.bell@ bell-tel.com>
To:T.Watson<Sip:Watson@ bell-tel.com> ;
tag=37462311
Call-ID:3298420296@ Kton.bell-tel.com
Cseq:1INVITE
Content-Length:0
```

呼叫建立成功后,返回 200 响应,同时用 SDP 告之选定的媒体格式,具体代码如下。

```
S→C:SIP/2.0 200 OK
Via:SIP/2.0/UDP Kton.bell-tel.com
From:A.Bell<Sip:a.g.bell@ bell-tel.com>
To:T.Watson<Sip:Watson@ bell-tel.com> ;
tag=37462311
Call-ID:3298420296@ Kton.bell-tel.com
Cseq:1INVITE
Contact:Sip:Watson@ boston.bell-tel.com
Content-Type:application/sdp
Content-Length:…
v=0
o=Watson 4858949 4858949 INIP4 192.1.2.3
s=I'm on my way
c=INIP4 boston.bell-tel.com
m=audio 5004 RTP/AVP 0 3
```

Watson 告之 Bell,他只能接收 PCM μ 律编码和 GSM 编码的音频,Watson 将把音频数据发往地址 Kton. bell-tel. com 的端口 3456,Bell 则发往 boston. bell-tel. com 的端口 5004。上述消息中的 Contact 字段的作用是告之 UAC,以后的请求(如 BYE)消息可直接发往所列地址,不必再经代理服务器翻译转发了。

由于双方已就媒体格式达成一致意见,Bell 就发证实请求,请求中无须再带 SDP 描述,具体代码如下。

```
C→ S:ACK Sip:Watson@ boston.bell-tel.com SIP/2.0
Via:SIP/2.0/UDP Kton.bell-tel.com
From:A.Bell<Sip:a.g.bell@ bell-tel.com>
To:T.Watson<Sip:Watson@ bell-tel.com> ;
tag=37462311
Call-ID:3298420296@ Kton.bell-tel.com
Cseq:1INVITE
```

2）呼叫释放过程

主叫或被叫都能发送 BYE 请求，以终结呼叫，具体代码如下。

```
C→S:BYE Sip:Watson@ boston.bell-tel.com SIP/2.0
Via:SIP/2.0/UDP Kton.bell-tel.com
From:A.Bell<Sip:a.g.bell@ bell-tel.com>
To:T.A.Watson<Sip:Watson@ bell-tel.com> ;
tag=37462311
Call-ID:3298420296@ Kton.bell-tel.com
Cseq:2 BYE
```

这里假设主叫发起呼叫释放。假设被叫发起呼叫释放，只需将 To 域和 From 域对换一下即可。

3.3 融合通信

3.3.1 融合通信

融合通信（unified communication，UC），也称为统一通信。融合通信是指将计算机技术与传统通信技术融合为一体的新通信模式，融合计算机网络与传统通信网络在一个网络平台上，实现电话、传真、数据传输、音视频会议、呼叫中心、即时通信等众多应用服务。

1. 融合的概念

所谓融合实际上有两层含义，第一层含义是在数据传输方面。基于 PSTN 电话网上的语音数据和基于有线电视同轴电缆上的视频数据，以及基于 IP 的信息数据，都被整合在一个网络中进行传输，这个物理媒介就是融合网络。它统一了在不同网络上传输的多种数据。但是融合网络还有一层含义是在应用层面。它把以前各种异构网络上的应用全部整合到一个 IP 网络上，从而实现在应用上的大统一，这是一种更直观的理解。

统一的 TCP/IP 协议使各种基于 IP 的业务都能互通，如数据网络、电话网络、视频网络都可以融合在一起。这种融合技术有很多优势，如在现有设施基础上，通过融合技术将数据、语音及多媒体信息建立在统一网络平台上，既降低了管理和运营的成本，又提高了工作效率。融合技术的迅猛发展又将使网络本身增加了很多新的延展特性。

2. 推进网络融合的因素

追求高效的通信技术手段，提高效率，降低成本，一直是企业 IT 建设的关注点。以前人们试图在 ATM 和帧中继网络上实现多业务复用系统，把话音、传真、留言放在同一终端设备上。如今，新的话音压缩技术、IP 网络上的 H.323 和 SIP 呼叫信令技术、媒体流传输技术的商业应用突破，都为企业更有效地利用单一通信平台完成商业通信开辟了新的道路。

以前企业网络通常需要几个独立的网络来组成，如企业的话音通信系统，由企业的内部程控电话交换系统,连接公共电话系统的 PSTN 组成。任何跨区域/机构的通话业务都需要支付额外费用。同时企业通常还拥有内部数据通信网(Intranet)系统,由数据局域网和租用公共通信专线或采用虚拟专线(VPN)连接各个分支机构和远程移动用户。

实施融合网络则能改变传统企业的业务通信系统,这就需要摒弃那些只能提供部分通信服务的、多个分离的专用系统,转而融合这些分离的企业话音、数据网络和业务,创新和提升资源利用,使之能够在统一的平台上支持话音、数据、视频业务,降低成本,开拓企业新应用和服务。而实现融合网络的核心就是在统一从有线网络到无线网络的平台上,真正将话音、数据、视频和多媒体业务通信技术融合起来。实现融合网络应注意如下几点的技术因素。

(1) 由于 IP 对物理距离不敏感,因此,融合将有助于解决距离的问题。人们几乎可以在任何时间、任何地点实现工作和生活需求,如可以利用一条线路使移动用户具有局域网接入、Internet 接入、PBX 分机、语音邮件以及高速拨号等相关特性。

(2) 融合通信(UC)包含多种通信系统或模式,其中包含:统一信息、协作,以及交互系统;实时和近实时通信与交易申请等。

(3) 光通信技术的发展为融合网络的发展提供了必要的带宽和传输质量的保障。随着计算机网络带宽的不断提高和 IP 服务质量的不断改善,在数据网上传输视频信号已逐渐成为重要应用。目前已有多种视频应用,如远程监控、视频点播、电视会议、远程教学等。

随着网络传输技术的不断发展,利用高带宽的融合网络,能够传输话音、数据、视频和多媒体业务等业务数据信息。

3. 网络融合是趋势所在

随着越来越多的语音应用相继被开发出来。IP 协议的服务质量也得到了不断改善,在数据网上打电话已经成为现实,使得原本非常昂贵的长途电话变得非常便宜。随着技术的发展,电话网络和数据网络逐渐合二为一,即话音信号通过数据网络传输已经成为现实和普及的趋势。电话网络和数据网络的合并将大大降低通信网络的运营成本,简化网络的管理,对于用户来说,最大的好处就是节省了费用。

全球性企业和经济全球化的趋势,融合网络不仅仅带来了成本的节省和网络管理的简化,此外其最大的益处在于 IP 技术满足了移动和便捷性的需求。基于 IP 融合网络的通信,通过 IP 网络可以实现 PC 和 PC、PC 和电话、电话和电话的对接,其中包括语音、视频、即时短信、传真、呼叫中心、CRM 系统等业务。

发展网络融入有以下三方面的原因。

(1) 广大客户完全不满足基于单业务提供的上一代电信业务,需要能够为其提供融合通信和 IT 以及业务流程系统整体解决方案。

(2) 随着 IP 技术的迅猛发展,日益开放的电信业务市场不断涌入新的竞争者,传统的语音业务特别是固网语音收入增幅减少甚至下滑,这迫使运营商特别是固网运营商不得不通过融合通信寻找新的业务发展空间。

(3) 电信运营商具备强大的基础网和业务网是融合通信最坚实的基础。融合通信在各大电信运营商开展对中心企业信息化业务和服务中已经得到最大地体现,为了满足客户特别是政企和商企客户这种"全业务"需求,电信运营商率先提升其业务网构架和搭建业务平台为各类客户提供融合通信业务、IT 业务和 ICT 业务服务。

4. 部署融合网络的关注点

(1) 融合的质量。服务质量在 IP 语音解决方案领域一直备受关注。在管理完善、带宽

充足、延迟特性良好的 IP 网络上,也需要保障服务质量,以达到对语音、数据及视频业务的优先排序。由于局域网与广域网及 Internet 之间的互联,服务质量监控和管理的复杂性也随之增加了。可用性是融合质量的重要体现,能否达到 7×24 小时的服务非常重要。此外考虑到视频业务对带宽的需求,带宽容量也是网络融合质量的一个前提。

(2)融合网络的安全性。通过交换型局域网或专用 IP 局域网传输的基于 IP 的语音业务是相对安全的,但如果在 Internet 上或配置为共享广播区域的局域网上传输,则存在很大安全隐患。对于没有采用专线的用户来说,这一问题更加突出。语音加密并结合能够减少延迟的辅助处理器是一个可行之路,当然,同时还要采用 VPN 和防火墙技术。网络的可移动性和灵活性对融合的成本有着直接的影响,因此也是用户关注的焦点。

5. 融合通信前景

融合通信是以 IP 通信为基础,以 VoIP、视频通信、多媒体会议、协同办公、通信录以及即时通信等为核心业务能力的,无论用户在哪里都可以接入到网络享有统一通信的各种服务;统一通信平台还可以使用户通过多样化的终端、以 IP 为核心的统一控制和承载网以及融合的业务平台实现各类通信的统一和用户体验的统一。融合通信有三大特点:①业务融合(视频、话音和数据);②电信、互联网、IT 三领域交互;③企业应用特点显著。

鉴于融合通信的优越性以及融合通信在未来的发展,现在国内已经有中兴、华为、网经科技等厂家加入到融合通信产品的研发和生产,在国内也占据了一定的市场,打破了思科在国际市场上的垄断。

3.3.2 统一通信

统一通信是指将计算机技术与传统通信技术融合为一体的新通信模式,即融合计算机网络与传统通信网络在一个网络平台上,实现电话、传真、数据传输、音视频会议、呼叫中心、即时通信等众多应用服务。而在融合通信中,网络电话(VoIP)是其中的重点。因此也称为"三网融合"。

1. 语音与 IP 通信:统一通信的起源

经过长时间的应用,互联网协议(IP)不仅被视为数据传输工具,还被视为是帮助简化大量商业应用的工具。电话是最明显的例子,无论是对大企业还是个人用户,IP 语音(VoIP)和 IP 电话越来越普及。了解 IP 通信的相关术语是了解这项技术的潜能的第一步。

IP 语音(VoIP)指通过 IP 数据网络传输电话呼叫的一种方式,可以是互联网,也可是企业自己的内部网络。VoIP 的主要魅力在于它允许通过数据网络(而不是电话公司的网络)传输电话呼叫,从而帮助公司降低了成本。

IP 电话包含:基于 VoIP 的全套电话服务(如用于实际通信的电话互连);计费和拨号方案等相关服务;电话会议、呼叫转移、前向呼转和呼叫保持等基本特性。这些服务原来是由专用交换机(PBX)提供的。

IP 通信进一步发展了 IP 电话的概念,将可增强通信的商业应用包含在内。例如,将语音、数据和视频结合在一起的统一消息、综合联系中心和多媒体会议等应用。

统一通信进一步发展了 IP 通信的概念,通过使用 SIP 协议(session initiation protocol)和包括移动解决方案,真正地实现了各类通信的统一和简化——不受位置、时间或设备的影响。通过统一通信解决方案,用户可按照喜好随时进行彼此通信,并可使用任意设备通过任意媒体进行通信。统一通信将我们常用的多个电话和设备以及多个网络(如固定、互联网、有线、卫星、移动)结合在一起,以实现独立于地理位置的通信,促进通信与业务流程的集成,简化运行并提高生产率和利润。

三网融合是一种广义的、社会化的说法,在现阶段它并不意味着电信网、计算机网和有线电视网三大网络的物理合一,而主要是指高层业务应用的融合。其表现为技术上趋向一致,网络层上可以实现互联互通,形成无缝覆盖,业务层上互相渗透和交叉,应用层上趋向使用统一的 IP 协议,在经营上互相竞争、互相合作,朝着向用户提供多样化、多媒体化、个性化服务的同一目标逐渐交汇在一起,行业管制和政策方面也逐渐趋向统一。三大网络通过技术改造,能够提供包括语音、数据、图像等综合多媒体的通信业务。这就是所谓的三网融合。

三网融合,在概念上从不同角度和层次上分析,可以涉及技术融合、业务融合、行业融合、终端融合及网络融合等。目前更主要的是应用层次上互相使用统一的通信协议。IP 优化光网络就是新一代电信网的基础,是我们所说的三网融合的结合点。

数字技术的迅速发展和全面采用,使电话、数据和图像信号都可以通过统一的编码进行传输和交换,所有业务在网络中都将成为统一的“0”或“1”的比特流。

光通信技术的发展,为综合传送各种业务信息提供了必要的带宽和传输高质量,成为三网业务的理想平台。

软件技术的发展使得三大网络及其终端都通过软件变更,最终支持各种用户所需的特性、功能和业务。

最重要的是统一的 TCP/IP 协议的普遍采用,将使得各种以 IP 为基础的业务都能在不同的网上实现互通。人类首次具有统一的为三大网都能接受的通信协议,从技术上为三网融合奠定了最坚实的基础。

但是,如果按传统的办法处理三网融合将是一个长期而艰巨的过程,如何绕过传统的三网来达到融合的目的,那就是寻找通信体制革命的这条路,我们必须把握技术的发展趋势,结合我国实际情况,选择我们自己的发展道路。

我国的实际情况是数据通信与发达国家相比起步晚,传统的数据通信业务规模不大,比起发达国家的多协议、多业务的包袱要小得多,因此,可以尽快转向以 IP 为基础的新体制,在光缆上采用 IP 优化光网络,建设宽带 IP 网,加速我国 Internet 网的发展,使之与我国传统的通信网长期并存,既节省开支又充分利用现有的网络资源。

2. 融合 IP 通信的优势

融合 IP 通信系统的优势主要表现在总体拥有成本低、效率高、受地理分布限制少、可用性与适应性强、可实现集中管理与控制等,具体可以概括为以下几个方面。

(1)简化网络运营与管理。与分别部署针对语音、视频和数据应用的多个网络相比,基于统一 IP 协议的单一网络架构无疑可以显著简化系统部署、运营、维护和管理。它可以最大限度地减少布线与设备数量,并可以将数据、语音及视频服务部署于中央服务器上,因而易于实现面向整个企业网络的集中管理与控制。

(2)便于统一技术支持。在基于 IP 的融合网络架构中,语音和视频服务均基于统一的 IP 数据网络,所有网络管理与维护工作可以全部交由企业 IT 技术人员承担,便于统一技术支持,缩减管理与维护队伍。

(3)具有良好的扩展性。在传统 PBX 系统中,增加可支持的用户数量等系统容量扩充,需要通过昂贵的系统升级或加装价格不菲的扩展卡。融合 IP 通信系统却可以如同数据网络一样,轻松实现架构、容量、服务及应用功能的无缝扩展。

(4)不受地理分布范围限制。基于 IP 的传输特性决定了融合 IP 系统可以不受地理分布范围限制,公司总部运行的各类应用与服务,可以毫无障碍地向分支机构、甚至商业合作

伙伴扩展。

（5）有利于技术创新。传统 PBX 系统的专属与封闭特性一定程度上遏制了技术创新的步伐,融合 IP 通信网络的开放性架构却为技术创新提供了最好的土壤。随着诸如 SIP、H.323、H.248 和 MGCP 等 IP 相关呼叫控制协议应用范围的日趋广泛,各种基于融合 IP 网络的新型应用如雨后春笋般涌现,其研发与部署速度都是传统电话网络环境下望尘莫及的。

（6）部署灵活。与传统 PBX 系统的封闭模式相比,融合 IP 网络可以使用户在系统功能、服务性能及供应商等方面有更多的选择,网络升级也不需要依赖于特定供应商,能够迅速部署面向某一部门、某一终端用户或整个企业的新型应用。

（7）提高企业生产力。融合 IP 通信网络的设计初衷就是为了避免多种网络架构和应用并存,向用户提供基于统一架构的集成系统与 IP 应用,以从根本上提高业务处理与管理效率,从而提高企业生产力。

（8）改善客户满意度。融合 IP 通信网络的灵活与统一架构优势,可以使企业用户为最终消费用户或商业合作伙伴提供能够有效集成语音、视频和数据服务的个性化交流渠道,及时了解客户需求,提高客户满意度。

（9）提供更理想的投资回报。由于与传统语音、视频和数据网络各自独立的模式相比,融合 IP 通信网络系统需要管理与维护的设备数量大为减少,因而可以有效降低企业网络管理与维护成本,使企业用户能够获取更好的网络投资回报。

（10）通用性强。融合 IP 网络的另一大优势是具备良好的开放性架构,通用性强,已得到了包括产品供应商等在内的整个网络通信业的广泛认可,供应商和企业均已开始着手向这类新架构进行迁移。

本 章 小 结

电话通信网是最早建立起来的,也是遍布全球的最大的通信网络。计算机通信网是计算机技术和通信技术相结合的产物。从全球电信业务发展的战略来看,通信技术的发展已脱离技术驱动的模式,正走向技术与业务相结合、互动的模式。本章介绍的网络是指"三网",即电信网络、有线电视网络和计算机网络,它们相互渗透、相互兼容,逐步整合成为全世界统一的信息通信网络。

随着网络应用加速向 IP 汇聚,网络将逐渐向对 IP 业务服务最佳的分组化网的方向演进和融合,而网络技术的融合和市场发展的需要将导致"三网融合"。长远来看,三网融合将网络各自优势的有机融合,最终结果是产生下一代网络。

习　题　3

3-1　因特网能够提供的基本服务有哪些?

3-2　为什么分组数据网有时又称为 X.25 网?

3-3　简述 H.323 协议的体系结构。

3-4　SIP 系统协议主要包括几个部分? 简述 SIP 的基本功能。

3-5　通信网络发展的最终走向是什么?

第❹章　程控数字交换

内容概要

　　数字程控交换机是数字电话网、移动电话网及综合业务数字网的关键设备,程控数字交换机是由计算机控制的实时交换系统,它主要由硬件系统和软件系统两部分组成。本章主要介绍程控数字交换机硬件系统的基本功能,程控数字交换机的接口电路和控制系统的基本结构,基本话务理论和电话通信网络,并引出相应的交换技术和服务质量。

 ## 4.1　基本功能

4.1.1　程控数字交换机硬件的基本结构

　　程控交换机是电话交换网的核心设备,其主要功能就是完成用户之间的接续。程控交换机是现代数字通信技术、计算机技术和大规模集成电路相结合的产物。

　　程控数字交换机硬件系统可分为话路部分和控制部分。

　　话路部分包括数字交换网络和各种外围模块,如用户模块、中继模块和信令模块等。

　　控制部分完成对话路设备的控制功能。它由各种计算机系统组成,采用存储程序控制方式,即把对交换机的控制和维护管理功能预先编成程序,存储在计算机的存储器中;当交换机工作时,呼叫处理程序自动检测用户线和中继线的状态变化和维护人员输入的命令,根据要求执行程序,控制交换机完成呼叫接续、维护和管理等功能。

　　程控数字交换机的硬件结构可分为分级控制方式、全分散控制方式和基于容量分担的分布控制方式等。

1. 采用分级控制方式的交换机的硬件基本结构

　　采用分级控制方式的交换机的硬件的基本结构如图4-1所示。由图可见,采用分级控制方式的交换机的硬件由用户模块、远端用户模块、数字中继器、模拟中继器、数字交换网络、信令设备和控制系统等组成。

　　(1) 数字交换网络:是整个话路部分的核心,连接外围的各种模块。在处理机的控制下,为呼叫提供内部话音/数据通路,可以使任意两个用户之间、任意用户和任意中继线之间、任意两个中继线之间通过数字交换网络完成连接。另外数字交换网络也提供信令、信号音和处理机间通信信息的固定或半固定的连接。数字交换网络直接对数字信号进行交换,因此,所有发送到数字交换网络的信号都必须变换为二进制编码的数字信号。

　　(2) 用户模块:是终端设备与数字交换机的接口。它通过用户线路直接连接用户终端设备。用户模块与数字交换网络通过 PCM 链路相连。用户模块的主要功能是向用户终端提供接口电路,完成用户话务的集中和扩散,以及对用户侧的话路进行必要的控制。

　　(3) 远端用户模块:是现代数字交换机普遍采用的一种外围模块。它通常设置在离交换局(母局)的用户密集区域,完成的功能与用户模块相同,但是由于它与母局间通常采用数字线路传输(如 PCM),并且本身具有话务集中功能,因此大大降低用户线的投资,同时也提高了信号的传输质量。远端模块与母局间需要有接口设备进行配合,用以完成数字传输所

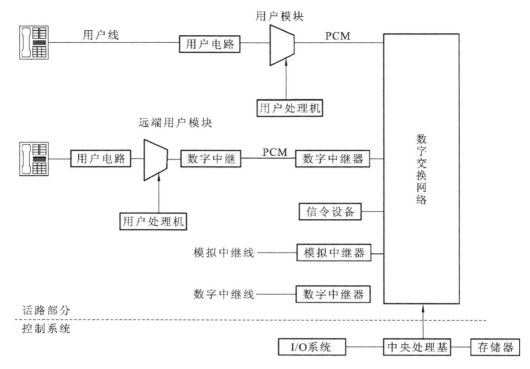

图 4-1　采用分级控制方式交换机的硬件基本结构

必要的码型转换和信令信息的提取及插入。远端模块与母局交换机之间的接口一般是内部接口,只有当远端模块和交换机由同一厂家生产时才能互联。

（4）中继模块:是不同程控数字交换机之间的接口。交换机通过中继模块完成与其他交换设备的连接,从而组成整个电话通信网。按照连接的中继电路类型,可分成模拟中继模块和数字中继模块,分别用来连接模拟中继线和数字中继线。随着全球数字化进程的推进,数字中继设备已普及应用。

（5）信令设备:用来接收和发送呼叫接续时所需的信令信息。信令设备的种类取决于交换机采用的信令方式。常用的信令设备有 DTMF 收号器、MFC 发送器和接收器、信号音发生器、No.7 信令终端和 No.7 信令处理机等。

（6）控制系统:是计算机系统,由处理器、存储器和输入/输出设备组成。它通过执行预定的程序和查询数据,来完成规定的话音通路接续、维护和管理的功能逻辑。处理器是整个计算机系统的核心,用来执行指令,其运算能力的强弱直接影响整个系统的处理能力。存储器一般指内部存储程序和数据的设备。根据访问方式可分成只读存储器（ROM）和随机访问存储器（RAM）等,存储器容量的大小会对系统处理能力产生影响。输入/输出设备（I/O设备）包括计算机所有的外围部件,如输入设备包括键盘、鼠标等,输出设备包括显示设备、打印机等,此外还包括外围存储设备,如磁盘、磁带和光盘等。

在分级控制方式程控交换机中,通常中央处理器负责对数字交换网络和公用资源设备进行控制,如系统的监视、故障处理、话务统计和计费处理等。外围处理机完成对交换网络外围模块的控制,如用户处理机只完成用户线路接口电路的控制、用户话务的集中和扩散,扫描用户线路上各种信号并向呼叫处理程序报告、接收呼叫处理程序发来的指令、对用户电路进行控制。此外,外围处理机还包括对中继线路以及信令设备进行控制。

2. 全分散控制方式交换机的基本结构

全分散控制方式交换机的典型代表是 S1240 交换机,其简化结构如图 4-2 所示。

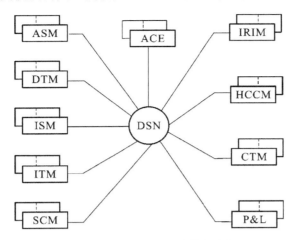

图 4-2　S1240 交换机的基本结构

S1240 交换机由数字交换网(DSN)和连接到 DSN 上的模块组成,模块可以分为两种类型:一种是终端控制单元,一种是辅助控制单元。所有的终端模块都有相同的布局,它们由两部分组成,一部分是处理机部分,也称控制单元(control element,CEL);另一部分是终端电路(terminal circuit,TC)。不同的模块控制单元部分的硬件结构相同,但终端部分不同。交换机的全部控制功能都由分布在各个控制单元中的处理机来完成。

数字交换网是 S1240 交换机的核心,各个模块通过 DSN 相连。DSN 由专用的集成电路芯片(digital switching element,DSE)组成,由同一种类型的印刷电路板(SWCH 板)实现。DSN 是一个多级多平面网络,最多可装 4 级、4 个平面,其级数由系统容量决定,平面数量由话务量决定。安装时,可根据交换机的具体容量和话务量设计 DSN 的大小。

DSN 在交换机硬件结构中处于中心位置(见图 4-2),各模块通过标准接口与 DSN 相连,以完成各模块间的语音及数据信息的交换。DSN 由最基本的交换单元 DSE 构成。每个 DSE 是一块印刷电路板(SWCH 板),它有 16 个交换端口,端口编号为 0～15,每个交换端口都是双交换端口,包括一个接收端口 Rx 和一个发送端口 Tx,16 个交换端口集成在一块大规模集成电路芯片上。每个 DSE 可以完成任一接收端口上任一接收信道至任一发送端口上任一发送信道的信息交换。由于每个 PCM 有 32 个时隙,所以 DSE 相当于一个 512×512 的全利用度接线器。

S1240 的数字交换网络分两部分:一部分是选面级,也称入口级(access switch,AS);一部分是选组级(group switch,GS)。选组级分为 4 个平面(平面 0 到平面 3),每个平面有 3 级(ST_1、ST_2、ST_3),分别称为 DSN 的第二级、第三级、第四级。S1240 的数字交换网络是一个多级多平面的立体结构。

S1240 交换机的主要模块具体介绍如下。

1)模拟用户模块

模拟用户模块(analogue subscriber module,ASM),是模拟用户与交换机之间的接口,最多可有 128 条用户线。ASM 的主要功能是提供用户接口电路,并由 ASM 中的处理机完成对本模块用户线的信令控制和呼叫控制。两个 ASM 采用交叉互连方式工作,当一个 ASM 模块中的处理机发生故障时,另一个 ASM 模块中的处理机能够接替故障处理机继续工作。

2）数字中继模块

数字中继模块（digital trunk module,DTM）是交换局与交换局之间的数字中继接口,每个 DTM 能连接一条 30/32 路的 PCM 中继线。DTM 中的终端电路具有完成码型转换、传输率转换、再定时及帧同步等功能;DTM 中的处理机完成本模块中的中继线的信令控制和呼叫控制功能。同样,两个 DTM 也采用交叉互连方式工作。

3）ISDN 用户模块

ISDN 用户模块（ISDN subscriber module,ISM）是 ISDN 的基本入口与 S1240 交换机之间的接口,ISDN 用户通过基本入口连接于交换机。基本接口有 2 个 B 通道和 1 个 D 通道。

4）ISDN 中继模块

ISDN 中继模块（ISDN trunk module,ITM）是一次群速率入口（primary rate access,PRA）与 S1240 交换机之间的接口。PRA 是 ISDN 的基群接口。一次群速率接口有 30 个 B 通道和 1 个 D 通道。

5）服务电路模块

服务电路模块（service circuit module,SCM）是为 ASM 和 DTM 服务的。SCM 不仅可以用来接收和识别用户发来的双音多频信号,还可以用来接收、识别和产生发送局间的多频互控信号;同时,SCM 还能提供会议通话功能,能提供 6 组最多每组 10 人的会议电话。

6）ISDN 远端用户单元接口模块

ISDN 远端用户单元接口模块（ISDN remote subscriber unit interface module，IRIM）是 ISDN 远端用户单元与 S1240 交换机之间的接口。ISDN 远端用户单元包括模拟用户的远端用户单元和 ISDN 用户的远端用户单元。

7）高性能公共信道信令模块

高性能公共信道信令模块（high performance common channel signaling module,HCCM）是 S1240 交换机处理 No.7 信令信息的模块。一个 HCCM 最多可处理 8 条 No.7 信令链路。

8）外设与装载模块

外设与装载模块（peripheral and load module,P&L）是 S1240 交换机与输入/输出设备（如磁盘、光盘、打印机、显示设备和操作终端）之间的接口模块。P&L 模块还负责各模块中程序和数据的装入,收集各类告警,并以各种方式显示出来。同时 P&L 还完成诸多日常管理和维护工作,是 S1240 中操作与维护必不可少的模块,采用主备用配置。

9）时钟与信号音模块

时钟与信号音模块（clock and tone module,CTM）负责产生系统时钟、各信号音及日时钟,为系统提供标准的数字和信号音,采用双备份配置。

10）辅助控制单元模块

辅助控制单元模块（auxiliary control element,ACE）不含终端电路,只有控制单元,主要完成软件控制功能。根据所装软件的不同,ACE 有以下几种类型。

● 呼叫服务 ACE:可进行字冠分析和局内用户标识,并完成计费分析、呼叫控制和特服控制等资源管理功能。

● 防护、操作及 No.7 信令管理 ACE:通过操作维护及 No.7 信令管理功能,可在必需的时候通过 OMUP 到网管中心的接口功能。

● 数据收集和中继资源管理 ACE:完成统计数据收集,提供中继资源管理软件。

● PBX(小交换机)和计费 ACE:进行计费数据收集和 PBX 及 BCG(商务通信组)资源管理。

● 智能网和开放系统互连堆栈 ACE:为 OSI 和 IN 堆栈通过支持。

● 备用 ACE：这类 ACE 没有特定的功能，如果其他的 ACE 出现故障，在装载相应的软件和数据后，原来为备用的 ACE 可接替它们的工作。

在 S1240 交换机中，各个模块都有处理机，可用来控制本模块的工作。各个模块的功能比较单一，为了完成呼叫处理和各种维护管理功能，各个模块要通过数字网络（DSN）进行大量的通信。

3. 基于容量分担的分散控制方式的交换机的基本结构

基于容量分担的分散控制方式的交换机的基本结构如图 4-3 所示。

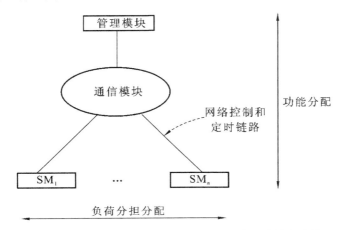

图 4-3　基于容量分担的分散控制方式交换机的基本结构

由图可见，基于容量分担的方式控制方式的交换机主要由交换模块（SM）、通信模块（CM）和管理模块（AM）三部分组成。每一个交换系统中可有一个或多个交换模块。

1）交换模块

交换模块（SM）主要完成交换和控制功能，并提供用户线和局间中继线的接口电路。根据 SM 所处的位置，可分为本地（局端）交换模块和远端交换模块两部分。交换模块是交换机中最主要、最基本的组成部分，交换机中的大部分呼叫处理功能和电路维护功能由交换模块完成。交换模块中包括接口单元、模块交换网络和模块控制单元三部分。

交换模块的终端接口单元有多种，分别用来完成交换机与各种类型的通信终端设备的互连。其主要的接口单元有用户接口单元、数字中继接口单元、模拟中继接口单元、数字服务单元、ISDN 接口单元以及 V5.2 接口单元等。用户接口单元是用来构成与模拟用户线的接口；数字中继接口单元是与 PCM 中继线的接口；数字服务单元是用来发送和接收各种信号音；ISDN 接口单元可提供 2B＋D 数字用户线、30B＋D 接口和分组处理接口，实现交换机与综合业务数字网（ISDN）、分组交换网（PSPDN）的互通；V5.2 接口单元用来完成与接入网的接口。

模块交换网络既可以完成本模块的各种接口单元的用户线、中继线、信号音之间的时分交换，又可实现到管理模块（AM）/通信模块（CM）链路的时分交换。

交换模块控制单元中的模块处理机用来完成本模块的信令处理和呼叫处理，控制本模块的各种资源。实际上，各个接口单元一般都设置外围处理机，外围处理机在模块处理机的指挥下完成各单元的控制。交换模块就相当于一个采用分级控制结构的交换机，它具有较强的处理功能。一般来说，仅涉及本模块的两个终端之间的呼叫都可以在本模块控制系统的控制下完成，不需要管理模块参与。

2）通信模块

通信模块（CM）的主要功能是完成管理模块（AM）与交换模块（SM）之间、各交换模块

之间的连接与通信,它还完成管理模块(AM)与交换模块(SM)之间的呼叫处理和管理信息的传送,同时完成各交换模块之间的功能话音时隙交换。

3)管理模块

AM 主要负责模块间呼叫接续管理,并提供交换机主机系统与维护管理系统的开放式管理结构。AM 由主机系统和终端系统构成。主机系统负责整个交换系统模块间呼叫接续管理,各 SM 之间的接续都需要经过主机系统转发消息。主机系统面向用户,提供业务接口,完成交换的实时控制与管理。终端系统采用客户机/服务器的方式提供交换系统与开放网络系统的互连,并且通过 Ethernet 接口与主机系统直接相连,是交换系统与维护管理系统相连的枢纽,它提供以太网接口,可接入维护工作站 WS,并提供 V.24/V.35/RS-232 接口与网管中心相连。

终端系统面向维护人员,完成对主机系统的管理与监控。终端系统硬件上是一台服务器,是全中文多窗口的操作界面,操作灵活,功能完善。主机系统与终端系统之间由多条 10/100 Mbit 的 TCP/IP 网口连接;终端系统与用户维护终端之间有多种接口,如 LAN、FDDI、V.24、V.35 等。

采用容量分担的分散控制方式的交换机的典型机型是美国朗讯公司生产的 5ESS 交换机,我国生产的大型数字程控交换系统大多也采用这种结构。

4.1.2 程控数字交换机的呼叫接续过程

两个用户终端间的每一次成功的通信都包括以下三个阶段。

1. 呼叫建立

用户摘机表示向交换机发出通信请求信令,交换机向用户送拨号忙音,用户拨号告知所需被叫号码,如果被叫用户与主叫用户不属于同一台交换机则还应由主叫方交换机通过中继线向被叫方交换机或中转汇接机发电话号码信号,测试被叫忙闲,如果被叫空闲,向被叫振铃,向主叫送回铃音,各交换机在相应的主、被叫用户线之间建立(接续)起一条贯通的通信链路。

2. 消息传输

主、被叫终端间通过用户线及交换机内部建立的链路和中继线进行通信。

3. 呼叫释放

任何一方挂机表示向本地交换机发出终止通信的信令,使链路涉及的各交换机释放其内部链路和占用的中继线,供其他呼叫使用。

当然,如果因网络中无空闲路由或被叫站占线而造成呼叫失败时,将不存在后面两个阶段。在不同的阶段,用户线或中继线中所传输的信号性质是不同的,在呼叫建立和释放阶段,用户线和中继线中所传输的信号称为信令,而在传输阶段的信号称为消息。图 4-4 表示交换过程的三个阶段及相应的信令交互关系。

4.1.3 程控数字交换机的基本功能

对应上述的呼叫三个阶段,可以概括出对交换系统在呼叫处理方面的五项基本要求:①能随时发现呼叫的到来;②能接收并保存主叫发送的被叫号码;③能检测被叫的忙闲及是否存在空闲通路;④能向空闲的被叫用户振铃,并在被叫应答时与主叫建立通话电路;⑤能随时发现任何一方用户的挂机。

从交换系统的功能结构来分析,交换系统的基本功能应该包含连接、信令、终端接口和控制功能,如图 4-5 所示。

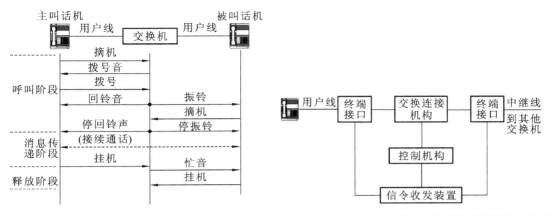

图 4-4　交换过程的三个阶段及相应的信令关系　图 4-5　电路交换系统的基本功能模块结构及相互关系

1. 连接功能

对于电路交换而言,呼叫处理的目的是在需要通话的用户之间建立一条通路,这就是连接功能。连接功能由交换机中的交换网络实现。交换网络可在处理机的控制下,建立任意两个终端之间的连接。有关交换网络的类型和工作原理将在本章 4.4 节中详细介绍。下面介绍数字交换系统的交换过程,如图 4-6 所示。

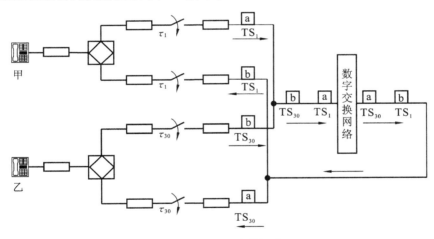

图 4-6　时隙交换的概念

数字交换系统应采用数字交换网络,直接对数字化的语音信号进行交换。交换是在各时隙间进行的。在数字交换机中,每一个用户都占有一个固定的时隙,用户的话音信息就装载在各个时隙中。例如,有甲、乙两个用户,甲用户的发话音信息 a 或收话音信息都是固定使用时隙 TS1。而乙用户的发话音信息 b 或收话音信息都是固定使用 TS30。

如果这两个用户要互相通话则甲用户的话音信息 a 要在 TS1 时隙中送至数字交换网络,而在 TS30 时隙中将其取出送至乙用户。乙用户的话音信息 b 也必须在 TS30 时隙中送至数字交换网络,而在 TS1 时隙中,从数字交换网络中取出送至甲用户,这就是时隙交换。即完成了两个用户间的连接功能。数字交换网络的详细工作原理可参照本章第四节。

顺便指出,交换网络除了通过通话用户间的连接通路外,还应提供必要的传送信令的通路。例如,音频信号发送、控制接续的信令的接收等。

2．信令功能

在呼叫建立的过程中,离不开各种信令的传送和监视,可简单的概括如下。

(1) 监视:呼出监视;应答与接收监视。

(2) 号码:脉冲接收;音频信号接收。

(3) 音信号:拨号音;铃流与回铃音;忙音。

用户终端和本地交换机之间的信令称为终端信令或用户-网络信令,交换机之间通过中继线传递的信令称为局间信令。

3．终端接口功能

用户线和中继线均通过终端接口而接至交换网,终端接口是交换设备与外界连接的部分。又称为接口设备或接口电路,终端接口功能与外界连接的设备密切相关,因而,终端接口的种类也有很多。主要划分为中继侧接口与用户侧接口两大类。终端接口还有一个主要功能就是与信令的配合,因此,终端接口与信令也有密切的关系。

4．控制功能

连接功能和信令功能都是按接收控制功能的指令工作。人工交换机由话务员控制,程控交换机由处理机控制。实际上,自动交换机有两种控制方式:布控与程控。布控是布线控制的简称,控制设备由完成预定功能的数字逻辑电路组成,也就是由硬件控制。程控交换具有很多优越性,灵活性大,适应性强,能提供很多新服务功能,易于实现维护自动化,因此发展很快。

控制功能可分为低层控制和高层控制。低层控制主要是指对连接功能和信令功能的控制。连接功能和信令功能都是由一些硬件设备实现。因此低层控制实际上是指与硬件设备直接相关的控制功能,概括起来有两种,即扫描与驱动。扫描用来发现外部事件的发生或信令的到来。驱动用来控制通路的连接、信令的发送或终端接口的状态变化。高层控制则是指与硬件设备隔离的高一层呼叫控制。例如,对所接收的号码进行数字分析,在交换网络中选择一条空闲的通路等。

程控交换的控制系统如同一般的计算系统,包括中央处理器(CPU)、存储器和输入/输出(I/O)接口三部分,但它接口的种类和数量大于一般的计算机系统。图 4-7 给出了一个典型的程控交换机控制系统的电路结构框图。

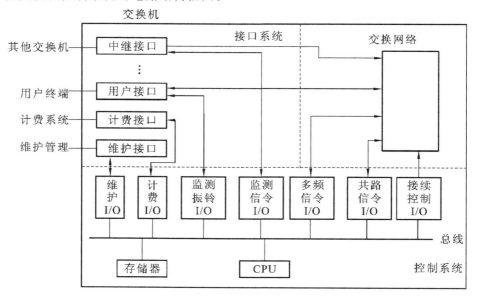

图 4-7 程控交换机控制系统的电路结构图

92

4.2 接口电路

接口是交换机中唯一与外界发生物理连接的部分。为了保证交换机内部信号的传递与处理的一致性,任何外界系统原则上都必须通过接口与交换机内部发生关系。交换机接口的设计不仅与它所直线连接的传输系统有关,还与传输系统另一端所连接的通信设备特性有关。为了统一接口类型与标准,ITU-T 对交换系统应具备的接口种类提出了建议,规定了中继侧接口、用户侧接口、操作管理和维护接口的电气特性和应用范围,如图 4-8 所示。

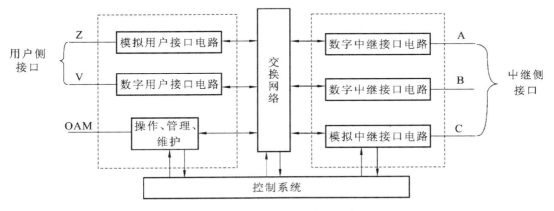

图 4-8　程控交换机接口类型示意图

中继侧接口即为至其他交换机的接口,Q.511 规定了连接到其他交换机的接口有三种。接口 A 和接口 B 都是数字接口,前者通过 PCM 一次群线路连接至其他交换机,而后者却通过 PCM 二次群线路连接至其他交换机,它们的电气特性及帧结构分别在建议 G.703、G.704 和 G.705 中规定;接口 C 是模拟中继接口,有二线或四线之分,其电气特性分别为在Q.552 和 Q.553 中规定。

用户侧接口有二线模拟接口 Z 和数字接口 V 两种。

操作、管理和维护(OAM)接口用于传递和操作与维护有关的信息。交换机至 OAM 设备的信息主要包括交换机系统状态、系统资源占用情况、计费数据、测量结果报告及告警信息等,在维护管理中 Q3 是通过数据通信网(DCN)将交换机连接到电信管理网(TMN)操作系统的接口。

下面我们对用户侧和中继侧接口电路进行分析。

4.2.1　模拟用户接口电路

模拟用户接口是程控交换设备连接模拟话机的接口电路,也常称为用户电路(LC)。

在程控数字交换系统中,由于交换网络的数字化和集成化,直流和电压较高的交流信号都不能通过,许多功能都由用户电路来实现,所以对电路性能的要求大大增加。而在市话交换机中,用户电路的成本约占交换机的 60%,因此各国都很重视用户电路的设计和高度集成化,这对于整机的成本降低和体积减小,都起着很大的影响。

程控数据交换机中的用户电路功能可归纳为 BORSCHT 七项功能,随着 SLSI 技术的发展和制造成本的下降,目前已出现了许多用户专用集成电路。BORSCHT 功能仅需使用用户线接口电路(SLIC)和编解码电路(CODEC)两片专用集成电路及少量的外围辅助电路

第
4
章
程
控
数
字
交
换

93

便可实现。SLIC 是用户线接口电路的缩写,它一般完成 BORSHT 功能,C 功能则需由独立的 CODEC 提供。为了便于理解这七项功能,下面分别进行介绍。

1. 馈电 B(battery feeding)

所有连在交换机上的电话分机用户,都由交换机向其馈电。数字交换机的馈电电压一般为 -48 V,在通话时的馈电电流为 $20\sim50$ mA。

馈电方式有电压馈电和电流馈电两种。

电压馈电一般要使用电感线圈,如图 3-9 所示。为减小话音传输损耗,要求电感线圈有较大的感抗,但感抗过大又会增大线圈的体积及直流损耗,因此,电感线圈的感抗一般取 600 mH 左右。此外,为减小 a、b 线对地不平衡所产生的串话,两个馈电线圈的感抗要尽可能一致。

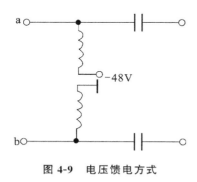

图 4-9　电压馈电方式

电流馈电方式如图 4-9 所示。这种馈电方式通过由电子元器件组成的恒流源向用户横流馈电。它可以不适用电感线圈,减小了用户电路体积,易于集成化,且传输性能受线路距离的影响小。

2. 过压保护 O(over voltage protection)

这其实是二次过压保护,因为在配线架上的气体放电管(保护器)在雷击时已短路接地,但其残余的端电压仍在 100 V 以上,这对交换机仍有很大的威胁,故采取二次过压保护措施。在用户电路中的过压保护装置多采用二极管桥式钳位电路,如图 4-10 所示。通过二极管的导通,使 A 点、B 点电位被钳制在 -48 V 或地电位。图中,热敏电阻 R 也起限流作用,其电阻随着电流的增大而增大。

3. 振铃 R(ringing)

振铃电压较高,国内规定为 90 V ±15 V。因此,一些程控交换机多采用振铃继电器,控制铃流接点,如图 4-11 所示。

振铃由用户处理机的软件控制,当需要用户振铃时,就发出控制信号,使继电器 S 动作,控制接点闭合,振铃电路发出铃流送至用户。当用户摘机时,摘机信号可由环路监视电路检测或由振铃回路监视电路检测,立即切断铃流回路,停止振铃。有些交换机已将这部分功能由高压电子器件实现,取消了振铃断电器。

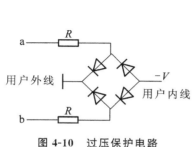

图 4-10　过压保护电路

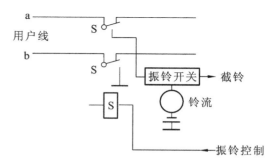

图 4-11　振铃控制电路

4. 监视 S(supervision)

监视功能主要是监视用户线回路的通/断状态。它通过用户直流回路的通断来判断用户线回路的接通和断开状态。为实现通断状态检测,一种简单的方法就是在直流的馈电电路中串联一个小电阻,如图 4-12 所示,通过电阻两端的压降来判定用户线回路的通、断状态。用户回路的通断只需要一位二进制数即可表示。在处理机的接口中设有扫描存储器，每个用户在扫描存储器中占一位，一般由硬件电路对用户电路进行监视，将每个用户电路的通断情况定时的写入扫描存储器。通过对用户线回路的通断状态的检测可以确定下列各种用户状态：①用户话机摘/挂机状态；②号盘话机发出的拨号脉冲；③对用户话终挂机的监视；④投币话机的输入信号。

5. 编译码和滤波器 C（CODEC & filters）

用户电路实际上是模拟电路和数字电路间的接口。模拟信号变为数字信号是由编码器来完成的，而接收来的数字信号要变成模拟信号，则是由译码器来完成的。编译码和滤波功能不可分，一般应在编码之前进行带通（300～3400 Hz）滤波，而在译码后进行低通滤波。

目前编/译码器都采用单路编译码器，即对每个用户单独进行编译码，然后合并成 PCM 的数字流。现在已采用集成电路来实现。

6. 混合电路 H（hybrid circuit）

由话机送出的信号是模拟信号，采用二线进行双向传输。而 PCM 数字信号，在去话方向上要进行编码，在来话方向上又要进行译码，这样就不能采用二线双向传输而必须采用四线制的单向传输，所以要采用混合电路来进行二/四线转换。混合电路都采用集成电路，其混合功能、编译码功能和滤波功能如图 4-13 所示。

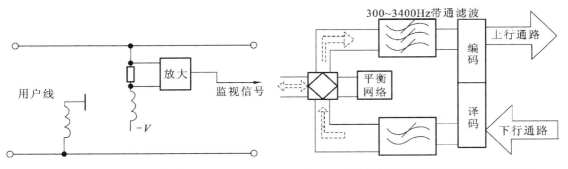

图 4-12　监视电路　　　图 4-13　混合电路、编译码和滤波功能示意图

7. 测试（test）

如图 4-14 所示为测试功能的示意图，由图可知，测试功能在用户电路上是由两对测试开关实现的。测试开关在处理机的控制下，能够将用户线连接到测试设备上，对用户线外线或内线进行测试。图中的开关可以是电子开关，也可以是继电器，其动作由处理机发来的驱动信息控制。

模拟用户接口电路的总体框图如图 4-15 所示。

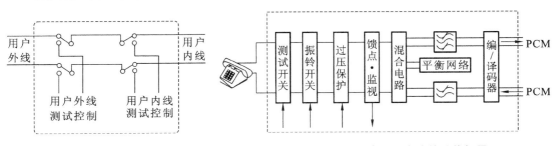

图 4-14　测试功能示意图　　　图 4-15　模拟用户接口电路的总体框图

除上述七项基本功能之外,还有极性倒换、衰减控制、收费脉冲发送、投币话机硬币集中控制等功能。

4.2.2 数字用户线接口电路

数字用户线接口电路是数字程控交换系统和数字用户终端设备之间的接口电路。

所谓数字用户终端设备,即是能直接在传输线路上发送和接收数字信号的终端用户设备,如数字话机、数字传真机、数字图像设备和个人计算机等。这些数字用户终端设备通过用户线路接到交换机的数字用户线接口,就可以实现用户到用户的数字连接。为此开发了本地交换机用户侧的数字接口,它们称为"V"接口。1988 年 CCITT 建议 Q.512 中已规定 4 种数字接口 V1~V4,其中 V1 为综合业务数字网(ISDN),并以基本速率(2B+D)接入的数字用户接口,B 为 64 kb/s,D 为 16 kb/s,相似建议 G.960 和 G.961 中规定了这种接口的有关特性,接口 V2、V3、V4 的传输要求实质上是相同的,均符合建议 G.703、G.704 和 G.705 的有关规定,它们之间的区别主要在复用方式和信令要求方面。V2 主要用于通过一次群或二次群数字段去连接远端或本端的数字网络设备,该网络设备可以支持任何模拟、数字或 ISDN 用户接入的组合。V3 接口主要用于通过一般的数字用户段,以 30B+D 或者 23B+D (其中 D 为 64 kb/s)的信道分配方式去连接数字用户设备,如 PABX。V4 接口用于连接一个数字接入链路,该链路包括一个可支持几个基本速率接入的静态复用器,实质上是 ISDN 基本接入的复用。

随着电信业务的不断发展,原来已定义的四种接口的应用受到一定的限制,希望有一个标准化的 V 接口能同时支持多种类型的用户接入,为此 ITU-T 提出了 V5 接口建议。V5 接口是交换机与接入网络(AN)之间的数字接口。这里接入网络是指交换机到用户之间的网络设备。因此 V5 接口能支持各种不同的接入类型。目前我国生产的大容量的程控数字交换机都配有 V5 接口设备。

数字用户终端与交换机数字用户线之间传输数字信号的线路,一般称为数字用户环路(DSL),采用二线传输方式。为了能在二线的数字环路,即普通电话线路上,可靠的传送数字信息,必须解决诸如码型选择、回波抵消、扰码与去扰码等技术问题。这些问题均包含在综合业务数字网(ISDN)技术之中,是 ISDN 技术的一部分。需要了解这部分内容的读者可参考 ISDN 有关内容及 V5 接口的建议(G.964、G.965),在此不单独介绍。

4.2.3 模拟中继接口电路

模拟中继接口又称为 C 接口,用于连接模拟中继线,可用于长途交换和市内交换中继线连接。

数字交换机中,模拟中继器和模拟用户电路的功能有许多相同的地方,因为它们都是与模拟线路相连接。模拟中继接口电路要完成的功能是 BOSCHT,如图 4-16 所示。

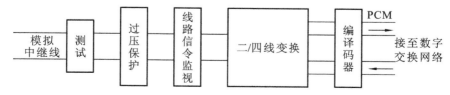

图 4-16　模拟中继接口电路框图

从图 4-16 可以看出,比用户电路少了振铃控制,对用户状态监视变为对线路信令的监视。模拟中继接口要接收线路信令和记发器信令,按照检测结果,以提供扫描信号输出。通过驱动也可使中继电路送出所需的信号。

模拟中继接口的混合功能是完成双向平衡的二线和单向不平衡的四线之间的转换,也就是二/四线转换。为了防止干扰,在混合电路中还提供了平衡网络。

此外,还有对音信号电平的调节功能,在发送和接收两个支路中都有独立调节的增益电路。而滤波和编/译码是将模拟的音频信号转换成 PCM 数字码。编码若按 A 律压扩,即用 2048 kHz 和 8 kHz 取样。

模拟中继线有两种:一种是传送音频信号的实线中继线,与用户线一样,在中继接口中可直接进行数字编码;另一种是按频分复用(FDM)的模拟载波中继线,这种接口通常要先恢复话音信号,然后再进行数字编码。

目前使用得较多的是 FDM-TDM 直接变换的方法,即由频分复用模拟的高频信号直接转换为时分复用的 PCM 数字脉码。这种方法是利用数字信号处理的基本理论,通过快速傅里叶变换来实现,采用这种方法可做到 60 路 FDM 的超群信号经变换后能在两个 PCM 30/32 路系统中传输,实现了话路数相等的变换。

4.2.4 数字中继接口电路

1. 概述

数字中继(DT)接口又称为 A 接口或 B 接口,是数字中继线(PCM)与交换机之间的接口。它常用于长途、市内交换机,用户小交换机和其他数字传输系统。它的出/入端都是数字信号,因此无模/数和数/模转换问题。但中继线连接交换机时有复用度、码型变换、帧码定位、时钟恢复等同步问题,还有局间信令提取和插入等配合的问题。所以数字中继接口概括来说是解决信号传输、同步和信令配合三方面的连接问题。目前大多数中继线接口所连接的码率为 2048 kb/s,这里介绍的是 A 接口数字中继接口电路,如图 4-17 所示。

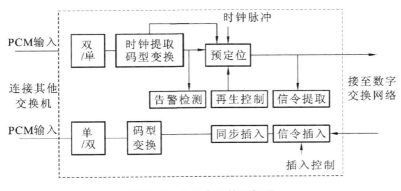

图 4-17 数字中继接口框图

从图中可以看出,数据通信接口的数据传输分成两个方向:从 PCM 输入至交换机侧和从交换机侧至 PCM 输出。

输入方向首先是双/单变换,然后是码型变换,时钟提取,帧、复帧同步,定位和信令提取。

输出方向是信令插入,连零抑制,帧、复帧同步插入,码型变换,最后单/双变换输出。此外,数字中继接口还要能适应下面三种同步方式的通信网。

（1）准同步方式：各交换机采用稳定性很高的时钟，它们相互独立，但其相互之间偏差很小，所以又称异步方式。

（2）主从同步方式：在这种方式的电信网中有一个中心局，备有稳定性很高的主时钟，向其他各局发出时钟信息，其他各局采用这个主时钟来进行同步，因而各机比特率相同，相位有一些差异。

（3）互同步方式：这种网络没有主时钟，各交换局都有自己的时钟，但它们相互连接、相互影响，最后被调节到同一频率（平均值）上。

时钟中继接口还应能适应不同的信令方式，如随路信令和共路信令。

2. 数字中继接口的功能

数字中继接口主要有三个方面的功能：信号传输、同步、信令变换，下面分别详细介绍。

1）码型变换

根据再生中继传输的特点，PCM 传输线上传输的数字码采用高密度双极性 HDB$_3$ 码或双极性 AMI 码。为了适应终端电路的特点，在终端通常采用二进制码型和单极性满占空（即不归零）的 NRZ 码。这种码型变换是两个方向都要进行的，输入为双变单，而输出为单变双，如图 4-18 所示。输入 PCM 双极性码（如 HDB$_3$）先通过运放比较器变换为单极性码；输出分为正极 PCM（PPCM）码和负极性 PCM（NPCM），再经过 HDB$_3$/NRZ 变换，还原为单极性码。

除了码型变换以外，还有些交换机还要进行码率变换，如 S-1240 交换机中传输码率为 4 Mb/s，而 PCM 30/32 为 2Mb/s，因此要变换码率。

2）时钟提取

从 PCM 传输线上输入的 PCM 码流中，提取对端局的时钟频率，作为输入基准时钟，使收端定时和发端定时绝对同步，以便接口电路在正确时刻判决数据。这实际上就是同步过程。例如，输入 PCM 码流为 30/32 一次群，则提取时钟频率为 2048 kHz。时钟的提取方法很多，可利用锁相环、谐振回路或晶体滤波等方法实现。

3）帧同步和复帧同步

（1）帧同步。

在收端从输入 PCM 传输线上获得输入的帧定位信号的基础上产生收端各路时隙脉冲，使之与发端的帧时隙脉冲自 TS0 起各路对齐，以便发端发送的各路信码能正确地被收端各路接收，这就是帧同步。

在 PCM 数字通信帧结构中，每帧的 TS0 是供传输同步码组合系统告警码组用的。为了实现帧同步，发端固定在偶帧的 TS0 的 bit2～bit8 发一特定码组"0011011"，经过比较、保护和调整，控制接收定时的脉冲发生器和时隙脉冲发生器产生时隙脉冲的顺序，达到帧同步，如图 4-19 所示。

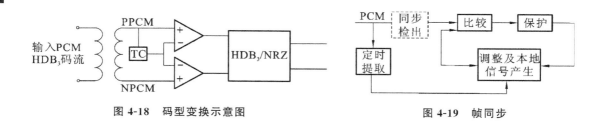

图 4-18　码型变换示意图　　　　　　　　　　图 4-19　帧同步

同步检出的脉冲还需识别其真伪。如果发生失步,为了避免对偶发性误码或干扰错判,又为了确定经过调整后是否真的进入同步状态,应采取同步保护,规定连续四次检测不到同步码组才判定系统失步,这叫前向保护。前向保护时间为 $3 \times 250 \ \mu s = 750 \ \mu s$。而在失步状态下,规定连续两次检测帧同步码组,且中间奇帧 TS_0 bit2 为"1"才判定同步恢复,称为后向保护,后向保护时间为 $250 \ \mu s$。

(2) 复帧同步。

复帧同步是为了解决各路标志信令的错路问题,随路信令中各路标志信令在一个复帧的 TS16 上都有各自确定的位置,如果复帧不同步,标志信令就会错路,通信也无法进行。又由于帧同步以后,复帧不一定同步,因此在获得帧同步以后还必须获得复帧同步,以使收端自 F0(第一帧)开始的各帧与发端对齐。

帧同步和复帧同步的结果是使收端的帧和复帧的时序按发端的时序一一对准。它们都是依靠发送端在特定的时隙或码位上,发送特定的码组或码型,然后在接收端,从收到它们的 PCM 码流中对同步码组或码型进行识别、确认和调整,以获得同步。

① 检测和传送告警信息。

检测出故障后产生故障信号,向对端发送告警信息,也检测来自对方交换机送来的告警信号,当连续 6 个 50 ms 内都发生一次以上误码时,就产生误码告警信号,表示误码率不得超过 10^{-3}。

② 帧定位。

帧定位是利用弹性存储器作为缓冲器,使输入 PCM 码流的相位与网络内部局时钟相位同步。具体来说,就是从 PCM 输入码流中提取的时钟控制输入码流存入弹性存储器,然后用局时钟控制读出,这样输入 PCM 信号经过弹性存储器后,读出的相位就统一在本局时钟相位上,达到与网络时钟同步。

③ 帧和复帧同步信号插入。

网络输出的信号中不含有帧和复帧同步信号,为了形成完整的帧和复帧结构,在送出信号前,要将帧和复帧信号插入,也就是在第 0 帧的 TS16 插入复帧同步信号 0000×11。在偶帧 TS0 插入 10011011,奇帧 TS0 插入 11×11111 的帧同步信号。完成这些功能后,再经过 NRZ/HDB$_3$ 和单/双变换将输出信号送到 PCM 线路上。

④ 信令提取和格式转换。

信号控制电路将 PCM 传输线上的信令传输格式转换成适合于网络的传输格式。如在 TS16 中传输时,TS16 提取电路首先从经过码型变换的 PCM 码流中提取 TS16 信令信息,将其变换为连续的 64 kb/s 信号,在输入时钟产生的写地址控制下,写入控制电路的存储器,然后在网络时钟产生的读地址控制下,按送往网络的信令格式逐位读出。

与用户电路的 BORSCHT 功能相对应,对上述数字中继接口的功能也可概括为 GAZPACHO 功能,其具体的含义如下。

● G—Generation of frame code,帧码发生。

● A—Alignment of frames,帧定位。

● Z—Zero string suppression,连零抑制。

● P—Polar conversion,码型变换。

● A—Alarm processing,告警处理。

● C—Clock recovery,时钟提取恢复。

● H—Hunt during reframe,帧同步。

● O—Office signaling,信令插入和提取。

4.2.5 数字多频信号发送和接收

在程控数字交换机中,除了铃流信号,其他音信号和多频(MF)信号都是采用数字信号发生器直接产生数字信号,使其能直接进入数字交换网。用这种方法可以克服振荡器频率和幅度不稳定的缺点,还节省了模数转换设备。

对于数字多频信号的接收,采用了数字滤波原理进行检测。下面分别介绍它们的工作过程。

1. 数字音频信号和多频信号发生器

数字音频信号发生器的基本原理是将模拟音频信号经抽样和量化,按照一定的规律存入只读存储器(ROM)中,再配合控制电路,在使用时按所需要的要求读出即可。

1)数字音频信号的发送

数字信号发生器产生的各种信号,分别占用上行 PCM 复用线中的一个信道,送到数字交换网络。在数字交换网络中,占用一个内部时隙,通过前级 T 接线器及 S 接线器的多址分配,最后存储在后级 T 接线器语音存储器的某些规定单元中,如图 4-20 所示。当需要某信号音时,可直接从后级 T 接线中读出,送至相应的用户电路或中继电路。

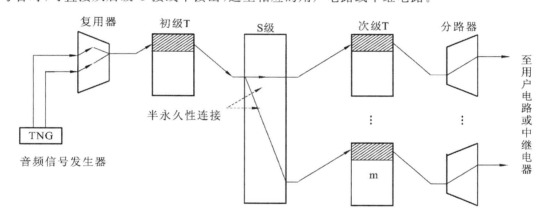

图 4-20　数字音频信号的发送

这里,预先指定好一些内部时隙,固定作为信号音存储到后级 T 接线器语音存储器的通道,这种连接方法称为链路半永久性连接法。在信号音采用链路半永久性连接时,不论有无用户听信号音的要求,在数字交换网络的后级 T 接线器语音存储器中,总有数字信号音存在,一旦某用户需要听到某种信号音时,只要将这个信号音的 PCM 码在该用户所在的时隙中读出即可。

T-S-T 数字交换网络可以实现多个用户同时听一种信号音,因为后级 T 接线器的语音存储器是随机存储器,读出时并不破坏其所存内容,可以多次读出。多个用户听一种信号音只意味着先后读取同一存储单元的内容而已,所以数字信号发生器不存在最大负载容量的问题。

2)数字音频信号的接收

各种信号音是由用户话机接收的,因此在用户电路中进行解码以后就变成了模拟信号自动接收。

数字信号接收器用于接收 MF 或双音多频(DTMF)信号,尽管模拟信号的选频技术非常成熟,但在数字程控交换系统中,多用数字滤波器和数字逻辑电路来实现。这是因为在数字程控交换机中,信号接收器通常通过下行信道上的一个时隙接于数字交换网络。从对端来的 MF 信号或来自用户话机的 DTMF 信号,自数字(模拟)中继接口或用户电路送入,经交换网络到达信号接收器的输入端。在这里 MF 信号或 DTMF 信号都是以数字编码的形式出现的,所以信号接收的滤波和识别功能都是由数字滤波器和数字逻辑电路构成的,如图 4-21 所示为接收器的结构框图。

2. DTMF 信号接收器的工作原理

用户话机发出的 DTMF 信号用高低不同的两个频率代表一个拨号数字,用户话机发出的 DTMF 信号在用户电路经模/数转换后变换为 DTMF 信号的 PCM 编码。DTMF 接收器的任务就是识别组成 DTMF 信号的这两个频率,并将其转换为相应的拨号数字。DTMF 接收器有模拟的 DTMF 接收器和数字的 DTMF 接收器。图 4-22 所示为模拟 DTMF 接收器的原理框图,模拟 DTMF 接收器由若干个带通滤波器、检波器和解码逻辑电路组成,带通滤波器和检波器用来识别组成 DTMF 信号的两个频率,解码逻辑电路将识别出来的两个频率解码为相应的拨号数字。由于使用模拟滤波器,所以 DTMF 信号的 PCM 编码在送到 DTMF 接收器之前要经过数/模转换电路。数字的 DTMF 接收器的接收原理与模拟接收器的类似,将图中的模拟滤波器用数字滤波器代替即可,实际上数字滤波器的功能是由数字信号处理机来完成的。

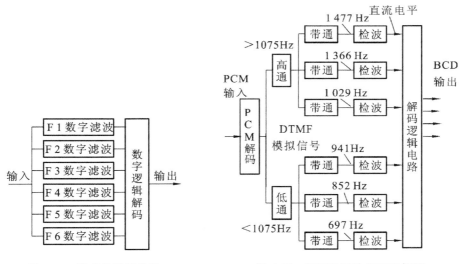

图 4-21 数字信号接收器　　　图 4-22 DTMF 接收机原理框图

数字信号发生器和数字信号接收器都是共用资源,所需要的数量由整个交换系统的容量来决定。数量过多是一种浪费,但如果数量太少,可能会加大对用户服务请求的延时,严重时甚至会造成整个系统的阻塞。在不同的交换机中,数字信号发生器和数字信号接收器所处的位置及其连接方式也有所不同。

4.3 控制系统

程控交换机控制系统的硬件设备是处理机,其控制核心是中央处理机,它按照存放在存储器中的程序来控制交换接续和完成维护与管理功能。

程控交换机的控制系统一般分为三级。

第一级是电话外设控制级。这一级是靠近交换网络以及其他电话外设部分,也就是与话路设备硬件的关系比较密切的部分,其控制功能主要是完成扫描和驱动。其特点是操作简单,但工作非常频繁,工作量很大。

第二级是呼叫处理控制级。它是整个交换机的核心,是将第一级送来的信息进行分析、处理,再通过第一级发布命令来控制交换机的路由接续或复原。这一级的控制功能具有较强的智能性,所以这一级为存储程序控制。

第三级是维护测试级。主要用于操作维护和测试,它包括人-机通信。这一级要求更强的智能性,所以需要的软件数据量最多,但对实时性要求较低。

这三级的划分可能是"虚拟"的,仅仅反映控制系统程序的内部分工;也可能是"实际"的,即分别设置专用的或通用的处理机来分别完成不同的功能。例如,第一级采用专用的处理机(用户处理机),第二级采用呼叫处理机,第三级采用通用的处理机(主处理机)。这三级逻辑的复杂性和判断标志能力是按照从一级至三级的顺序递增的,而实时运行的重要性、硬件的数量和其专用性则是递减的。

中央控制系统中的存储器一般可划分为两个区域:数据存储器和程序存储器。数据存储器也称暂时存储器,用来暂存呼叫处理中的大量动态数据,可以写入和读出。程序存储器也称固定存储器,用来存放程序,在交换处理中只允许读出,不允许写入。由于交换系统中各种程序和动态数据很多,对一些使用不太频繁的数据与程序也可以放在外部存储器中,早期采用磁鼓、磁盘和磁带,目前主要采用硬盘。在故障处理后再启动时,有时要重新向内存装入全部程序和固定数据,故硬盘可以作为后备用的外存储器或用于存放计费等大量信息。

4.3.1 处理机的控制方式

随着微处理机和大规模集成电路的发展,微处理机的可靠性和功能不断增强,价格却逐渐下降,因而,在交换机控制系统中采用多处理机的结构越来越多,其控制方式也多种多样。同时,还可以根据处理机所控制的范围将其分为集中控制方式和分散控制方式两大类。

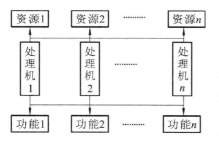

图 4-23　集中控制系统

1. 集中控制

若在一个交换机的控制系统中,任一台处理机都可以使用系统中的所有资源(包括硬件资源和软件资源),执行交换系统的全部控制功能,则该控制系统就是集中控制系统,如图 4-23 所示。

集中控制方式的优点是处理机能了解整个系统的状态和控制系统的全部资源,功能的改变只需在软件上进行,较易实现。

集中控制方式的缺点是系统比较脆弱,一旦控制部件发生故障,就可能导致整个系统瘫痪;另外,由于软件要包括所有的功能,规模庞大,管理十分困难。因此目前除小容量的程控交换机外其他交换机很少使用集中控制方式。

2. 分散控制

若在一个交换机控制系统中,每台处理机只能控制部分资源,执行交换系统的部分功能,则这个控制系统就是分散控制系统,如图 4-24 所示。

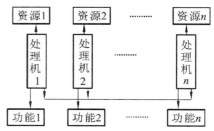

图 4-24　分散控制系统

1) 话务容量分担和功能分担

在分散控制系统中,各台处理机可按话务容量分担或功能分担的方式工作。

(1) 话务容量分担。

话务容量分担方式是指每台处理机只分担一部分用户的全部呼叫处理任务,即承担了这部分用户的信号接口、交换接续和控制功能;每台处理机所完成的任务是一样的,只是所面向的用户群不同而已。话务容量分担的优点是处理机的数量随着用户容量的增加而增加,缺点则是每台处理机都要具有呼叫处理的全部功能。

(2) 功能分担。

功能分担方式是将交换机的信令与终端接口功能、交换接续功能和控制功能等基本功能,按功能类别分配给不同的处理机去执行;每台处理机只承担一部分功能,这样可以简化软件,若需增强功能,在软件上也易于实现。其缺点是在容量小时,也必须配备全部处理机。

在大中型交换机中,多将这两种方式结合起来使用。当着眼点放在处理能力时,就采用话务容量分担的工作方式,当着眼点放在简化软件时,就采用功能分担的工作方式。

2) 静态分配和动态分配

在分散控制系统中,处理机之间的功能分配可能是静态的,也可能是动态的。

(1) 静态分配。

静态分配是指资源和功能的分配一次完成,各处理机根据不同的分工配备一些专门的硬件。这样做的结果是提高了稳定性,但降低了灵活性。静态分配不仅可以是功能分担,还可以是话务分担,如交换机总的话务处理由几个处理机平均分配。这样做可以使软件没有集中控制时复杂,也可以做成模块化系统,在经济性和可扩展性方面显示出较强的优越性。

(2) 动态分配。

动态分配就是指每台处理机可以执行所有功能,也可以控制所有资源,但根据系统的不同状态,对资源和功能进行最佳分配。这种方式的优点在于,当有一台处理机发生故障时,可由其余处理机完成全部功能。其缺点是动态分配非常复杂,从而降低了系统的可靠性。

3) 分级控制系统和分布式控制系统

根据各交换系统的要求,目前生产的大、中型交换机的控制部分多采用分散控制方式下的分级控制系统或分布式控制系统。

(1) 分级控制系统。

分级控制系统基本上是按交换机控制功能的高低层次而分别配置处理机的。对于较低层次的控制功能,如用户扫描、摘挂机及脉冲识别,虽然处理简单,但工作任务却十分频繁,其控制功能就采用外围处理机(或称用户处理机)完成。外围处理机只完成扫描和驱动功能,对于高一层次的呼叫控制功能(如号码分析、路由选择等)则采用呼叫处理机承担。呼叫处理机的处理工作较复杂,执行的次数却少一些。对于故障诊断和维护管理等控制功能,处理就更加复杂,执行次数就更少,故应单独配置一台专门用来承担维护管理功能的主处理机,这就形成了三级控制系统,如图 4-25 所示。

这样的三级控制系统是按功能分担的方式分别配用外围处理机、呼叫处理机和主处理机。每一级内又采用了话务容量分担的方式,如外围处理机就采用几百个用户配置一台的方式,配备的数量可以多一些;呼叫处理因为要处理外围处理机送来的呼叫处理请求,所以可对若干个外围处理机配置一台,配备数量就可少一些;对于主处理机,一般只需一台即可。外围处理机采用一般的微处理机即可,而呼叫处理机和主处理机则要求采用速度较高、功能

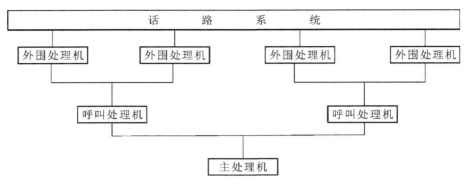

图 4-25　三级控制系统

较强的微处理机。

（2）分布式控制系统。

分布式控制系统就是所有的呼叫控制功能和数字交换网络的控制功能都由与小用户线群或小中继线群相连的微处理机提供。这些小用户线群或小中继线群分别组成终端模块，每个终端模块都有一个终端控制单元。在控制单元中配备了微处理机，一切控制功能都是由微处理机执行的。分布式控制交换机如图 4-26 所示。

分布式控制有三种方式，即功能分散、等级分散和空间分散方式。功能分散方式是每台处理机负责一种功能。等级分散方式是在一群处理机中，每一台处理机担任一定角色，逐级下控。空间分散方式是每台处理机负责交换机的一部分区域（即一部分设备），此部分区域通话的全部功能由此处理机负责。

4.3.2　处理机的备用方式

在交换系统中，为了提高控制系统的可靠性，保证交换机能够不间断的连续工作，对处理机的配制就应采取备份的方式。最简单的备份方式就是双处理机结构。

双处理机结构有三种工作方式：同步双工工作方式、话务分担工作方式和主/备用工作方式。

1. 同步双工工作方式

同步双工工作方式是由两台处理机，中间加一个比较器组成，如图 4-27 所示，两台处理机合用一个存储器（也可以各自配备一个存储器，但要求两个存储器的内容保持一致，应该常核对数据和修改数据）。

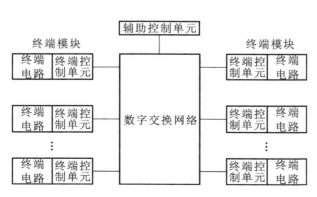

图 4-26　分布式控制交换机

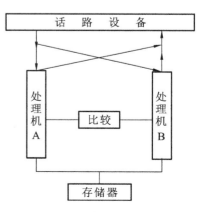

图 4-27　同步双工工作方式

两台处理机中的一台为主用机,另一台为备用机,同时接收信息,同时执行同一条指令,各自进行分析处理,再将其执行结果进行比较。如果结果相同,说明工作正常,即由一台处理机(主用处理机)向外发出命令,并转入下一条指令,继续工作。如果结果不同,则立即退出服务,进行测试和必要的故障处理。

同步双工工作方式的优点是对故障反应快,一旦处理机发生故障,在进行比较时,就立即发现。而且备用机是和主用机并行工作,以便一旦主用机发生故障就立即代替主用机工作,基本上做到不丢失呼叫。由于两台处理机合用一个存储器,因此软件种类也少。

这种工作方式的缺点是对偶然性故障,特别是对软件故障处理不十分理想,有时甚至导致整个服务中断。在工作中,实际上只有一台在工作,而且要不断地进行相互比较,故效率较低。

2. 话务分担工作方式

话务分担工作方式的两台处理机各自配备一个存储器,在两台处理机之间有互相交换信息的通路和一个禁止设备,如图 4-28 所示。这种工作方式的两台处理机轮流地接收呼叫,各自独立工作。为了防止两台处理机同时接收同一个呼叫,可利用禁止设备进行调度。

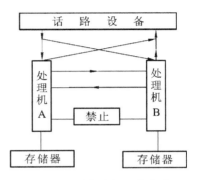

图 4-28 话务分担工作方式

在正常的情况下,每台处理机负担一半的话务量。为此两台处理机扫描时钟的相位是互相错开的。某一台处理机在扫描中发现新的呼叫,就由该处理机负责处理到底。当一台处理机发生故障时,就由另一台处理机承担全部话务量。

为了使故障机退出服务时另一台处理机能及时接替,应在两台处理机间定时互通信息,以便随时了解呼叫处理的进展情况。

由于话务分担工作方式是轮流进行呼叫处理,因而对偶然性故障有较好的处理效果。又由于两台处理机不同时执行同一条指令,因此,也不可能在两台处理机中同时产生软件故障,这就加强了处理机对软件故障的防护性能,同时也较容易发现软件故障。由于每台处理机都能单独地处理整个呼叫任务,而每一台处理机又只负担一部分话务负荷,所以一旦有过负荷出现,也能适应。因此,这种工作方式有较高的过负荷处理能力。

在扩充新设备,修改软件时,该工作方式可以使一台处理机承担大部分或全部的话务负荷,另一台处理机用于测试和修改程序,从而不中断服务。它的缺点是软件较复杂,在程序设计中要避免双机同抢资源,而且双机互通信息也较复杂,对处理机的某些硬件故障不像同步双工工作方式那样较易发现。

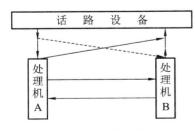

图 4-29 主/备用工作方式

3. 主/备用工作方式

这种方式的两台处理机,一台为主用机,另一台为备用机,如图 4-29 所示。主用机发生故障时,备用机接替主用机进行工作。备用方式有两种,即冷备用和热备用。

冷备用方式是备用机只接通电源,不承担呼叫处理工作,处于停用状态,主用机承担全部呼叫处理工作。在主用机发生故障时,换上备用机,由于被换上的备用机没有经过校正,因而有可能丢失部分呼叫或全部呼叫。为

了尽可能多的保留原来的呼叫数据,当主用机发生故障时,主用机和备用机进行转换,外存向备用机传送数据以建立主用状态,然后开始呼叫处理再启动。这种工作方式的优点是硬件和软件简单,但由于在产生故障时对呼叫丢失较多,因此在重要的地方很少采用。一般多在用户级中采用。

热备用方式是备用机虽不完成呼叫处理工作,但和主用机一样接收外部输入数据,备用机存储器中存储的数据和主用机存储器中存储的数据相同,这样在主/备用进行互相转换时,能够继续完成原来的呼叫处理工作,而不丢失原来的呼叫。

这种方式的优点是转换速度快,不丢失呼叫。所以在选组级中多采用热备用工作方式。其缺点是两台处理机,包括存储器,只能完成一台处理机的工作,效率较低。

4.3.3　处理机间的通信方式

在分散控制和分布控制方式中,系统有多个处理机,而这些处理机之间必须协同工作才能完成系统的呼叫处理接续。各处理机之间如何互通信息就成了一个重要的问题。所谓处理机间的通信,实际上是指处理机之间控制和辅助信息的传输和交换。控制信息是指为了完成语音信息交换所必须传送和交换的信息,如用户摘/挂机信息、号码信息、控制铃流、回忙音和忙音等发送信息、中继线状态信息,以及控制交换网络动作的有关信息等。实现处理机之间的通信,要占用一定的时间和空间资源。目前采用的处理机间的通信方式有很多,下面介绍几种常用的方式。

1．通过 PCM 信道进行通信

1）利用时隙 16(TS16)进行通信

PCM 中的时隙 16 是用来传输数字交换局之间的数字线路信号的,在到达交换局后,时隙 16 的功能就宣告结束,因而可用于处理机间通信。为了使信息传送与处理机的工作能力能够协调,在处理机与交换网络之间要设置收发缓存器。采用这种通信方式的优点是外加硬件及软件费用小,其缺点是信息量小、速度慢。

2）通过数字交换网络的 PCM 信道直接传送

将处理机之间的通信信息与话音/数据信息同等对待,通过 PCM 的任一时隙来传送,并且也能由数字交换网络进行交换。至于信道中传输的是通信信息还是语音/数据信息,只须用不同的标志来区别。这种通信方式的优点是可容纳的通信信息量大,并且能进行远距离通信;其缺点是占用了通信信道,且费用较高。

3．采用专用总线传送和交换控制信息

处理机之间用专用总线相连,如图 4-30 所示。这个总线是作为一种多处理机之间共享资源和系统中各处理机之间通信的一种手段。由于总线为多处理机共享,所以必须有多总线协议,以及一个决定总线控制权的判优电路,处理机要占用总线之前必须首先判别总线是否可用。为了便于控制和传送,一种方式是在处理机内设置收发缓存器,当处理机要发送信息时,可先把信息送到发送缓存器,然后通过专用总线进入接收缓存器,再由另一处理机接收。这种通信方式相当于把一个处理机作为另一个处理机的外设进行通信,具体连接可根据需要连接在处理机的串行口或并行口上,它适用于通信信息量和速率都不太高的场合,处理机间的物理距离相对较远。另一种方式是通过共享存储空间来传送信息,这种方式能提供较高的速度和通信信息量,但处理机间的物理距离不能很远。对于专用总线结构,应注意通信的效率问题,否则会影响处理机的处理能力,导致交换机的呼叫处理能力下降。

4. 令牌传送

在分散控制的大型系统中,处理机数量多,而它们之间又是平级关系,这时采用环形通信结构就有其优越性了。例如,E-10数字交换机就采用这种机间通信方式。环形结构令牌传送通信方式如图4-31所示,各处理机之间连成一个环状,每台处理机相当于环内的一个节点。网中有一种称为"令牌"的组码绕环前进,只有当令牌到达某个处理机时,该处理机才能将信息传送出去。

例如,图4-31中,当A处理机有信息要发送给C处理机时,A节点首先要准备好待发送的信息,写上源地址和目的地址,然后等空令牌到来时,A节点就将信息放在令牌后送上环路。信息沿环路传送到B节点,B节点在令牌到来后,比较自身地址与信息的目的地址,因为B节点不是接收接点,所以只将信息稍作延迟后就传送到C节点,C节点以同样方法检测出信息的目的地址是自己,则C节点就将信息复制下来,正确接收后,将信息打上确认(ACK)记号后再传送;如不能正确接收信息,就打上不确认(NACK)记号再传送。信息经D节点,回到A节点,A节点检测出该信息是由它本身发出的,且已绕行一周,则把信息从环路中取出,这时只有空令牌在环上运行,其他节点可以用同样的方式把信息放在令牌后发送。同时A节点检查信息中有无目的节点C正确接收后打上的确认记号,若有则将信息从A节点消除。若发现C节点打上的是不确认记号,则A节点还要准备等待下一次空令牌的到来,把信息再次发送出去。

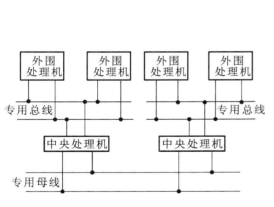

图4-30 处理机之间用专用总线相连

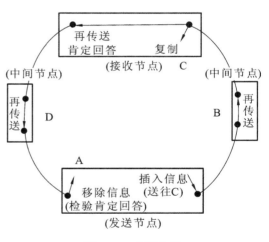

图4-31 令牌传送

4.4 基本话务理论

通信网是由交换设备和传输设备构成的,其功能是将各种电信业务(包括电话业务、数据业务、图像业务等)在各个终端(一般为用户终端,如用户的电话机)之间交换和传输。迄今为止,电信业务中的主要组成部分依然是电话业务。因而,以电路交换为特征的电话交换机仍是通信网中主要的交换设备。

在组建一个交换局时,首先要考虑的是该交换局的交换设备和中继线的配备数量。而考虑或设计它的主要依据则是话务理论要解决的问题。

电话用户希望在任何时候,只要提出通信请求就可以立即进行通话。理论上,可以为所有用户同时通话提供足够多的交换设备和中继传输电路,以此来保证所有电话用户在任何

时候都能立即打通电话。但是这样做既不经济,也没有必要。因为出现所有用户同时通话情况的概率很小,实际上,只有每天通话最忙的时候,才会出现较多用户同时通话的情况,而且即使在这种情况下也不是所有用户都同时通话,因此,就没有必要为所有用户配备数量相等的交换设备和中继线路。那么应该配备多少,才能做到既能保证良好地服务质量,又充分发挥设备的效率,同时还能尽量节省设备和中继数量,这就是话务理论研究的基本任务。

4.4.1 话务量的基本概念

话务量表示话务负荷。由于用户的电话呼叫是完全随机的,因此话务量是一种统计量,是设计交换设备、中继设备的基本依据。

1. 话务量的三要素

话务量由呼叫强度、占用时长、考察时间三要素组成。

(1)呼叫强度:表示单位时间内发生的平均呼叫次数,用 λ 表示。

(2)占用时长:表示每次呼叫占用的时间长度。针对一次接续,包括听拨号音、拨号、振铃、通话、挂机整个期间对设备的占用时间,用 S 表示。

(3)考察时间:表示对通话业务的观测时间长度,用 T 表示。

话务量一般用 Y 表示,它是这三要素的乘积,即 $Y=\lambda ST$。因此,话务量的大小与用户通话的频繁程度和通话占用的时间长度,以及统计观察的时间长度有关。

2. 话务量强度

话务量只是提供了考察时间内通信业务的总量,但人们更关心通信业务的繁忙程度。生活中有类似的例子,如汽车,人们关心一辆车在一个月内消耗的油量,但这与它行驶的里程多少有关,不能直接反映汽车本身的性能,因此人们更关心它的油耗性能,即每百千米的耗油量。对话务量而言,最关心的是单位时间内的话务量,称为话务量强度,用 A 表示。同时为了称呼方便,将话务量强度简称为话务量,它是度量通信系统繁忙程度的指标,话务量强度的定义为:

$$A=\frac{\lambda ST}{T}=\lambda S$$

除了前面定义之外,人们所说的话务量都是指话务强度,本书后面所说的话务量也都是指话务强度。

(1)忙时话务量:由于每个用户的通信时间是随机的,因此通信设备被占用的数量也是随机的。有时候呼叫用户很多,通信设备很繁忙,如白天上班时间;有时候呼叫用户很少,通信设备又空闲很多,如半夜休息时间。图 4-32 所示为某一天内呼叫的变化情况。现在的问题是,在设计交换设备和中继设备数量时,到底以哪个时间为依据才能满足用户的要求呢?为了使用户在任何时候都能通话,应该以一天中最繁忙的那一个小时作为考察依据。因此,把一天中通信设备最繁忙的那一个小时称为忙时,称一天中最忙的一个小时的话务量为忙时话务量。

(2)话务量单位:从话务量的定义 $A=\lambda S$ 可以看出,λ 的量纲为"次/h",S 的量纲为"h/次",这样话务量 A 没有量纲。为了纪念话务理论的创始人——丹麦数学家爱尔兰(Erlang),于是以他的名字作为话务量的量纲,用 Erl 表示,并规定若 λ、S 均采用 h(小时)为时间单位,则 A 的单位为 Erl。

1 Erl 就是一条电路可能处理的最大话务量。例如,一条电路被连续不断的占用了 1 h,话务量就是 1 Erl,如果这条电路在 1 h 内被占用了 30 min,那么话务量就是 0.5 Erl。用户线上的话务量一般为 0.2 Erl,那么它的含义就是,在忙时内,该用户呼叫 4 次,每次占用

3 min;或者每次占用 2 min,呼叫 6 次;或者呼叫一次,占用 12 min。中继线的话务量一般为 0.7 Erl 左右。

4.4.2 线束的概念

不管交换网络内部如何连接,在交换系统外部始终表现为若干入线和若干出线,入线可以通过交换网络连接到出线,这些出线可以组成一个线束或几个线束。话务负荷是由用户出发,经交换网络的入线流向它的出线。因此入线是线束的负载源,能连接到一定线束的负载源(入线)的总和称为"负载源组",如图 4-33 所示。图 4-33(a)所示的交换网络的出线组成了一个线束,图 4-33(b)所示的交换网络的出线组成了两个线束,当然也可以组成多个线束。

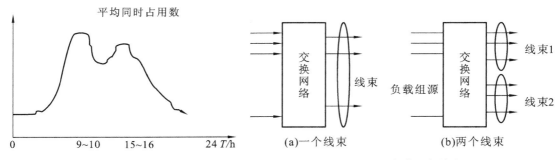

图 4-32 一天中用户的呼叫强度分布　　　图 4-33　负载源与线束

线束中有两个重要概念:线束的容量和线束的利用度。其中,线束中的出线数代表线束的大小,称为线束的容量,用 M 表示;每条入线能够到达的出线范围,即每条入线能够选用的出线数量,称为线束的利用度,用 D 表示。

根据交换网络线束构成的不同,可以把线束分为两类:全利用度线束和部分利用度线束,分别介绍如下。

1. 全利用度线束($D=M$)

线束中的任一出线都能被使用这个线束的负载源组中的任一负载源所选用,这类线束称全利用度线束。图 4-34 所示的是一个利用全利用度线束的例子。这里四条出线所组成的线束能被 5 条入线中的任何一条所选用,即 $D=M$,则这样的线束为全利用度线束。

2. 部分利用度线束($D<M$)

任一负载源仅能选用其线束中的部分出线,也就是说线束中的部分出线不能全部被负载源组中的任一负载源所选用,这类线束称为部分利用度线束,如图 4-35 所示。入线 1、2 只能选择出线 1、4;入线 3、4 只能选择出线 2、4;入线 5、6 只能选择出线 3、4。这里 $D=2$,$M=4$。显然部分利用度线束满足 $D<M$。

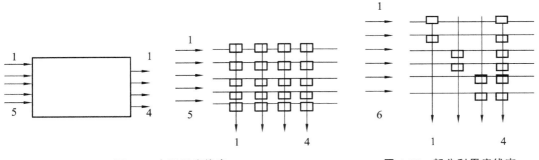

图 4-34 全利用度线束　　　　　　　图 4-35　部分利用度线束

4.4.3 爱尔兰公式

在电话系统中,考察话务量是服务提供商的工作,对用户而言关心的是服务质量,即打不通电话的概率有多大。服务质量指标指的是交换设备未能完成接续的电话呼叫业务量与用户发出的电话呼叫业务量之比,即呼叫损失率,简称呼损。呼损愈低,服务质量愈高。话务量、呼损与交换设备之间存在着固有的关系,研究它们三者的固有关系的理论即为话务理论。爱尔兰在 1918 年首先应用概率论中的统计平衡理论,发表了立即制呼损计算公式。

1. 呼损的计算方法

呼损是指由于交换机内部链路或者中继线不足引起的阻塞概率,是衡量通信系统质量的重要指标之一,呼损可用小数表示,也可用百分数表示。

与话务量相同,呼损也是一个统计量,它的有两种计算方法,一种是按时间计算的呼损 E,另一种是按呼叫次数计算的呼损 B。在讨论呼损计算公式之前,先明确以下两个基本概念。

● 流入话务量(A):指在平均占用时长内负载源发生的平均呼叫次数,也称为呼叫强度。

● 完成话务量($A_完$):指在平均占用时长内交换设备发生的平均占用次数,也称为结束强度。

1) 按时间计算的呼损 E

按时间计算的呼损 E 等于出线全忙的时间与总的考察时间(一般为忙时)的比值,或者在 1 h 内全部出线处于忙状态的概率。

$$E = 线束处于全忙的概率 = \frac{T_阻(t_1, t_2)}{t_2 - t_1}$$

2) 按呼叫次数计算的呼损 B

按呼叫次数计算的呼损 B 是指一段时间内出线全忙时,呼叫损失的次数占呼叫总次数的比例。C_c 表示呼损次数,C_t 表示总呼叫次数。

$$E = 一个呼叫发生后被损失掉的概率 = \frac{C_c(t_1, t_2)}{C_t(t_1, t_2)}$$

2. 爱尔兰公式

在全利用度条件下,设交换网络的负载源数目为 N,线束容量为 m,当 $N \gg m$ 且 m 有限制时,满足爱尔兰分布条件,则有 n 个呼叫同时发生的概率为:

$$P_n = \frac{A^n/n!}{\sum\limits_{i=0}^{m} A^i/i!} \quad (n = 0, 1, 2, \cdots, m)$$

其中,$A = \lambda S$ 是流入话务量。

根据前面呼损的计算方法知道,按时间计算的呼损 E 等于线束全忙的概率,E 即 m 个呼叫同时发生的概率。

$$E = P_m = \frac{A^m/m!}{\sum\limits_{i=0}^{m} A^i/i!} = E_m(A)$$

这就是爱尔兰公式,它反映了呼损、线束容量、话务量三者之间的关系。为了书写方便,常用 $E_m(A)$ 表示,E 为呼损,m 为线束容量,A 为流入话务量。为了应用方便,将爱尔兰呼损公式的计算值列成表,只要知道 E,m,A 三个量中任意两个,就可以通过查表求出第三个量的值。

4.4.4　线束的利用率

线束的利用率表示线束使用效率的高低，即线束的平均使用效率。在单位时间内，线束空闲的时间越短，占用时间越长，其利用率就越高。从前面的概念知道，线束被占用就是该线束承担着话务量，因此也可以说，线束承担的话务量越大，线束的利用率越高。从这个概念出发，线束利用率在数值上可以用每条出线承担的平均话务量来表示。如果用 η 来表示线束的利用率，则有：

$$\eta = \frac{A_{完}}{m} = \frac{A(1-E)}{m} \tag{4-1}$$

怎样才能提高线束的利用率呢？下面首先来分析 m、E、η 之间的关系。

1. m 与 η 的关系（E 不变）

设 $E=0.01$，改变 m 的值，分别用爱尔兰公式求出对应的 A，然后用式(4-1)求出 η。

- 当 $m=5$ 时，查表得 $A=1.361\mathrm{Erl}$，则 $\eta=1.361\times(1-0.01)/5=0.269$。
- 当 $m=10$ 时，查表得 $A=4.461\mathrm{Erl}$，则 $\eta=4.461\times(1-0.01)/10=0.442$。
- 当 $m=20$ 时，查表得 $A=12.031\mathrm{Erl}$，则 $\eta=12.031\times(1-0.01)/20=0.596$。
- 当 $m=50$ 时，查表得 $A=37.901\mathrm{Erl}$，则 $\eta=37.901\times(1-0.01)/50=0.750$。
- 当 $m=80$ 时，查表得 $A=65.36\mathrm{Erl}$，则 $\eta=65.36\times(1-0.01)/80=0.809$。
- 当 $m=100$ 时，查表得 $A=84.06\mathrm{Erl}$，则 $\eta=84.06\times(1-0.01)/100=0.832$。
- 当 $m=150$ 时，查表得 $A=131.58\mathrm{Erl}$，则 $\eta=131.58\times(1-0.01)/150=0.868$。

从这个结果可以看出：①在呼损一定的条件下，当线束较小时，其利用率较低；②当线束容量增大时，其利用率逐步升高；③当线束容量增大到一定程度后，其利用率提高很慢，这是因为线束的利用率已经趋于饱和。

因此，在通信网中，应尽可能地将小线束组合成大线束，以节省投资；同时，线束的容量也不能过大，一般以 100 条出线为一个线束单位为宜。因为线束过大，利用率上升很慢，而且其过负荷能力很弱。在发生过负荷时，流入话务量增加，但线束利用率难以提高，反而会造成呼损值增加，使服务质量严重下降。

2. E 和 η 的关系（m 不变）

设出线数 $m=20$ 不变，改变 E 值，用爱尔兰公式求出相应的 A 值，再用式(4-1)求出 η。

- 当 $E=0.001$ 时，查表得 $A=9.411\mathrm{Erl}$，$\eta=9.411\times(1-0.001)/20=0.47$。
- 当 $E=0.005$ 时，查表得 $A=11.092\mathrm{Erl}$，$\eta=11.092\times(1-0.005)/20=0.552$。
- 当 $E=0.01$ 时，查表得 $A=12.031\mathrm{Erl}$，$\eta=12.031\times(1-0.01)/20=0.596$。
- 当 $E=0.05$ 时，查表得 $A=15.294\mathrm{Erl}$，$\eta=15.294\times(1-0.05)/20=0.724$。

从这个结果可以看出：当呼损 E 增大时，在不增加线数 m 的情况下，其所能承担的话务量 A 增大，也使线群的利用率上升，但为了保证服务质量，呼损不能超过规定值。

4.4.5　局间中继线的计算

话务量最直接的一个应用就是分析和计算交换设备和中继线路的数量。如果是数字程控局的数字中继，根据局间话务量和呼损指标，直接查爱尔兰呼损表，即可求得中继线数。

例 4-1　　有三个程控交换局需要设立数字中继，要求呼损 $E=0.005$。通过调查统

计得到各局之间的话务量要求分别是：2 局和 3 局之间的话务量为 $A_{23}=61.74\text{Erl}$，2 局至 4 局之间的话务量为 $A_{24}=57.81\text{Erl}$，3 局至 4 局之间的话务量为 $A_{34}=231.44\text{Erl}$，计算各局之间应该设置多少条中继线路。

 在 2 局至 3 局之间，$A_{23}=61.74\text{Erl}$，$E=0.005$，查附录表得 $m=79$。

在 2 局至 4 局之间，$A_{24}=57.81\text{Erl}$，$E=0.005$，查附录表得 $m=75$。

在 3 局至 4 局之间，$A_{34}=231.44\text{Erl}$，附录表中无法查到，该如何处理？

这时，利用前面 m 和 η 的关系，当 $m>100$ 时，出线的利用率 η 提高的很慢，其利用率几乎不变，因此，可以用 100 条出线的利用率作为大于 100 条出线的利用率来计算出现数。

本例中，$E=0.005$，其 $m=100$ 时，查附录表得 $A=80.91\text{Erl}$。

$$\eta=\frac{A_{完}}{m}=\frac{A(1-E)}{m}=\frac{80.91\times(1-0.005)}{100}=0.8051$$

则 $A_{34}=231.44\text{Erl}$ 的出线数 $m=234.44/0.8051=291.19$，取 292 条。

4.5 电话通信网络

电话通信网简称电话网，它是用于传递电话信息、进行交互型语音通信、开放电话业务的网络，是历史最悠久、业务量最大、服务面最广的通信网，可兼容其他许多种非话业务网，是电信网的基本形式和基础。

4.5.1 电话网的基本组成和结构

电话网的组成与一般通信网一样，由用户终端、传输线路和交换设备按照一定的拓扑结构组成。电话网的基本组成结构有星状网、网状网、环状网、树状网、复合型网等，其中网状网和环状网属于无级网，而星状网、树状网及复合型网属于分级网。电话网的基本结构如图 4-36 所示。分级是对电话网中交换机的一种安排，除了高等级的交换中心之外，每个交换中心必须连接到比它等级高的交换中心；无级是指在电话网中的各个节点交换机处于同一等级，不分上下。

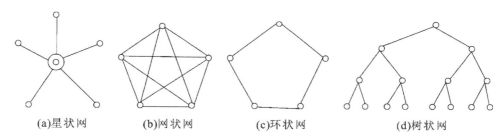

图 4-36　电话网的基本结构

按照电信网的服务范围，电话网可以分为本地网、国内长途网及国际长途网。本地电话网是指一个统一号码长度的编号区内，由终端交换局（简称为端局）、汇接交换中心（简称为汇接局）、局间中继线、长市中继线、用户线及电话机组成的电话网。国内长途电话网是指全国各城市用户进行长途通话的电话网。国际电话网是指将世界各国的电话网互相连接起来进行国际通话的电话网。

4.5.2 本地电话网

本地电话网简称本地网,是指在同一个长途编号区的范围内,由端局、汇接局、局间中继线、长市中继线以及用户线、电话机组成的电话网。每个本地网都是一个自动电话交换网,在同一个本地网内,用户相互之间呼叫只需拨本地号码。本地网是由市话网扩大而形成的,在城市郊区、郊县城镇和农村实现了自动接续,把城市和周围郊区、郊县城镇和农村统一起来组成本地网。

1. 本地网交换局的设置

由于交换技术的进步、接入网技术的发展及单个电话机平均忙时的话务量的下降,交换系统的容量不断增加。而随着网络规模的不断扩大,新设置的交换局采用“大容量、少局点”的布局显得十分必要。

“大容量、少局点”有利于减少节点数,简化电话网络组织结构;有利于支撑网的建设,容易实现信令网和同步网的覆盖,便于实现全网集中监控和集中维护;有利于采用光纤连接的接入网设备或远端模块,及时替换大量存在的用户小交换机,迅速把大量用户纳入公众电话网中,向用户提供优质服务;有利于新业务的推广和应用,尽快扩大综合业务和智能网的覆盖;有利于对原来只能提供单一语音业务的交换机进行大幅度的技术升级,淘汰年代久远、技术落后、功能单一的旧机型,解决当前电话网接入、承载 IP 的问题;有利于节省全网建设的投资和运行维护费用,减少征地、基建、人员分散、公用设备等重复的浪费,最大限度提高网络资源的利用率和运营效率。

2. 本地网的网络结构

由于各中心城市的行政地位、经济发展以及人口的不同,扩大本地交换设备容量和网络规模相差很大,所以网络结构分为以下两种。

1)网状网

网状网是本地网结构中最简单的一种,网内所有端局个个相连,端局之间设立直达电路。当本地网交换数目不太多时,采用网状网结构。

2)二级网

当本地网中交换局数量较多时,可由端局和汇接局构成两级结构的等级网,端局为低一级,汇接局为高一级。二级网的结构又包括分区汇接和全覆盖两种。

(1)分区汇接。分区汇接的网络结构是把本地网分成若干汇接区,在每个汇接区内选择话务密度较大的一个局或者两个局作为汇接局,根据汇接局数目的不同,分区汇接有两种方式:分区单汇接和分区双汇接。

① 分区单汇接。这种方式是比较传统的分区汇接方式,它的基本结构是每一个汇接区设一个汇接局,汇接局之间以网状网连接,汇接局与端局之间根据话务量的大小可以采用不同的连接方式。在城市地区,话务量比较大,应尽量做到一次汇接,即来话汇接或去话汇接。此时,每个端局与其所隶属的汇接局与其他各区的汇接局(来话汇接)均相连,或汇接局与本区及其他各区的汇接局(去话汇接)相连。在农村地区,由于话务量比较小,采用去话汇接,端局与所隶属的汇接局相连。

采用分区单汇接的本地网结构如图 4-37 所示。每个汇接区设一个汇接局,汇接局间结构简单,但是网络可靠性差。当汇接局 A 出现故障时,a_1、a_2、b_1 和 b_2 四条电路都将中断,即 A 汇接区内所有端局的来话都将中断。若是采用来去话汇接,则整个汇接区的来话和去话都将中断。

② 分区双汇接。在每个汇接区内设两个汇接局,两个汇接局地位平等,均匀分担话务负荷,汇接局之间网状相连;汇接局与端局的连接方式与分区单汇接结构相同,只是每个端局到汇接局的话务量一分为二,由两个汇接局承担。

采用分区双汇接的本地网结构如图4-38所示。分区双汇接结构比分区单汇接结构可靠性提高很多。例如,当A汇接局发生故障时,a_1、a_2、b_1和b_2四条电路被中断,但汇接局仍能完成该汇接区50%的话务量。分区双汇接的网络结构比较适用于网络规模大、局所数目多的本地网。

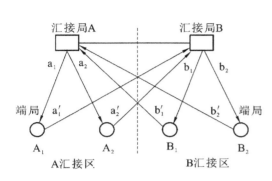

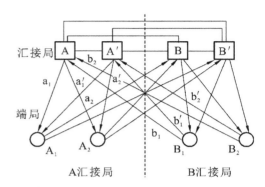

图4-37 分区单汇接的本地网结构   图4-38 分区双汇接的本地网结构

（2）全覆盖。

全覆盖的网络结构是在本地网内设立若干个汇接局,汇接局间地位平等,均匀分担话务负荷。汇接局间以网状网相连。各端局与各汇接局均相连。两端局间用户通话最多经一次转接。

全覆盖的网络结构如图4-39所示。全覆盖的网络结构几乎适用于各种规模和类型的本地网。汇接局的数目可根据网络规模来确定。全覆盖的网络结构可靠性高,但线路费用也提高很多,所以应综合考虑着两个因素确定网络结构。图4-39中设置了3个汇接局,采用了分区双汇接的汇接方式。

一般来说,特大或大城市本地网,其中心城区采取分区双汇接或全覆盖结构,周围的县采取全覆盖结构,每个县为一独立汇接区,偏远地区可采用分区单汇接结构。中等城市本地网,其中心城市和周边县采用全覆盖结构。偏远地区可采用分区单(双)汇接结构。

3. 本地网的汇接方式

一个本地网中各个电话局之间有各种连接方式,其中最简单的是网状组网方式,各端局之间以及端局到长途局之间均采用低呼损的直达中继线群相连(呼损≤1%),此组网方式适用于小城市的组网。

随着电话网中端局的数量不断增多,局间中继线群数量也会急剧增加,若端局话务量较小,则中继线群的利用率呈下降趋势,此时不再适宜采用网状网的方式组织本地网。在网络规模增大的情况下,把本地电话网划分为若干汇接区,在汇接区内选择话务量密集的地方设置汇接局,下设若干端局,汇接局之间、汇接局和端局之间均设置呼损直达中继群,由于端局之间不再直连而汇接局负责话务汇接,在减少中继线群数量的同时也提高了中继线群的利用率。

根据汇接方式的不同,汇接方式可分为集中汇接、去话汇接、双去话汇接、来话汇接、来去话汇接等。

1）集中汇接

集中汇接是一种最简单的汇接方式,在一个汇接区内只设一个汇接局,如图 4-40 所示。在实际中,为了提高可靠性,常常使用一对汇接局来全面负责本地网中各端局间的来去话汇接,这两个汇接局是平行关系,其中任意一个不能正常使用,基本上不影响网络的畅通。本地网的每一个端局都与汇接局相连。

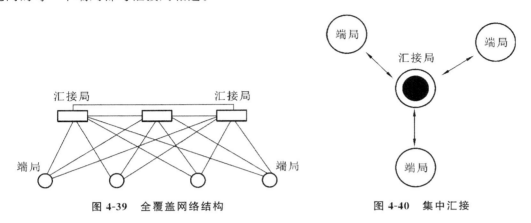

图 4-39　全覆盖网络结构　　　　　图 4-40　集中汇接

2）去话汇接

去话汇接的基本方式如图 4-41 所示。图中,虚线把本地网络分为两个汇接区,分别为汇接区 1 和汇接区 2。每个汇接区内的汇接局除了汇接本区内各个端局之间的话务以外,还汇接去往另一个汇接区的话务。每个端局对所属汇接区的汇接局建立直达去话中继电路,而对全网所有汇接局都建立低呼损来话直达中继电路,即"去话汇接,来话全覆盖"。

在实际应用时,为了提高可靠性,常常在每一个汇接区内使用一对汇接局来全面负责本汇接区内各端局间的来去话汇接任务,而且这一对汇接局还可以同时汇接本汇接区内去往另一汇接区中每一端局的话务。

3）双去话汇接

双去话汇接如图 4-42 所示,它与去话汇接类似,只是在汇接区内设置两个去话汇接局,以负荷分担的方式汇接本汇接区的去话。

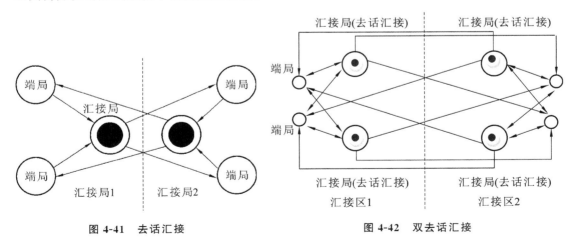

图 4-41　去话汇接　　　　　　　　图 4-42　双去话汇接

3）来话汇接

对于来话汇接的汇接方式如图 4-43 所示,基本与去话汇接方式相似,仅改去话为来话,即"来话汇接,去话全覆盖"。

4）来去话汇接

图 4-44 所示为来去话汇接的基本结构示意图,其中每个汇接区中的汇接局既汇接去往其他区的话务,也汇接从其他汇接区送过来的话务。每个端局仅与所属汇接区的汇接局建立直达来去话中继电路,区间只有汇接局间的直达中继电路连线。为了提高可靠性,在实际应用中往往在每个汇接区内设置一对汇接中心。每个端局与本区内的两个汇接局都有直达路由,汇接局和每一个端局与长途局之间也都可以有直达路由。

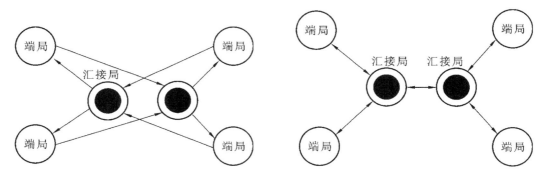

图 4-43 来话汇接   图 4-44 来去话汇接

无论何种汇接方式,所有端局都要逐步实现与汇接局的双归属,即一个端局接入到两个汇接局上。在经济合理的前提下,尽量做到端局间的大部分话务量经直达路由或一次转接疏通。即本地电话的接续为一次转接,两个转接段。

4. 本地网的路由设置与路由选择

采用网状网结构的端局与端局之间、端局与长途局之间,或采用一定汇接方式的端局与汇接局之间、汇接局与汇接局之间、汇接局与长途局之间通常设置低呼损的中继路由器,但为了经济、安全、灵活地组网,可以不拘泥于以上组网方式,在两个话务量较大的交换局之间可跨级设置低呼损的直达中继群或高效直达中继群(呼损≤7%)。

虽然本地网中最多只有汇接局和端局两级结构,但是由于组网方式比较复杂,往往一个本地网中有几种组网方式的混合,因此按照什么顺序选择路由还是有一定原则的,这就需要有路由选择计划。

本地网中的路由选择应按照以下原则:先选直达路由,后选迂回路由;先选段数少的(或汇接次数少的)路由,后选段数多的(或汇接次数多的)路由。转接段数相同的情况下,先选择离目的端局较近的路由。

4.5.3 长途电话网

长途电话网由国内长途电话网和国际长途电话网组成。国内电话网是在全国各城市间用户进行长途通话的电话网,网中各城市都设一个或多个长途电话局,各长途电话局间由各级长途线路连接起来,提供跨地区和和省区的电话业务;国际长途电话网是指将世界各国的电话网相互连接起来进行国际通话的电话网。为此,每个国家都需要设一个或几个国际长途电话局进行国际去话和来话连接。一个国际长途通话实际上是由发话国的国内网部分、发话国的国际局、国际电路和受话国的国际局以及受话国的国内网等几部分组成。

1. 国内长途电话网

1）传统四级长话网结构

早在 1973 年电话网建设初期,长途话务量的流向即呈纵向的流向,原邮电部明确规定我国电话网的网络等级分为五级,由一、二、三、四级长途交换中心及本地五级交换中心即端局两部分组成。五级电话网络结构如图4-45所示。电话网由长途网和本地网组成。长途网设置一、二、三、四级长途交换中心,分别用 C_1、C_2、C_3、C_4 表示;本地网设置汇接局和端局两个交换中心,分别用 T_m 和 C_5 表示,也可以只设置端局一个等级交换中心。

我国电话网长期采用五级汇接的等级结构,全国分为 8 个大区,每个大区分别设立一级交换中心 C_1,C_1 的设立地点为北京、沈阳、上海、南京、广州、武汉、西安和成都,每个 C_1 间均有直达电路相连,即 C_1 间采用网状连接。在北京、上海、广州设立国际出入口局,用以与国际网连接。每个大区包括几个省(区),每个省(区)设立一个二级交换中心 C_2,各地区设立三级交换中心 C_3,各县设立四级交换中心 C_4。$C_1 \sim C_4$ 组成长途网,各级有管辖关系的交换中心间一般按星形连接,当两个交换中心无管辖关系但业务繁忙时也可以设立直达电路。C_5 为端局,需要时也可以设立汇接局,用来组建本地网。

2)二级长途网

虽然五级网在网络发展初期是可行的,但在通信事业高速发展的今天,随着非纵向话务量的日益增多,新技术、新业务层出不穷,多级网络结构存在的问题也日益明显。就全网的服务质量而言其问题主要表现在如下几个方面。

一是转接次数多。例如,两个跨地市的县级用户之间的呼叫,须经 C_4、C_3、C_2 等多级长途交换中心转接,接续时间长,传输耗损大,接通率低。

二是可靠性差。多级长途网,一旦某节点或某段电路出现故障,将会造成局部阻塞。

此外,从网络管理、运行维护来看,网络级别划分得越多,交换等级数量就越多,使网管工作过于复杂,同时不利于新业务网络的开放,更难适应数字同步网、No.7 信令网等支撑网的建设。

目前我国的长途网正由四级向二级过度,由于 C_1、C_2 间直达电路的增多,C_1 的转接功能随之减弱,并且全国 C_3 扩大本地网的形成,C_4 失去原有作用,趋于消失。目前的过渡策略是:一、二级长途交换中心合并为 DC_1,构成长途二级网的高平面网(省际平面);C_3 被称为 DC_2,构成长途电话网的低平面网(省内平面)。长途二级网的等级结构如图4-46所示。

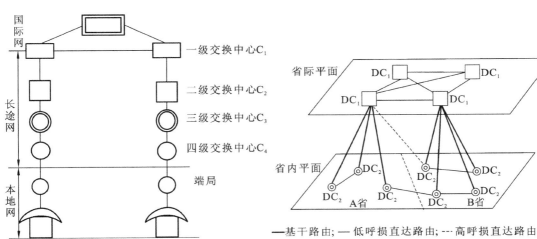

图 4-45 五级电话网络结构示意图   图 4-46 长途二级网的等级结构

DC_1(省级交换中心)综合了原四级网中的 C_1 和 C_2 的交换职能,设在省会(直辖市)城市,汇接全省(含终端)长途话务。在 DC_1 平面上,DC_1 局通过基干路由全互联。DC_1 局主要负责所在省的省际长话业务以及所在本地网的长话终端业务,也可能作为其他省DC_1局间的迂回路由,疏通少量本汇接区的长途转话业务。省会城市一般设两个DC_1局。

DC_2(本地网交换中心)综合了原四级网中的C_3和C_4的交换职能,设在地(市)本地网的中心城市,汇接本地网长途终端话务。在DC_2平面上,省内各DC_2局间可以是全互联,也可以不是,各DC_2局通过基干路由与省城的DC_1局相连,同时根据话务量的需求可建设跨省的直达路由。DC_2局主要负责所在本地网的长话终端业务,也可作为省内DC_2局之间的迂回路由,疏通少量长途转话业务。

随着光纤传输网的不断扩容,减少网络层次、优化网络结构的工作需继续深入。目前有两种方案:①取消DC_2局,建立全省范围的DC_1大本地网方案;②取消DC_1局,全国的DC_2本地网全互联方案。两个方案的目标都是要将全国电话网改造成长途一级、本地网一级的二级网。

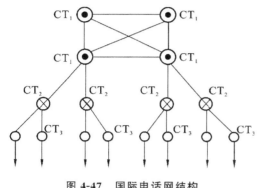

图 4-47　国际电话网结构

2. 国际长途电话网

国际长途电话网是由各国的长话网互联而成。类似于由本地网互联而成的国内长话网结构,国际长话网采用如图4-47所示的三级辐射式网络结构,国内长途电话网通过国际局进入国际电话网。国际局分一、二、三级国际交换中心,分别以CT_1、CT_2和CT_3表示,其基干电路所构成的国际电话网如图4-47所示。三级国际转结局分别如下。

1)一级国际中心局(CT_1)

全世界范围内按地理区域的划分:共设立7个一级国际中心局,分管各自区域内国家的话务,7个CT_1局之间全互联。

2)二级国际中心局(CT_2)

CT_2是为在每个CT_1所辖区域内的一些较大国家设置的中间转结局,即将这些较大国家的国际业务或周边国家国际业务经CT_2汇接后送到就近的CT_1局。CT_2和CT_1之间仅连接国际电路。

3)三级国际中心局(CT_3)

这是设置在每个国家内,连接其国内长话网的网际网关。任何国家均可有一个或多个CT_3局,国内长话网经由CT_3局进入国际长话网进行国际通话。

国际长话网中各级长途交换机路由选择顺序为先直达,后迂回,最后选骨干路由。任意CT_3局之间最多通过5段国际电路。若在呼叫建立期间,通话双方所在的CT_1局之间由于业务忙或其他原因未能接通,则允许经过另外一个CT_1局转接,因此这种情况下经过6段国际电路。为了保证国际长话的质量,使系统可靠工作,规定通话期间最多只能通过6段国际电路,即不允许经过CT_1中间局进行转接。

4.5.5　路由及路由选择

1. 路由的含义

进行通话的两个用户经常不属于同一交换局,当有用户呼叫请求时,在交换局之间要为其建立一条传送信息的通道,这就是路由。确切来说,路由是网络中任意两个交换中心之间建立呼叫连接或传递信息的途径。它可以由一个电路群组成,也可以由多个电路群经交换局串接而成。

2. 路由的分类

组成路由的电路群根据要求可具有不同的呼损指标。对于低呼损电路群,其上的呼损指标应小于或等于1%;对于高效电路群没有呼损指标的要求。相应地,路由可以按呼损进行分类。

在一次电话接续中,常常对各种不同的路由要进行选择,按照路由选择也可以对路由进行分类等。概括起来路由分类如图4-48所示。

$$
按呼损分
\begin{cases}
高效路由 \\
低呼损路由
\end{cases}
\quad
按路由选择分
\begin{cases}
首选路由与迂回路由 \\
直达路由 \\
最终路由 \\
常规路由与非常规路由 \\
安全迂回路由
\end{cases}
\quad
按所连交换中心的地位分
\begin{cases}
基干路由 \\
跨级路由 \\
跨区路由
\end{cases}
$$

图4-48　路由分类

1) 基干路由

基干路由是构成网络基干结构的路由,由具有汇接关系的相邻等级交换中心之间以及长途网和本地网的最高等级交换中心之间的低呼损电路群组成。基干路由上的低呼损电路群又称为基干电路群。电路群的呼损指标是为保证全网的接续质量而规定的,应小于或等于1%,且基干路由上的话务量不允许溢出至其他路由。

2) 低呼损直达路由

直达路由是指两个交换中心之间的电路群组成的,不经过其他交换中心转接的路由。任意两个等级的交换中心由低呼损电路群组成的直达路由称为低呼损直达路由。电路群的呼损小于或等于1%,且话务量不允许溢出至其他路由上。

两个交换中心之间的低呼损直达路由可以疏通其间的终端话务,也可以疏通由这两个交换中心转接的话务。

3) 高效直达路由

任意两个交换中心之间由高效电路群组成的直达路由称为高效直达路由。高效直达路由上的电路群没有呼损指标的要求,话务量允许溢出至规定的迂回路由上。

两个交换中心之间的高效直达路由可以疏通其间的终端话务,也可以疏通经这两个交换中心转接的话务。

4) 首选路由与迂回路由

首选路由是指某一交换中心呼叫另一交换中心时,有多个路由,第一次选择的路由就称为首选路由。当第一次选择的路由遇忙时,迂回到第二或第三个路由,那么第二或第三个路由就称为第一路由的迂回路由。迂回路由通常由两个或两个以上的电路群经转接交换中心串接而成。

5) 安全迂回路由

这里的安全迂回路由除具有上述迂回路由的含义外,还特指在引入"固定无级选路方式"后,加入到基干路由或低呼损直达路由上的话务量,在满足一定条件下可向指定的一个或多个路由溢出,此种路由称为安全迂回路由。

6) 最终路由

最终路由是任意两个交换中心之间可以选择的最后一种路由,由无溢出的低呼损电路

群组成。最终路由可以是基干路由也可以是部分低呼损路由和部分基干路由串接，或仅有低呼损路由组成。

3．路由选择的基本概念

路由选择也称选路，是指一个交换中心呼叫另一个交换中心时在多个可传递信息的途径中进行选择，对一次呼叫而言，直到选到了目标局，路由选择才算结束。ITU-T E.170 建议从两个方面对路由进行描述：路由选择结构与路由选择计划。

1）路由选择结构

路由选择结构分为有级（分级）和无级两种结构。

（1）有级选路结构。如果在给定的交换节点的全部话务流中，到某一方向上的呼叫都是按照同一个路由组依次进行选路，并按顺序溢出到同组的路由上，而不管这些路由是否被占用，或这些路由能不能用于某些特定的呼叫类型，路由组中的最后一个路由即为最终路由，呼叫不能再溢出，这种路由选择结构称为有级选路结构。

（2）无级选路结构。如果违背了上述定义（如允许发自同一交换局的呼叫在电路群之间相互溢出），则称为无级选路结构。

2）路由选择计划

路由选择计划是指如何利用两个交换局间的所有路由来完成一对节点间的呼叫。它包括固定选路计划和动态选路计划两种。

（1）固定选路计划。固定选路计划是指路由组的路由选择模式总是不变的。即交换机的路由表一旦制定后在相当长的一段时间内交换机按照表内指定的路由进行选择。但是对某些特定种类的呼叫可以人工干预改变路由表，这种改变呈现为路由选择的永久性改变。

（2）动态选路计划。动态选路计划与固定选路计划相反，路由组的选择模式是可变的。即交换局所选的路由经常自动改变。这种改变通常根据时间、状态或事件而定。路由选择模式的更新可以是周期性或非周期的；预先设定的或根据网络状态而调整的。

4．路由选择规则

路由选择的基本原则是：①确保传输质量和信令信息传输的可靠性。②有明确的规律性，确保路由选择中不出现死循环。③一个呼叫连接中的串接段数应尽量少。④能在低等级网络中的话务尽量在低等级网络中流通等。

1）长途网中的路由选择规则

长途网中的路由选择规则主要有以下几点。

（1）网中任一长途交换中心呼叫另一长途交换中心的所选路由局最多为 3 个。

（2）同一汇接区内的话务应该在汇接区内疏通。

（3）发话区的路由选择方向为自下而上，受话区的路由选择方向为自上而下。

（4）按照"自远而近"的原则设置选路顺序，即首选直达路由，次选迂回路由，最后选最终路由。

2）本地网中继路由的选择规则

本地网中继路由的选择规则主要有以下几点。

（1）选择顺序为先选直达路由，后选迂回路由，最后选基干路由。

（2）每次接续最多可选择 3 个路由。

（3）端局与端局间最多经过两个汇接局，中继电路最多不超过 3 段。

4.5.6 电话网的编号计划

1. 编号计划

电话网中，每一个用户应该分配一个编号，用来在电信网中识别呼叫终端和选择建立接续路由。每一个用户号码必须是唯一的，不能重复，而且必须是依附于一定的编号计划和网络技术标准的号码才有意义，离开编号计划和网络技术标准，单个号码仅仅是无意义的数字和字母，公众电话交换网络（PSTN）中使用的技术标准由国际电信联盟（ITU-T）规定的，目前采用 E.164 的格式进行编址。

E.164 编号计划规定的是号码格式和结构，通常是将一串十进制数字分成几组，分别用于标识、选路和计费等。在 E.164 编号计划中，各组数字分别用于标识国家、国内目的地及具体的用户。

根据号码结构和用途的不同，E.164 号码可分为用于地理区域的国际公众电信号码，用于全球业务的国际公众电信号码，用于国家组的国际公众电信号码和用于试验的国际公众电信号码。其中，用于地理区域的国际公众电信号码就是传统电信网中常用的电话号码，其结构如图 4-49 所示。

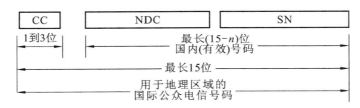

图 4-49 用于地理区域的国际公众电信号码结构图

CC—地理区域国家码；NDC—目的地码（可选）；SN—用户号码；n—国家码的位数

用于地理区域的国际公众电信号码由两大部分组成，即国家码和国内有效号码。世界各国和地区都拥有自己的国家码，国家码的长度为 1~3 位，例如，中国的国家码为"86"，芬兰的国家码为"358"。这些国家码由 ITU-T 依据相关的原则、标准和程序进行预留、分配和回收等。相关的原则、标准和程序都在 ITU-T 的建议中规定，而这些建议是需要获得 ITU-T 的所有成员国一致通过的。国内有效号码部分由拥有相应国家码的国家和地区的电信主管部分分配和管理，并确定它的结构。根据 E.164 规定，国内有效号码由两部分组成，即国内目的地码（NDC）和用户号码（SN）。国内目的地码有网号、长途区号、网号＋长途区号、长途区号＋网号四种方式。我国的国内目的地码采用了第一种和第二种方式。

（1）国家码＋网号＋用户号码，我国的 GSM 和 CDMA 移动用户的号码均采用这种结构。

（2）国家码＋长途区号＋用户号码，我国的所有固定电话网用户的号码均采用这种结构，并且是不等位的编号。

根据 ITU-T 的规定，用于地理区域的国际公众电信号码的总长度在 1996 年 12 月 31 日前最长是 12 位，此后号码的总长度最长可以达到 15 位。

下面介绍我国固定电话网的编码方案。

2. 固定电话编码方案

1）国际长途电话编号

国际自动拨号时，拨号顺序为：国际长途字冠＋国家号码＋国际长途区号＋市话号码（本地网号）。

例如,比利时用户自动拨号重庆"62873972"用户时,拨号的顺序是 91＋86＋23＋62873972,其中:

- 91 是比利时的国际自动呼叫字冠;
- 86 是我国的国家号码;
- 23 是重庆的长途区号;
- 62873972 是重庆市内某用户的号码。

2) 国内长途电话网编号

国内长途电话号码是由长途字冠、长途区号和市内电话号码组成,其编排顺序为:长途字冠＋长途区号＋市内电话号码。

(1) 长途字冠在自动接续时用"0"代表,本地自动接续时用"173"代表;

(2) 长途区号编号方案一般采用固定号码系统,即各城市编号都是固定号码,固定号码编号又分两种:一种是等位的,一种是不等位的。等位编号制即每个城市或地区长途区号位数都相等,而不等位编号制的长途区号可以由 1 位、2 位、3 位组成。我国长途区号就采用的是不等位编号,其编号规定如下所述。

- 首都北京:编号为 10。
- 省间中心及直辖市:区号为两位编号,编号为"2×",×为 0～9,共 10 个号。
- 省中心、省直辖市及地区中心:区号为三位,编号为"×1××",×1 为 3～9,×为 0～9。

3) 本地电话网的编号

本地电话网的编号位长度可根据本地电话网规划容量而定,可为 7～8 位位长。在编制中,首位号"0"和"1"不能用于市话用户编号("0"用作长途自动接续字冠,"1"用作特殊业务和移动业务字冠)。

根据本地电话网的规划容量采用 7 位位长编号时,由局号(PQR)和用户号(ABCD)两部分组成,拨号顺序为 PQRABCD。

随着国民经济的发展和电话普及率的迅速增长,本地网原编号的位长已不能满足扩容的需要时,这就需要号码升位,常用的加位升位方法有以下三种。

- 在原局号之前加一位,即 A→×A。
- 插在原来的两位局号之间,AB→A×B。
- 加在原局号的末尾,即 AB→AB×。

增加的号码加在哪一位好,要看网络发展和网络中设备的情况。

4) 特殊业务编号

除前述国际、国内以及本地网的编号方式规定之外,我国在国内长途和本地网中还设置了首位为 1 的特殊业务编号,首位为 1 的号码主要用于紧急业务号码,新业务号码,长途市话特种业务,网间互通号码,接入网号等。按国家标准规定的特殊业务服务编号时 1××××,×的数字范围是 0～9。

在原信息产业部于 2003 年公布的《电信网编号计划》中,调整了一些人们熟知并使用的短号码。已广泛使用的紧急业务号码被保持下来,如匪警 110、火警 119、急救中心 120、道路交通事故报警 122 等,政府公务类号码(如 12315、12345 等)及电话查号 114 不变。而报时 117、天气预报 121 则分别被调整为 12117 和 12121,新增信息咨询号码 10000 号。

179×× 将统一作为 IP 电话类业务接入码,原在该号码段内的非 IP 电话类业务号码,将被调整出来。互联网电话拨号上网业务接入码 163、165、169 调整为 16300、16500、16900、

16901,中国邮政电话信息服务 185 调整为 11185。

4.5.7 电话网的服务质量

组建一个国家的电话网,为保证电话网中每一个用户都能呼叫网内任何其他用户,不仅要考虑其各省、市、地区的本地电话网,还要考虑这些省、市、地区的本地电话网之间的互通的长途电话网,并且还涉及这个国家的电话网如何接入整个世界的国际通信网。所组建的电话网,除了保证网内每一个用户都能任意呼叫网内其他用户之外,在保证满意的服务质量的同时,做到投资和维护费用尽可能低,因此,服务质量是各种性能表现的综合效果。电话网服务质量表明用户对电话网提供的服务性能是否达到理想的满意程度,它主要通过接续质量、传输质量、稳定质量等三个方面来评价电话服务。

1. 接续质量

接续质量(包括迅速性、随机性):接续质量是衡量电话网是否容易接通和是否迅速接通的标准,通常用呼损和时延来度量。

1)呼损

用户摘机发出呼叫以后,如果由于电话网络的原因造成不能建立呼叫接续完成通话,这种状态称为呼损,呼损包括以下三种情况。

(1)摘机忙呼损:用户摘机后由于其所属电话局内有关信令设备全部被占用,不能听到拨号音而听到忙音,接续不成功造成的呼损。在设计负荷情况下,一般呼损≤0.3%～0.5%。

(2)接续过程呼损:在接通被叫用户过程中,由于本局中继线或交换设备全部被占用,不能完成接续造成的呼损。一般情况下,本地呼损≤2%,入局呼损≤2%,转接呼损≤1%(上述呼损值不包括被叫忙、对端局和转接局由于中继不足而造成的呼损)。

(3)全程呼损(端对端呼损):指发端局到收端局的呼损。本地网时,其值≤4.2%～6.5%;长途网时,其值≤9.8%～10.7%。

这里提到的呼损值的大小会随着技术和经济的发展发生变化。

除了利用呼损来评价呼叫是否易于接通,还可以用接通率来评定。实践证明,适量的呼损,对用户的影响不大,而可使网络成本大大降低,从而做到经济投入和服务质量的统一。

2)时延

接续时延是指完成一次呼叫过程中,交换设备进行接续和传递相关信号所引起的时间延迟。它包括以下两种。

(1)拨号前时延,从用户摘机到听到拨号音的时长,一般不超过 0.6 s。

(2)拨号后时延,从用户拨完最后一位号码至听到回铃音的时长,正常情况下不超过0.8 s。

2. 传输质量

传输质量反应信号传递的正确程度,对于不同的电信业务有不同的传输质量要求。例如,对于电话通信的传输质量要求有以下几点。

(1)响度:收听到语音音量的大小,反映通话的音量 。

(2)清晰度:收听到语音清晰,反映通话的可懂度。

(3)逼真度:收听到语音的音色和特征,反映通话的不失真度。

除了上述三项由人来进行主观评定的指标外,对电话电路还规定了一些电器特性,如传输损耗、传输频率特性、串音、杂音等多项传输指标。

3. 稳定质量

稳定质量主要反映网络系统的可靠性,这个可靠性是由系统、设备、部件等功能在时间方面的稳定程度来度量的。稳定指标主要有以下几种。

1) 失效率 λ 与平均故障间隔时间 MTBF

平均故障间隔时间 MTBF 是指设备或系统从上一次故障修复以后到下一次故障发生之间的平均时间。

$$\lambda = 1/\text{MTBF}$$

2) 修复率 μ 与平均修复时间 MTTR

平均修复时间 MTTR 表示发生故障时进行修复的平均处理时长。

$$\mu = 1/\text{MTTR}$$

3) 可用度 A 与不可用度 U

$$A = 平均故障时间/(平均故障间隔时间 + 平均修复时间) = \text{MTBF}/(\text{MTBF} + \text{MTTR})$$

$$U = 1 - A$$

除了上述三项要求以外,还要保证这个电话网的编号规划、计费方式、同步方式、接口方式、网络管理等均达到国际标准规定的要求,才能给用户提供优质的电话服务。

本 章 小 结

本章首先介绍了程控数字交换机的硬件基本结构、接口电路、软件控制系统。接着介绍基本话务理论和电话通信网络。程控数字交换机是目前电话网中的核心设备,主要的功能有接口功能、交换功能、信令功能和控制功能等,完成电话网中用户的接入、信息的交换、通信链路的建立和拆除等。

程控交换机由硬件系统和软件系统组成,是我国通信网中装机容量最大的一种设备,采用电路交换技术,在两个用户之间建立一条 64 kb/s 的电路,以此电路为基础,实现用户之间的话音通信。并由电话通信网络对用户提供服务,其中我们以传输质量、接续质量和稳定质量这三个方面来衡量电话网的服务质量。

习 题 4

4-1 数字程控交换机的特点是什么?

4-2 程控交换系统的硬件由几部分组成,各部分的功能是什么?

4-3 模拟中继接口电路和模拟用户接口电路的功能有什么不同?

4-4 试说明数字程控交换机中主叫摘机控制原理。

4-5 计算呼损的两种方式有什么不同。

4-6 如何给用户提供可靠的电话服务质量?

第 5 章　分组交换与 IP 交换技术

 内容概要

　　本章主要介绍分组交换和 IP 交换技术,其中涉及分组交换技术的产生,分组交换的原理,体系结构,路由选择,流量控制和拥塞控制,性能和服务质量;同时学习 X.25 协议,涉及 X.25 协议的应用环境,分层结构,X.25 分组网络的业务及设备;以及由此引出的帧中继技术特点,帧中继交换,帧中继的管理和控制,帧中继的设备;在 IP 交换技术中介绍 IP 交换机的构成,原理,设备实现及性能指标;由此发展而来的多协议标记交换的概念,网络体系结构和工作原理。通过学习本章,能够让读者对于分组交换技术及 IP 交换技术在数据通信中的广泛应用有一定的认识和理解。

5.1　分组交换技术的产生

5.1.1　数据通信系统的构成

　　计算机通信网络包括内层的通信子网和外层的资源子网两部分,其中通信子网就是数据通信网,而分组交换是数据通信网发展的重要里程碑。下面先介绍数据通信的相关知识。

　　随着计算机的普及,无论是文字、语音、图像,只要它们能用编码的方法形成各种代码的组合,存储在计算机内,并可用计算机进行加工、处理,都统称为数据。数据通信泛指计算机与计算机或计算机与终端之间的通信。它传送数据的目的不仅是为了交换数据,更主要是为了利用计算机来处理数据。可以说它是将快速传输数据的通信技术和数据处理、加工及存储的计算机技术相结合,从而给用户提供即时准确的数据。

　　数据通信系统是通过数据电路将分布在远处的数据终端设备与计算机系统连接起来,实现数据传输、交换、存储和处理的系统。比较典型的数据通信系统主要由数据终端设备、数据电路、计算机系统三部分组成,如图 5-1 所示。在数据通信系统中,用于发送和接收数据的设备称为数据终端设备(data terminal equipment,DTE)。用来连接 DTE 与数据通信网络的设备称为数据电路终接设备(digital circuit-terminating Equipment,DCE),可见该设备为用户设备提供入网的连接点。数据电路指的是在线路或信道上加上信号变换设备之后形成的二进制比特流通路,它由传输信道及其两端的数据电路终接设备(DCE)组成。

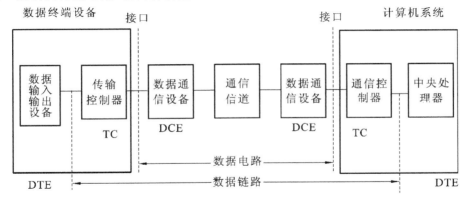

图 5-1　数据通信系统的组成

随着计算机技术和集成电路技术的发展,数据通信的需求急剧增加,而数据通信具有以下几个显著的特点。

(1) 数据业务具有很强的突发性,采用电路交换方式,信道的利用率太低;采用报文方式,时延又较长,不适于实时交互性业务。

(2) 电路交换只支持固定速率的数据传输,要求收发双方严格同步,不适用于数据通信网中终端间异步、可变速率的通信要求。

(3) 话音通信对时延敏感,对差错不敏感,而数据通信对一定的时延可以忍受,但对误码率要求高,关键数据的 1 个比特的差错也能造成灾难性的后果。

5.1.2 分组交换的引入

计算机的出现及广泛应用,使得异地的计算机与计算机之间或终端与计算机进行的数据传输和交换成为信息传输的主流。分组交换是继电路交换和报文交换之后出现的,针对数据通信的特点而开发的一种信息交换技术。分组交换的基本思想是把用户需要传送的信息分成若干个较小的数据块,即分组(packet)。分组交换的概念源于 1961 年,美国空军计划提出把话音分成小块(分组),以“分组”形式通过不同路径到达终点,目的在于保证军用电话通信的安全。美国国防部高级研究计划局(ARPA)于 1969 年完成了世界上第一个分组交换网,我国公用分组交换网(CNPAC)于 1988 年开放业务。

在数据通信中,分组交换比电路交换具有更高的效率,可以在多个用户之间实现资源共享;同时,分组交换比报文交换的传输时延小。采用分组交换时,同一个报文的多个分组可以同时传输,多个用户的信息也可以共享同一物理链路,分组交换可以在资源共享的基础上为用户提供数据服务。因此,分组交换是一种理想的数据交换方式。

5.2 分组交换技术

5.2.1 分组交换的原理

分组交换是以分组为单位进行传输和交换的,它是一种存储-转发交换方式,即将到达交换机的分组先送到存储器暂时存储和处理,等到相应的输出电路有空闲时再送出。分组交换在路由选择确定了输出端口和下一个节点后,必须使用交换技术将分组从输入端口传送到输出端口,实现输送比特通过网络节点的传送。

分组交换的技术特点具体如下。

(1) 统计时分复用。为了适应数据业务突发性强的特点,分组交换采用动态统计时分复用技术在线路上传送各个分组,每个分组都带有控制信息,使多个连接可以同时按需进行资源共享,因此提高了传输线路的利用率。

(2) 存储-转发。在数据通信中,为了适应通信双方可能是异种终端的情况,分组交换采用存储-转发方式,因此不必像电路交换那样,通信双方的终端必须支持同样的速率和控制规程,从而可以实现不同类型的数据终端设备(如不同速率、不同编码、不同通信控制规程等)之间的通信。

(3) 差错控制和流量控制。数据业务对可靠性要求很高,因此分组交换在网中采取逐段独立的差错控制和流量控制措施,使得端到端全程误码率低于 10^{-11},提高了传输质量,满足数据业务的可靠性要求。

1. 统计时分复用和逻辑信道

数字通信中为了提高通信线路的利用率,常采用时分复用技术进行信息传送。时分复用分为同步时分复用和统计时分复用。分组交换采用统计时分复用技术,不像同步时分复用那样给用户固定分配带宽资源,而是按需动态分配。即指在用户有数据传送时才给它分配资源,因此线路利用率较高。统计时分复用原理如图 5-2 所示。

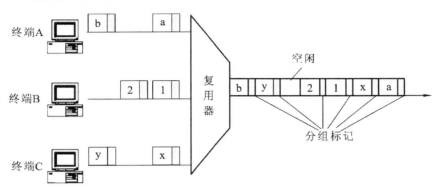

图 5-2　统计时分复用(STDM)原理

图 5-2 中输出传输的数据不是按固定时间分配,而是根据用户的需要分配。终端 C 分配传输数据的时间多于其他终端,要实现按需分配的统计时分复用方式,需要各个终端与线路接口处增加两个功能:缓冲存储和信息流控制。这两项功能由计算机来实现,为各个终端动态分配通信线路资源。

若是同步时分复用,每个用户的数据都在特定的子信道中传输,接收端很容易把它区分开来。而统计时分复用方式下,各个用户数据在通信线路上互相交织传输,为了识别来自不同终端的用户数据,在发送到线路之前给它们加上与终端或子信道有关的"标记",通常是在用户数据的开头加上终端号或子信道号,这样接收端就可以通过识别用户数据的"标记"把它们区分开。

统计时分复用的优点是可以获得较高的信道利用率。由于每个用户终端的数据都有自己的"标记",可以把传送的信道按需动态的提供给每个终端,从而提高了传送信道的利用率。例如,线路传输速率为 9 600 b/s,4 个用户的平均速率为 2 400 b/s,当采用同步时分复用方式时每个用户最高传输速率为 2 400 b/s,而在统计时分复用方式下,每个用户的最高速率可以达到 9 600 b/s。统计时分复用的缺点是会产生附加的随机时延和丢失数据的可能。这是由于用户传送数据的时间和间隔都是随机的,若多个用户同时发送数据,则需要竞争排队,引起排队时延。若排队数据很多,引起缓冲器溢出,则会导致数据丢失。

统计时分复用中,对数据组的编号(标记),把各个终端的数据在线路上区分开来,就好像通信线路也分成了许多子信道,如图 5-3 所示。这样在一条共享的物理线路上,就形成了逻辑上分离的多条信道,每个子信道用相应的号码表示,这种子信道称为逻辑信道。相应的号码称为逻辑信道号(logical channel number,LCN),逻辑信道号由逻辑信道群号和群内逻辑信道号两部分组成。

逻辑信道具有如下特点。

(1) 由于分组交换采用统计复用方式,因此终端每次呼叫都需要根据当时的资源情况分配 LCN。同一个终端可同时通过网络建立多个数据信道,它们之间通过 LCN 进行区分。同一个终端,每次呼叫可以分配不同的逻辑信道号,但在同一连接中,来自终端的数据使用

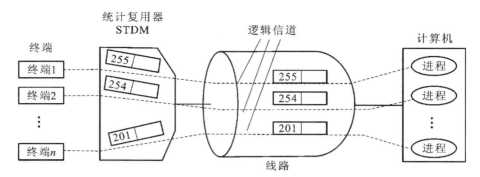

图 5-3 逻辑信道划分示意图

相同的逻辑信道号。

（2）逻辑信道号是在用户至交换机的用户线或交换机之间的中继线上分配的，用于代表子信道的一种编号资源，每条线路上逻辑信道号的分配是独立的。也就是说，逻辑信道号并不在全网有效，而是在每段链路上局部有效。或者说，它只具有局部意义。

（3）逻辑信道号是一种客观存在。逻辑信道总是处于下列状态中的某一种：就绪、呼叫建立、数据传输和呼叫清除等。

3．分组交换的交换方式

分组交换网采用两种方式向用户提供信息传送业务，一种是数据报方式，一种是虚电路方式。

1）数据报

在这种方式中，交换机对每一个分组按一定格式附加源与目的地址、分组编号、分组起始、结束标志、差错校验等信息，以分组形式在网络中传输。各节点根据分组中包含的目的地址为每个分组独立寻找路由，属于同一用户的不同分组可能沿着不同路径到达目的节点。分组到达目的地之后，需要在接收端重新排序，按发送顺序交付用户数据。如图 5-4 所示，终端 A 向终端 B 发送的分组，有的经过节点 A-B-C，有的经过 A-D-C。由于每条路由上业务情况（如负荷、带宽、时延等）不尽相同，三个分组到达顺序可能与发送顺序不一致，因此在目的节点要将它们重新排序。

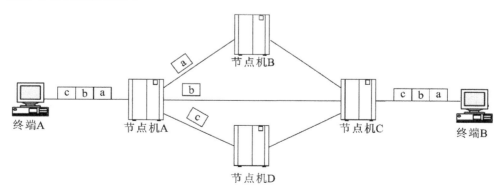

图 5-4 数据报工作方式

数据报方式的特点如下。

（1）数据报方式用户之间的通信不需要连接建立和清除过程。因此适用于较短的单个分组的报文，如即时通信、询问/响应型业务等，对短报文通信效率比较高。

（2）网络节点根据分组地址自由选路，可以避开网络中的拥塞节点，优点是传输延时小，网络健壮性好，当某节点发生故障时不会影响后续分组的传输。其缺点是分组到达的顺序不确定，终点需要重新排序；并且每个分组附加的控制信息多，每个分组头都包含详细的目的地址，增加了传输信息的长度和处理时间，增大了额外开销。

（3）网络只是尽力地将分组交付给目的主机，但不保证所传送的分组不丢失，也不保证分组能够按发送的顺序到达接收端。所以网络提供的服务是不可靠的，也不保证服务质量。

2）虚电路

虚电路与数据报方式的区别主要是在信息交换之前，需要在发送端和接收端之间先建立一个逻辑连接，然后才开始传送分组，所有分组沿相同的路径进行交换转发，通信结束后再拆除该逻辑连接。因此，用户的通信过程需要经过连接建立、数据传输、连接拆除三个阶段。虚电路提供的是面向连接的服务。与实电路不同的是，实电路在建立连接时不但确定了信息所走的路径，还为信息的传输预留了带宽资源；而虚电路在建立连接时，仅确定信息的端到端路径，并不一定要求预留带宽资源。因此，将每个连接只在占用它的用户发送数据时才排队竞争带宽资源，称之为虚电路。

网络保证所传送的分组按发送的顺序到达接收端。所以网络提供的服务是可靠的，也保证服务质量。如图 5-5 所示，终端 A 向终端 D 发送的所有分组都经过相同的节点 A、E，主机终端 B 向终端 D 发送的所有分组也都经过相同的节点 C、E。

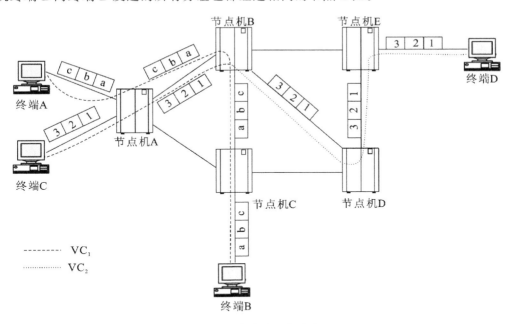

图 5-5　虚电路工作方式

虚电路有两种实现方式：交换虚电路（switched virtual circuit，SVC）和永久虚电路（permanent virtual circuit，PVC）。交换虚电路是指在每次呼叫时用户通过发送呼叫请求分组临时建立的虚电路；一旦虚电路建立后，属于同一呼叫的数据分组均沿着这一虚电路传送信息；当通信结束后，即通过呼叫清除分组并拆除虚电路。由网络运营者为其建立固定的虚电路（相当于租用线），每次通信时用户无须呼叫就可直接进入数据传送阶段，将这种虚电路称为永久虚电路。永久虚电路适用于业务量较大的集团用户。

虚电路方式的特点如下。

（1）虚电路方式对信息传输频率高，适用长报文传送。适合一次建立后长时间传送数据的应用，其持续时间应显著大于呼叫建立的时间，如文件传送、传真业务等。

（2）但由于每个分组头只需标出虚电路标识符和序号，每个分组头不再需要包含详细的目的地址，只需要逻辑信道号就可以区分各个呼叫的信息，所以分组头开销小，且分组按照发送顺序到达目的地，不需要接收端重新排序，分组传输的时延较小。

（3）虚电路的连接建立后，后续的数据传输过程中，路径不再改变，减少了不必要的控制和处理开销；其缺点是当网络线路或设备故障时，导致虚电路中断，必须重新建立连接才能恢复数据传输。

5.2.2 分组交换的体系结构

从两个方向来对分组交换网络进行功能分解：①纵向划分为各功能面，将网络功能分为若干互不重叠的部分；②横向划分为若干层，就是网络的分层体系结构。对各功能模块分别予以实现，再将它们集成起来构成整个网络系统。

1. 功能面

分组交换网络的主要功能可以分为以下三个功能面。

（1）数据面（data plane）：也称为用户面，包含与传递用户数据直接有关的功能，包括分组头部处理、转发表查找、缓存与队列管理、流量整形、队列调度、内部数据交换（将分组由入口链路模块转移到出口链路模块）等；这些功能对每个分组都需要执行，因而需要特别快速、高效地实现。分组交换网络与电路交换网络最大的区别就在于数据面，电路交换网络的数据面除了内部数据转换以外几乎不做什么事情。

（2）控制面（control plane）：包含数据传输所需要的一些支持功能，如通过允许路由协议进行路由表的更新、面向连接网络中通过信令协议进行链接的建立与拆除、连接控制等，这些都是为数据面的工作建立所需的环境条件。与数据面相比，控制面功能运行并不是十分频繁，但仍需要进行实时处理。控制面与电路交换网络中的信令类似。实际上，在面向连接网络中控制面的协议仍然称为信令。

（3）管理面（management plane）：包含与网络管理有关的各项功能。任何大规模的网络都需要引入自动网络管理机制以保障其正常运行。网络管理是网管工作站通过网管协议与网络设备中的网管代理交互而进行的。除某些特殊情况外（如故障管理），管理面的视线一般并不需要特别的实时性。管理面的功能与电路交换网络的网管是类似的。

控制面与管理面的功能是通过一些协议实现的。在分组网络中，这些协议数据的传输一般也是借用数据面的功能来实现。

2. 分层体系结构

分层的含义是将网络功能分解在若干水平层内实现，每一层只解决特定范围内的问题，各层之间定义明确的接口形式。各层之间是独立的，仅通过明确定义的接口来交互。分组的头部执行协议所需交换的控制信息，分组定界层的头部包括定界序列和数据长度，寻址层的头部包括源、目的地址。一个分组在被应用程序产生后，在发送过程中从上到下经历各层，每经过一层就会被加上该层的头部；而在接收端，是自下而上经过各层，每经过一层就会被去除该层头部（同时根据头部中的信息进行相应处理）。这样到达应用程序时就会恢复为最初的分组形式，如图5-6所示。

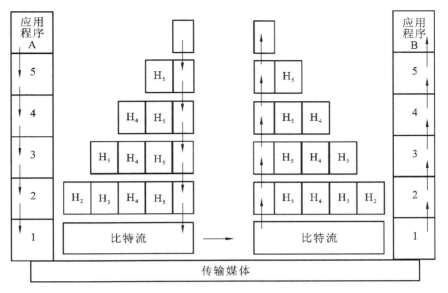

图 5-6　数据经过各层协议的过程

5.2.3　分组交换的路由选择

在网状拓扑结构的网络中,两台终端间一般存在多条传送路径。路由选择就是根据一定的标准计算任意两台终端之间的一条或一组最佳路径,并将此信息分配到各网络节点的过程。路由选择算法应当满足的特性包括:正确性、简单性、健壮性、稳定性、公平性和最优性等。

其中,健壮性是指在部分通信链路和网络节点出现故障导致拓扑改变的情况下,算法仍能够正常工作而不至于陷入混乱或给出异常的结果。因为一个网络中往往有很多的链路和节点,出现局部故障的概率还是比较高的,因此健壮性很重要。

对于采用迭代方法进行路由计算的算法,希望它能够尽快地收敛(也就是达到一个最终的稳定状态),这就是稳定性。公平性和最优性常常是矛盾的,按照某个标准选择最佳路径可能会使流量集中在某些链路或节点上;在不同路径上平均分配流量必然导致某些分组沿着非最佳的路径传送。因此,实际的算法往往在二者之间进行折中。

实际在选择路由时,不只是考虑最短的路由,还要综合考虑通信资源的综合利用,网络结构变化的适应能力等参数,一般要考虑以下三个方面的问题。

(1)路由选择准则。即以什么参数作为路由选择的基本依据,可以分为两类:以路由所经过的跳数为准则或以链路的状态为准则。其中,以链路的状态为准则时,可以考虑链路的距离、带宽、费用、时延等。路由选择的结果应该使得路由准则参数最小,因此有最小跳数法、最短距离法、最小费用法、最小时延法等。

(2)路由选择协议。依据路由选择的准则,在相关节点之间进行路由信息的收集和发布的规程和方法称为路由协议。路由参数可以从来不变化(静态配置)、周期性变化或动态变化等;路由信息的收集和发布可以集中进行,也可以分散进行。

(3)路由选择算法。即如何获得一个准则参数最小的路由,可以由网络中心统一计算,然后发送到各个节点(集中式),也可以由各节点根据自己的路由信息进行计算(分布式)。

实用化的路由选择算法很多,用得较多的有静态的固定路由算法和动态的自适应路由算法。对于小规模的专用分组交换网采用固定路由算法;对于大规模的公用分组交换网大多采用简单的自适应路由算法,同时仍可保留固定路由算法作为备用。

下面介绍几种常用的路由选择算法。

1. 固定路由算法

固定路由算法是根据网络结构、传输线路的速率、途经交换机的个数等,预先算出来某一交换机至各交换机的路由表,说明该交换机至各目的交换机的路由选取的第一选择、第二选择及第三选择等,然后将此表装入交换机的主存储器内。只要网络结构不变,此表就不做修改。

1) 洪泛法

洪泛法(flooding)是美国兰德公司提出的用于军用分组交换网的路由选择方法。其基本思想是,当节点交换机接收到一个分组后,只要该分组的目的地址不是其本身,就将此分组转发到全部(或部分)邻接节点。洪泛法分为完全洪泛法和选择洪泛法两种。

完全洪泛法除了输入分组的那条链路外,同时向所有输出链路转发分组。而选择洪泛法则沿分组的目的地选择几条链路发送分组,由其他路径陆续到达的同一分组将被目的节点丢弃。为了避免分组在网络中传送时产生环路,任何中间节点发现同一分组第二次进入时,即予以丢弃。

洪泛法不需要路由表,且不论网络发生什么故障,它总能自动找到一条路由到达目的地,可靠性很高。但它会造成网络中无效负荷的剧增,导致网络拥塞。因此一般只用于可靠性要求特别高的军事通信网中。

2) 随机路由选择

当节点收到一个分组后,若采用随机路由选择,除了输入分组的那条链路外,按照一定的概率从其他链路种选择某一链路发送分组。随机路由选择和洪泛法一样,不需要使用网络路由信息,并且在网络故障时分组也能到达目的地,具有良好的健壮性。同时,路由选择是根据链路的容量进行的,这有利于通信量的平衡。但这种方法的缺点很明显,所选的路由一般并不是最优的,因此网络必须承担的通信负荷要高于最佳的通信量负荷。

3) 固定路由表算法

这是静态路由算法中最常用的一种。其基本思想是:在每个节点上事先设置一张路由表,表中给出了该节点到达其他各目的节点的路由的下一个节点。当分组到达该节点并需要转发时,即可按它的目的地址查路由表,将分组转发至下一节点,下一节点再继续进行查表、选路、转发,直到将分组转发至终点。这种方式下,路由表是在整个系统进行配置时生成的,并且在此后的一段时间内保持不变。这种算法简单,当网络拓扑结构固定不变并且业务量也相对稳定时,采用此法比较好。但它不能适应网络的变化,一旦被选路由出现故障,就会影响信息的正常传送。

固定路由表算法的一种改进方法是:在表中提供一些预备的链路和节点,即给每个节点提供到各目的节点的可替代的下一个节点。这样,当链路或节点故障时,可选择替代路由来进行数据传输。固定路由表算法如图 5-7 所示。

表 5-1 所示为网络控制中心计算得到的全网路由表。该表列出了所有节点到各个目的节点所确定的发送路由。实际上,对于每一个网络节点仅需存储其中相应的一列即可。具体的路由选择过程如下。

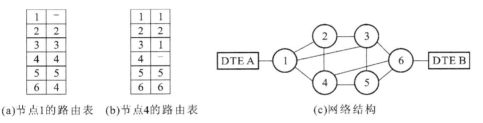

(a)节点1的路由表 (b)节点4的路由表 (c)网络结构

图 5-7　固定路由表算法示例

表 5-1　网络节点路由表

下一节点		终节点					
		1	2	3	4	5	6
源节点	1	—	2	3	4	4	3
	2	1	—	1	4	4	3
	3	1	2	—	2	5	5
	4	1	2	1	—	5	6
	5	3	4	3	6	—	6
	6	4	3	3	4	5	—

如图 5-7(c)所示,假定源节点为节点 1,终节点为节点 6。节点 1 收到 DTE A 的呼叫请求时,判断出被叫终端与节点 6 相连,故选路由的目的地为节点 6。节点 1 查询自己的路由表,如图 5-7(a)所示,得知 1 到 6 的下一节点(转接节点)是节点 4,故将呼叫请求转发至节点 4。节点 4 再进行选路,查询路由表,如图 5-7(b)所示,得到节点 6 的路由为直达路由,因此直接转发至节点 6,由节点 6 将呼叫接续到目的终端 DTE B。

2. 自适应路由选择

自适应路由选择(adaptive routing)是指路由选择随网络情况的变化而改变。事实上在所有的分组交换网络中,都使用了某种形式的自适应路由选择技术。

影响路由选择判决的主要条件有:①故障,当一个节点或一条中级线发生故障时,它就不能被用作路由的一部分;②拥塞,当网络的某部分拥塞时,最好让分组绕道而行,而不是从发生拥塞的区域穿过。

到目前为止,自适应路由选择策略的使用是最普遍的,原因是:①从网络用户的角度来看,自适应路由选择策略能够提高网络性能;②由于自适应路由选择策略趋向于平衡负荷,因而有助于拥塞控制。

3. 最短路径算法

在路由选择中,应依据一定的算法来计算具有最小参数的路由,即最佳路由。这里的最佳路由并不一定是指物理长度最短,最佳的意思可以是长度最短,也可以是时延最小或者费用最低等,若以这些参数为链的权值,则一般称权值之和最小的路径为最短路径。一般在分组网络中采用时延最小的路径为最短路径。常用的求最短路径的方法有 Dijkstra 算法和 BellmanFord 算法。

5.2.4 流量控制和拥塞控制

流量控制与拥塞控制是分组交换网必须具备的功能特性。

1. 流量控制的作用

1）防止由于网络和用户过载而导致吞吐量下降和传送时延增加

拥塞将会导致网络吞吐量迅速下降和传送时延迅速增加,严重影响网络的性能。如图 5-8 所示为网络拥塞对吞吐量和时延的影响,同时也示意了网络拥塞时对数据流施加控制之后的效果。在理想情况下,网络的吞吐量随着负荷的增加而线性增加,直至达到网络的最大容量时,吞吐量不再增大,成为一条直线。

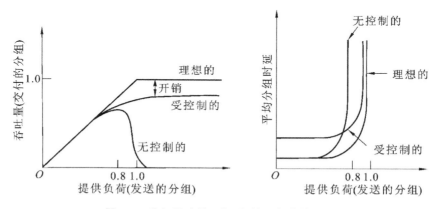

图 5-8 分组吞吐量、时延与输入负荷的关系

实际上,当网络负荷比较小时,各节点分组的队列都很短,节点有足够的缓冲空间接收新到达的分组,导致相邻节点中的分组转发也较快,使网络吞吐量和负荷之间基本上保持了线性增长的关系。当网络负荷增大到一定程度时,节点中的分组队列加长,造成时延迅速增加,并且有的缓存器已占满,节点将丢弃继续到达的分组,造成分组的重传次数增多,从而使吞吐量下降。因此吞吐量曲线的增长速率随着输入负荷的增大而逐渐减小。尤其严重的是,当输入负荷达到某一数值之后,由于重发分组增加大量挤占节点的队列,网络吞吐量将随负荷的增加而迅速下降,这时网络进入严重拥塞状态。当网络的输入负荷增大到一定程度时,吞吐量下降为零,称为网络死锁(deadlock)。此时分组的时延将无限增加。

如果有流量控制,吞吐量将始终随输入负荷的增加而增加,直至饱和,不会出现拥塞和死锁现象。由图 5-8 可以看出,由于采用流量控制需要增加一些系统开销,因此,其吞吐量将小于理想情况下的吞吐量曲线,分组时延将大于理想情况,这点在输入负荷较小时尤其明显。可见,流量控制的实现是有一定的代价的。

2）避免网络死锁

如上所述,网络面临的死锁问题,也可能在负荷不重的情况下发生,这可能是一组节点间由于没有可用的缓冲空间而无法转发分组引起的。死锁有直接死锁、间接死锁和装配死锁三种类型。

3）网络及用户之间的速率匹配

流量控制可用于防止网络或用户侵害其他用户。例如,一条 56 kb/s 的数据链路访问低速的键盘或打印机,除非有流量控制,否则该数据链路完全吞没键盘或打印机。同样,高速线路与低速的节点处理之间也必须进行速率匹配,以避免拥塞。

2．流量控制的层次

如图 5-9 所示,流量控制分为:段级、沿到沿级、接入级和端到端级。

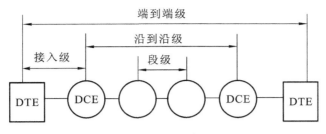

图 5-9 分级流量控制机制

段级是相邻节点间的流量控制,其目的是防止出现局部节点缓冲区拥塞和死锁。根据是对相邻两个节点之间的总的流量进行控制还是对其间每条虚电路的流量分别进行控制,段级还可以分为链路段级和虚电路段级。其中,链路段级由数据链路层完成,虚电路段级由分组层控制完成。

沿到沿级是指从网络源节点到目的节点之间的控制,其作用是防止目的节点缓冲区出现拥塞,由分组层协议控制完成。

接入级是指从 DTE 到网络源节点之间的控制,其作用是控制进入网络的通信量,防止网络内部产生拥塞,由数据链路层控制完成。

端到端级是指从源 DTE 到目的 DTE 之间的控制,其作用是保护目的段,防止用户进程缓冲器溢出,由高层协议控制完成。

3．流量控制的方法

1）滑动窗口机制

滑动窗口机制可用于 DTE 和邻接的节点之间,DTE 和 DTE 之间。其要求是,主机发送分组的序号必须在发送窗口之内,否则就要等待,直到源节点机发来新的确认后才可发送。在网络内部,不论通信子网采用虚电路还是数据报工作方式,只要目的 DTE 接收缓冲没有释放,源 DTE 就必须等待,只有从目的端获得新的确认时才可继续发送。也就是说,源 DTE 在数据链路层要等待源节点的应答才能发送,而在分组层则要等待目的节点 DTE 的应答才能发送,否则就要等待。

2）缓冲区预约方式

缓冲区预约方式可用于源节点到目的节点之间的流量控制。源节点在发送数据之前,要为每个报文在目的节点预约缓冲区,只有目的节点有一个或多个分组缓冲区时,源节点才可以发送。在预约的缓冲区用完后,要等接收节点再次分配缓冲区后,才能继续发送数据。若通信子网采用虚电路方式,则一旦建立了一条虚电路,就说明目的节点有了基本的缓冲空间,可以在数据传送阶段采用流量控制分组进行控制。如果通信子网采用数据报方式,则源节点在发送数据之前先发送缓冲区请求分组,当收到接收主机返回的缓冲分配信息后,才可以发送数据,这样可以避免由于接收端没有足够的缓冲区而引起拥塞。

3）许可证法

许可证法适用于 DTE 到网络源节点之间的流量控制。其基本原理是设置一定数量的许可证在网中随机巡回游动。当终端向网络发送分组时,必须向源节点申请以获得许可证。如果源节点暂时没有许可证,则该终端必须等待,不能发送分组。当得到一张许可证后,将许可证和数据分组一起发送,到达终点后,要交出所持的许可证,使它重新在子网内巡回游动,以被其他终端使用。

4．拥塞控制的方法

拥塞控制与流量控制关系密切，但它们之间也存在一些差别。拥塞控制的前提是网络能够承受现有的负荷。拥塞控制是一个全局性的过程，涉及众多节点和进程，以及与降低网络传输性能有关的所有因素。流量控制往往是在给定的收发双方之间进行的通信量管理过程，其本质是在尽量提高发端发送速率的同时，能使收端来得及接收。流量控制几乎总是存在着从接收端到发送端的某种直接反馈，使发送端知道接收端处于怎样的状态。流量控制和拥塞控制容易被混淆，这是因为拥塞控制算法是向发送端发送控制报文，并告诉发送端，网络出现拥塞，必须放慢发送速率，这又与流量控制相似。

目前，用于分组交换网络拥塞控制的机制很多，常用的有如下几种。

（1）从拥塞的节点向一些或所有的源节点发送一个控制分组。这种分组的作用是告诉源节点停止或降低发送分组的速率，从而达到限制网络分组总量的目的。这种方法的缺点是会在拥塞期间增加额外的通信量。

（2）根据路由选择信息调整新分组的产生速率。有些路由选择算法可以向其他节点提供链路的时延信息，以此来影响路由选择的结果。这个信息也可以用来影响新分组的产生速率，以此进行拥塞控制。这种方法的缺点是难以迅速调整全网的拥塞状况。

（3）利用端到端的探测分组来控制拥塞。此类分组具有一个时间戳，可用于测量两个端点之间的时延，利用实验信息来控制拥塞。这种方法的不足是同样会增加网络的开销。

（4）允许节点在分组经过时添加拥塞指示信息，具体实现有如下两种方法。

① 反向拥塞指示：节点在与拥塞方向相反的方向发送的分组上添加拥塞指示信息，这个信息一旦到达源节点，就可以减少注入网络的数据量，以达到拥塞控制的目的。

② 正向拥塞指示：节点在沿拥塞方向前进的分组上添加拥塞指示信息，目的节点在收到这些分组时，要么请求源节点调整其发送速率，要么通过反向发送的分组（或应答）向源节点返回拥塞信号，从而使源节点减少注入网络的数据量。

5.2.5　性能指标和服务质量

1．性能指标

分组交换的性能指标主要包括带宽、延迟、延迟抖动、分组丢失率等，具体介绍如下。

1）带宽（bandwidth）

在通信理论中，带宽是指信号具有的频带宽度，单位是赫兹（Hz）；网络中，常常将带宽作为数据传输速率的同义词，此时带宽单位是比特每秒（bit/s），含义是每秒钟可以向信道注入的比特数量。有时带宽也称为吞吐量。

2）延迟（delay）

延迟是指分组经历网络的各个环节所需要的时间。通常我们关心的是分组的端到端延迟，即从发出分组到收到分组所经历的时间。它由以下几个部分组成。

（1）发送延迟：也称传输延迟，是将分组注入信道中所需要的时间，即从发送分组的第一个比特开始到发送完最后一个比特为止的时间。其计算方法是：

$$发送延迟 = 分组长度/信道带宽$$

注意：由于在分组网络中采用存储转发，分组在每个交换节点都会经历一次发送延迟。

（2）传播延迟：指分组的比特从信道的一端传输到另一端所需要的时间。其计算方法是：

$$传播延迟＝信道长度/信号传播速率$$

（3）处理延迟：指在交换节点对分组进行存储转发处理（包括分组头部处理、转发表查找、内部数据转送、排队等）所花费时间的总和。通常交换节点的处理速度很快，耗费的时间可以忽略不计，因此排队延迟就成为处理延迟的主要成分。我们知道排队是统计复用导致的必然结果。如果在短时间内，到达一个出口链路的分组数目过多而不能及时发送出去，就会出现排队现象。排队的时间取决于当时的通信状况，所以是高度不确定的。排队是影响分组网络延迟性能的最主要因素。

端到端延迟是分组在传输路径上经历的所有发送延迟、传播延迟与处理延迟之和。

3）延迟抖动（delay jitter）

延迟抖动是指一次通信中分组端到端延迟的变化程度。延迟的变化主要是由排队延迟不确定造成的。显然，延迟抖动不可能超过最大的端到端延迟。

4）分组丢失率（loss ratio）

分组丢失率是分组在传输过程中出错或丢失的概率。由于接收端对出错的分组只能丢弃，出错也就意味着丢失。现在通信线路的误码率是很低的，因此分组出现传输差错并不是造成丢失的主要原因。分组丢失主要是在交换节点中排队造成的。任何交换节点的缓存空间都是有限的，当队列长度达到缓存总量时，如果又有分组到达，则必然会发生分组丢失的情况。

2．网络服务质量

网络中传输的数据大致可以分为两种：面向计算机的数据和面向人的数据。前者如文件传输、远程访问等。由于计算机的运行必须遵守严格的逻辑步骤，这种数据传输要求无差错，但多数没有时间上的要求。也就是说，不能接受分组丢失，但带宽和延迟一般并不影响数据的有效性。面向人的数据指话音/视频等多媒体数据，这些数据的传输必须有时间上的保证，如果断断续续就会影响收听或观看质量，甚至使人无法理解其内容。但由于这类数据对于人来说实际上包含了很多冗余信息（如看电视剧暂时的离开并不影响对剧情的理解），所以并不需要绝对可靠传输，而是允许一定的丢失率。延迟抖动可以通过在接收端设置缓存来消除，所以还不是最重要的指标。

而电信领域主要关心的多媒体业务的带宽、延迟、丢失率的保证，就是服务质量保证问题。所谓服务质量参数就是进行一次通信所感受到的各种网络性能指标。

在电路交换网络中，连接期间始终能够保证电路的带宽为用户所专用；没有排队则端到端的延迟很小，延迟抖动为零；丢失率只取决于通信链路误码率，也是很低的。因此电路交换网络的服务质量是很好的。而分组交换网络中提供同样的服务质量就困难得多，因为排队是造成延迟增大，分组丢失的主要原因，而队列长度取决于当时的网络负载状况，是比较难控制的，所以在分组网络中提供服务质量保证就成为非常重要的任务。

为了保证服务质量，应做到以下三点。

（1）根据流的流量特性（如平均速率、峰值速率等）和它对服务质量参数的要求，计算并分配所需的资源。这里，资源是指链路带宽、缓存空间等。为流提供专用的带宽，也就相当于在电路交换网中为之分配了具有相应带宽的电路，其延迟就可以得到保证。再根据流的突发性，提供专用缓存空间可以保证其丢失率。因此，带宽并不是作为服务质量参数直接提出，而是根据流的特性和对延迟的要求计算出来的。对于面向连接网络，这种资源预留可以

在建立连接时进行,也就是网络节点在处理连接请求命令时审核其中的资源要求,如果能够满足才为之分配转发表。这个步骤称为连接接纳控制(connection admission control, CAC)。

(2)要能够识别出提供保证的对象。这里先介绍流的概念。所谓流是指一次特定通信过程中在某个方向上传输的分组的集合,如在一次通话过程中一方到另一方所有语音分组。注意流是单向的。流就是提供服务质量保证的最细粒度的对象。流的识别在面向连接网络中是容易做到的,因为一条虚电路在每个方向上都是一个流。但在无连接网络中,只能依靠源、目的地址和传输层头部的信息来识别,因此识别流就很复杂了。

(3)在传输期间,采取措施保证流得到为其分配的资源,以保证其服务质量。缓存空间的保证相对来说容易实现,因此主要是对出口链路带宽的调度。每个流都在自己的缓存空间内维护着自己的分组队列,带宽调度就是决定从哪个队列选择分组进行发送。这种选择的规则称为服务策略或排队策略。此外,为了确保流的实际流量特性不会超过其所声明的值,网络节点会对其进行测量与调整,这称为"流量整形"(traffic shaping)。

传输结束后,通信双方应当释放在网络中分配的资源,在面向连接网络中这项操作可以在拆除连接时进行。

 ## 5.3 X.25 协议

数据通信网发展的重要里程碑是采用分组交换方式,构成分组交换网。与电路交换网相比,分组交换网的两个站之间通信时,网络内不存在一条物理电路供其专用,因此不会像电路交换那样,所有的数据传输控制仅涉及两个站之间的通信协议。在分组交换网中,一个分组从发送站传送到接收站的整个传输控制,不仅涉及该分组在网络内所经过的每个节点交换机之间的通信协议,还涉及发送站、接收站与所连接的节点交换及之间的通信协议。国际电信联盟电信标准部门 ITU-T 为分组交换网制定了一系列通信协议,其中最著名的标准是 X.25 协议,也简称为 X.25 网。

X.25 网络采用虚电路方式交换,其特点如下。

(1)可以向用户提供不同速率、不同代码、不同同步方式以及不同通信控制协议的数据终端间能够相互通信的灵活的通信环境。

(2)每个分组在网络中传输时,可以在中继线和用户线上分段独立进行差错校验,使信息在网络中传输的误比特率大大降低。X.25 网中的传输路由是可变的,当网络中的线路和设备发生故障时,分组可自动选择一条新的路径避开故障点,使通信不会中断。

(3)实现线路的动态统计时分复用,通信线路(包括中继线和用户线)的利用率很高,在一条物理线路上可以同时提供多条信息通路。

5.3.1 X.25 协议的应用环境

X.25 协议是作为公用数据网的用户-网络接口协议提出的,全称是"公用数据网络中通过专用电路连接的分组式数据终端设备(DTE)和数据电路终接设备(DCE)之间的接口"。这里的 DTE 是用户设备,既分组式数据终端设备(执行 X.25 通信规程的终端),具体的可以是一台按照分组操作的智能终端、主计算机或前端处理机,DCE 实际上是指 DTE 所连接的网络分组交换机(PS),如果 DTE 与交换机之间的传输线路是模拟线路,那么 DCE 也包括用户连接到交换机的调制解调器,如图 5-10 所示的是 X.25 协议的应用环境。

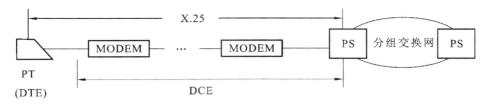

图 5-10 X.25 协议的应用环境

PT—分组型终端;PS—分组交换机

若计算机或终端不支持 X.25 协议,则该终端是非分组型终端即字符型终端,这样的终端要进入分组网必须在它与分组网之间加分组装拆设备 PAD。ITU-T 制定了关于 PAD 的 3 个协议书,即 X.3、X.28 和 X.29。

5.3.2 X.25 协议的分层结构

X.25 协议将数据网的通信功能划分为三个相互独立的层次,即物理层、数据链路层和分组层。其中,每一层的通信实体只利用下一层所提供的服务,而不管下一层如何实现。每一层接收到上一层的信息后,加上控制信息(如分组头、帧头),最后形成物理媒体上传送的比特流,如图 5-11 所示。

X.25 提供差错控制、流量控制等功能,保证数据的正确传输,并向用户提供交换虚电路、永久虚电路等业务功能。在分组层可以用统计时分复用的方法将一条链路复用成若干条虚电路。其中,每一层的通信实体只利用下一层所提供的服务,而不管下一层如何实现。每一层接收到上一层的信息后,加上控制信息(如分组头、帧头),最后形成在物理媒体上传送的比特流。

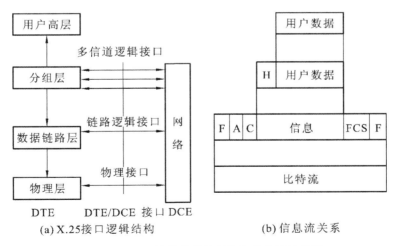

(a) X.25接口逻辑结构　　(b) 信息流关系

图 5-11　X.25 协议的系统结构和信息流的关系

1. X.25 协议的物理层

X.25 协议的物理层规定采用 X.21 协议。物理层定义了 DTE 和 DCE 之间的电气接口和建立物理的信息传输通路的过程。其包括机械、电气、功能和过程特性,相当于 OSI 的物理层。由于 X.21 是为数字电路而设计的,如果是模拟线路(如地区用户线路),X.25 协议还提供了另一种物理接口标准 X.21bis,它与 V.24/RS 232 兼容。X.25 的物理层就像一条输送比特流的管道,只负责传输,不执行重要的控制功能,控制功能主要由链路层和分组层来完成。

X.25 协议的规定如下。

（1）机械特性：采用 ISO 4903 规定的 15 针连接器和引线分配，通常使用 8 线。

（2）电气特性：平衡型电气特性。

（3）同步串行传输。

（4）点到点全双工通信。

（5）适用于交换电路。

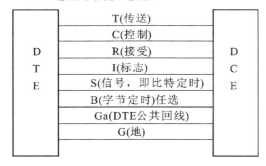

图 5-12　X.21 接口的连接关系

图 5-12 中给出了 X.21 接口的连接关系。其中，T 和 R 线分别用于发送和接收串行比特流，C 和 I 用于指示 T 和 R 线上串行比特信息是控制信息还是数据信息。

2. 数据链路层

X.25 链路层规定了在 DTE 和 DCE 之间的线路上交换 X.25 帧的过程。链路层规程用来在物理层提供的双向信息传送管道上实施信息传输的控制。链路层所面对的是二进制串行比特流，不关心物理层采用何种接口方式输送这些比特流。链路层的主要功能如下：①差错控制，检测和纠正传输出产生的差错，采用 CRC 循环校验，发现出错自动请求重发；②帧的装配和拆分及帧同步；③帧的排序和正确接收的帧确认；④数据链路的建立、拆除和复位控制；⑤流量控制。

X.25 的链路层采用了高级数据链路控制规程（HDLC）的帧（frame）结构，规定了两种数据链路结构（对称型和平衡型）以及与其对应的两类规程（LAP 和 LAPB），用于 DTE 和 DCE 之间的全双工物理链路连接。

1）HDLC 的帧结构

HDLC 的帧结构如图 5-13 所示。帧结构由 6 个字段组成，即标志字段（F）、地址字段（A）、控制字段（C）、信息字段（I）、帧校验字段（FCS）。在帧结构中允许不包含信息字段 I。

（1）标志字段（F）。

标志字段（F）是一个独特的 01111110 比特序列。F 作为帧的限定符，标识帧的开始与结束，在 DTE 和 DCE 接口的发送方和接收方之间实现帧传输的同步。为了实现透明传输，F 也可以作为帧之间的填充字符。

在一串数据比特中，有可能产生与标志字段的码型相同的比特组合。为了防止这种情况产生，保证对数据的透明传输，采取了比特填充技术。当采用比特填充技术时，在信码中连续 5 个"1"以后插入一个"0"；而在接收端，则去除 5 个"1"以后的"0"恢复原来的数据序列，如图 5-14 所示。

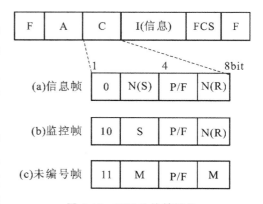

图 5-13　HDLC 的帧结构

比特填充技术可避免在信息流中出现标志字段的可能性，保证了对数据信息的透明传输。

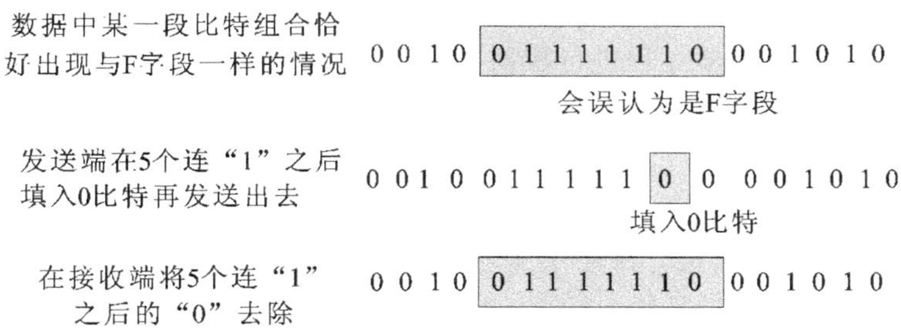

数据中某一段比特组合恰好出现与F字段一样的情况　　0 0 1 0 <u>0 1 1 1 1 1 1 0</u> 0 0 1 0 1 0

会误认为是F字段

发送端在5个连"1"之后填入0比特再发送出去　　0 0 1 0 0 1 1 1 1 1 <u>0</u> 0 0 0 0 1 0 1 0

填入0比特

在接收端将5个连"1"之后的"0"去除　　0 0 1 0 <u>0 1 1 1 1 1 1 0</u> 0 0 1 0 1 0

图 5-14　比特填充

（2）地址字段（A）。

地址字段（A）表示链路上站的地址。在使用不平衡方式传送数据时（采用 NRM 和 ARM），地址字段总是写入从站的地址；在使用平衡方式时（采用 ABM），地址字段总是写入应答站的地址。

地址字段的长度一般为 8bit，最多可以表示 256 个站的地址。地址字段为"11111111"定义为全站地址，即通知所有的接收站接收有关的命令帧；地址字段"00000000"为无站地址，用于测试数据链路的状态。因此有效地址共 254 个，对一般的多点链路是足够的。若应用分组无线网等用户很多的情况，可使用扩充地址字段，以字节为单位扩充。在扩充时，每个地址字段的第 1 位用于扩充指示，规定当第 1 位为"0"时，则后续字节为扩充地址字段；当第 1 位为"1"时，后续字节不是扩充地址字段，地址字段到此为止。

（3）控制字段（C）。

控制字段（C）由 8bit 组成，用来指示帧的类型，即 HDLC 帧从结构上分为 3 种类型，如表 5-2 所示。

表 5-2　X.25 数据链路层的帧类型

分类	名称	缩写	作用
信息帧	—	I 帧	传输用户数据
监控帧	接收准备好	RR	向对方表示已经准备好接收下一个 I 帧
	接收未准备好	RNR	向对方表示"忙"状态，这意味着暂时不能接收新的 I 帧
	拒绝帧	REJ	要求对方重发编号从 N(R) 开始的 I 帧
未编号帧	置异步平衡方式	SABM	用于在两个方向上建立链路
	断链	DISC	用于通知对方，断开链路的连接
	已断链方式	DM	表示本方已与链路处于断开状态，并对 SABM 作否定应答
	无编号确认	UA	对 SABM 和 DISC 的肯定应答
	帧拒绝	FRMR	向对方报告出现了用重发帧的办法不能恢复的差错状态，将引起链路的复原

① 信息帧（I 帧），由帧头、信息（I）和帧尾 3 部分组成，用于传输分组层之间的信息，分组层交给链路层的信息都装配成信息帧的格式。

② 监控帧（S 帧），由帧头和帧尾两部分组成，用于完成 DTE 和 DCE 接口的链路层监控，监控帧通常不传送分组层送来的数据信息。

③ 未编号帧（U 帧），由帧头和帧尾两部分组成，用于实现对链路的建立和断开过程的控制，未编号帧不对信息传输过程进行控制。

（4）信息字段（I）。

信息字段（I）内包含了用户的数据信息和来自上层的各种控制信息。在 I 帧和某些 U 帧中具有该字段，它可以是任意长度的比特序列。在实际应用中，其长度由收发站的缓冲器的大小和线路的差错情况决定。链路层指示负责正确的传输包含在 I 帧中的分组层信息，而并不关心该信息（I）的内容是什么。

（5）帧校验序列（FCS）字段。

每个帧的尾部包含了一个 16 bit 的帧校验序列（FCS），用于校验帧通过链路传输时可能产生的错误，其校验范围从地址字段的第 1 比特到信息字段的最后一比特，并且规定了为了透明传输而插入的"0"不在校验范围内。

FCS 并不是要使网络从差错中恢复过来，而是为网络节点所用，作为网络管理的一部分，检测链路上差错出现的频度。当 FCS 检测出差错时，就将此帧丢弃，差错的恢复由终端去完成。

2）X.25 链路操作模式

LAPB 操作方式采用异步平衡模式（ABM），链路两端都是复合站，任一站只要通过发送一个命令就可以使链路复位或建立新的链路。

在链路层的 3 种类型的帧中，只有 I 帧才用来携带 X.25 分组，I 帧只能用作命令帧而不能用作响应帧，这样 I 帧的地址字段内总是 I 帧的目的地址（DTE-DCE 时为 B，DCE-DTE 时为 A）。根据帧中的地址码可知该帧是命令帧还是响应帧。如表 5-3 所示。

表 5-3　X.25 链路层地址字段

方向 帧类型	DTE（用户）→ DCE（网络）	DCE（网络）→ DTE（用户）
命令帧	B 10000000	A 11000000
响应帧	A 11000000	B 10000000

图 5-15 所示的是点对点链路中两个站都是复合站的情况。复合站中的一个站先发出置异步平衡模式 SABM 的命令，对方回答一个无编号响应帧 UA 后，即完成了数据链路的建立。由于两个站是平等的，任何一个站均可在数据传送完毕后发出 DISC 命令，提出断链的要求，对方用 UA 帧响应，完成数据链路的释放。

3. 分组层

分组层对应于 OSI 的网络层，X.25 分组层规程的主要功能是利用链路层提供的服务在 DTE、DCE 接口交换分组，将一条逻辑链路按统计时分复用的方法划分为许多子逻辑信道，允许多个终端同时利用高速的数据通道传输数据，并处理寻址、流量控制、递交确认、中断和相关的问题，提高了资源的利用率，实现通信能力和资源的按需分配。分组层的功能如下。

（1）在 X.25 接口为每个用户呼叫提供一个逻辑信道，并通过逻辑信道号（LCN）来区分从属于不同呼叫的分组。

（2）为每个用户的呼叫连接提供有效的分组传输，包括编号的确认和流量控制。

（3）支持交换虚电路（SVC）和永久虚电路（PVC），提供建立和清除交换虚电路的方法。

（4）检测和恢复分组层的差错。

1）分组的格式与类型

X.25 分组层定义了分组的类型和功能,如图 5-16 所示,分组由分组头和分组数据组成。分组头由 3 个字节构成,即通用格式标识符、逻辑信道标识符、分组类型标识符。

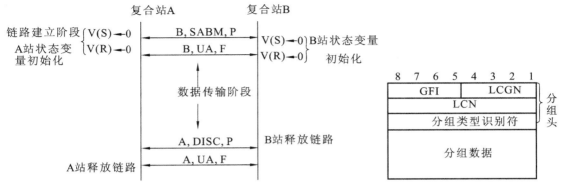

图 5-15　复合站链路的建立和释放　　　图 5-16　分组格式

（1）通用格式标识符(GFI),占用第一个字节的第 5～8 bit,包含(QDSS)。其中,Q 是限定符比特,用来分区分组包含的是用户数据还是控制信息(Q＝0 用户数据,Q＝1 控制信息);D 用来区分数据分组的确认方式,D＝0 表示本地确认(在 DTE-DCE 接口上确认),D＝1 表示端到端(DTE-DTE)确认;SS＝01 表示分组按模 8 方式顺序编号,SS＝10 表示按模 128 方式编号。

（2）逻辑信道标识符,由逻辑信道组号(LCGN)和逻辑信道号(LCN)两部分组成,共 12 bit,用来区分 DTE-DCE 接口上不同的逻辑信道。X.25 规定一条数据链路上最多可分配 16 个逻辑信道群,各群用 LCGN 区分;每群最多可由 256 条逻辑信道,用 LCN 区分;故一共有 4096 个逻辑信道。除第 0 号逻辑信道被保留用作所有虚电路的分组诊断,其他 4095 个逻辑信道可分配给虚电路使用。

（3）分组类型标识符,由 8 bit 组成,用来区分不同功能的分组,表 5-4 定义了四大类 30 中分组。

表 5-4　X.25 分组类型

类型		DTE-DCE	DCE-DTE	功能
呼叫建立分组		呼叫请求 呼叫接受	入呼叫 呼叫连接	建立 SVC
数据传送分组	数据分组	DTE 数据	DCE 数据	传送用户数据
	流量控制分组	DTE RR DTE RNR DTE REJ	DCE RR DCE RNR	流量控制
	中断分组	DTE 中断 DTE 中断证实	DCE 中断 DCE 中断证实	加速传送重要数据
	登记分组	登记请求	登记证实	申请或停止可选业务

续表

类型		DTE-DCE	DCE-DTE	功能
恢复分组	复位分组	复位请求 DTE 复位证实	复位指示 DCE 复位证实	复位一个 VC
	重启动分组	重启动请求 DTE 重启动证实	重启动指示 DCE 重启动证实	重启动所有 VC
	诊断分组		诊断	诊断
呼叫清除分组		清除请求 DTE 清除证实	清除指示 DCE 清除证实	释放 SVC

2）分组层的通信过程

X.25 的分组层定义了 DTE 和 DCE 之间传输分组的通信过程,分组层的操作分为三个阶段:呼叫建立、数据传输和呼叫清除。

X.25 支持两类虚电路:交换虚电路(SVC)和永久虚电路(PVC)。SVC 需要在每次通信前建立,PVC 由运营商的网管设置,不需要每次建立。因此,对 SVC 而言,分组层的操作包括三个阶段,对 PVC 则只有数据传输阶段。

(1) SVC 呼叫建立过程。

SVC 呼叫建立过程如图 5-17 所示。当主叫 DTE$_1$ 请求建立虚呼叫时,就在至交换机的线路上选择一个逻辑信道(图中为 253),发送"呼叫请求"分组,"呼叫请求"分组中包含可供分配的高端 LCN 和被叫 DTE 地址。

"呼叫请求"分组发送到本地 DCE,由本地 DCE 将该分组转化成网络内部协议格式,而且通过网络交换到远端 DCE,由远端 DCE 将网络内部协议格式的"呼叫请求"分组转换为"入呼叫"分组,并发送给被叫 DTE$_2$,该分组中包含了可供分配的低端 LCN。"呼叫请求"分组和"入呼叫"分组分别从高端和低端选择 LCN 是为了防止呼叫冲突。远端 DCE 选择的 LCN 和主叫 DTE 选择的 LCN 可以不同。

被叫 DTE$_2$ 通过发送"呼叫接受"分组表示同意建立虚电路,分组中 LCN 必须与"入呼叫"分组中的 LCN 相同。远端 DCE 接收到"呼叫接受"分组之后,通过网络内部协议传送到本地 DCE;本地 DCE 发送"呼叫连接"分组到主叫 DTE,表示网络已完成虚电路的建立。"呼叫连接"分组中的 LCN 与"呼叫请求"分组中的 LCN 相同。主叫 DTE$_1$ 接收到"呼叫连接"分组之后,表示主叫 DTE 和被叫 DTE 之间的虚电路已建立,可以进入数据传输阶段。

(2) SVC 数据传输过程。

当主叫 DTE 和被叫 DTE 之间的虚呼叫建立后,开始数据传输,DTE 和 DCE 对应的逻辑信道就进入数据传输状态。此时,在两个 DTE 之间交换的分组包括数据分组、流量控制分组和中断分组。

无论是 PVC 还是 SVC,在数据传输节点,交换机的主要作用的逐段转发分组。由于虚电路已经建立,属于某个虚电路的分组将按顺序沿着建立的虚电路进行传输,此时分组头不再包含目的地的详细地址,而只有逻辑信道号。在每个交换节点,分组首先被存储,然后再进行转发。转发是根据分组头中的 LCN 查找相应的转发表,找到相应的出端口和下一段链路的 LCN,用该 LCN 替换分组头中的入端口 LCN,然后将分组在指定的出端口进行排队,等到线路空闲时,将分组发送出去。

(3) SVC 呼叫清除过程。

呼叫清除过程如图 5-18 所示。主叫 DTE$_1$ 发送"清除请求"分组,该分组通过网络到达远端 DCE；远端 DCE 发"清除指示"分组到被叫 DTE_2，被叫 DTE_2 用"清除证实"分组予以响应。该"清除证实"传到本地 DCE，本地 DCE 再发送"清除证实"到主叫 DTE_1。完成清除协议后，虚呼叫所占用的所有逻辑信道都被释放。

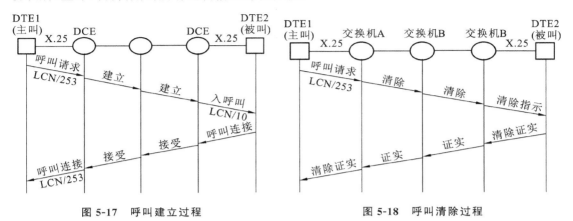

图 5-17 呼叫建立过程   图 5-18 呼叫清除过程

尽管上面介绍了 SVC 分组层操作，但实际运营的 X.25 网络一般使用 PVC 方式。

5.3.3 X.25 分组网络的业务及设备

X.25 向用户提供基本业务功能和可选业务功能，基本业务功能是分组网向所有用户都提供的功能，可选业务功能是根据用户的要求提供的功能。表 5-5 所示的是 X.25 用户业务功能表。

表 5-5   X.25 用户业务功能

基本业务	交换虚电路（SVC）
	永久虚电路（PVC）
可选业务	非标准窗口大小的协商
	非标准分组长度的协商
	吞吐量等级的协商
	中断时延选择和指示
	扩展分组顺序号
	D 比特修改
	分组重发
	反向计费
	网络用户识别（NUI）
	计费信息可选业务
	RPOA 选择（与网关有关）
	呼叫重定向
	被叫线路地址修改通知
	搜索群业务功能
	呼叫受损
	单向逻辑信道号
	闭合用户群（CUG）业务功能
	快速选择
	在线业务功能登记

X.25 分组交换数据网是由分组交换机、网络管理中心、远程集中器、分组装拆设备以及传输设备组成。

1．分组交换机

分组交换机用于实现数据终端与交换机之间的接口协议（X.25），以及交换机之间的信令协议（如 X.75 或内部协议），并以分组方式完成数据消息的存储转发和提供分组网服务支持，与网络管理中心协同完成路由选择、监测、计费和控制等功能。根据分组交换机在网络中的地位，分为转换交换机和本地交换机两种。

2．网络管理中心（NMC）

NMC 与分组交换机共同协作保证网络的正常运行。其主要功能有网络管理、用户管理、测量管理、计费管理、运行及维护管理、路由管理、搜集网络统计信息以及必要的控制功能等，是全网管理的核心。

3．分组装拆设备（PAD）

PAD 的主要功能是把普通字符终端的非分组格式转换成 X.25 协议的分组格式，并把各终端的数据流组成分组，在集合信道上以分组交织复用，对方再将收到的分组格式进行相反方向的转换。

4．远程集中器

远程集中器的功能类似于分组交换机，通常含有 PAD 的功能，它只与一个分组交换机相连，无路由功能，使用在用户比较集中的地区，一般安装在电信部门。

 ## 5.4　帧中继技术

X.25 网络发展初期，网络传输设施基本是借用了模拟电话线路，非常容易受噪声的干扰而误码，其主要原因如下。

（1）为了确保传输无差错，X.25 在每个节点都需要做大量的处理，会导致较长的时延。

（2）分组层协议为确保在每个逻辑信道上按序正确传送，还会有开销处理。在一定典型的 X.25 网络中，分组在传输过程中在每个节点大约有三十次左右的差错检查或其他处理步骤。

光纤通信技术的成功应用为分组交换技术的发展开辟了新的道路。光纤通信具有容量大、质量高（误码率低）的特点，数字光纤网比早期的电话网具有低得多的误码率，在这样的信道条件下，原来很多分组产生控制规程就显得没有必要了。帧中继就是在这样的条件下发展起来的，简化 X.25 的某些差错控制过程，减少节点对每个分组的处理时间，则各分组通过网络的时延亦可减少，同时节点对分组的处理能力也就增大了。

帧中继（FR）技术是在 OSI 第二层上用简化的方法传送和交换数据单元的一种技术，是在分组技术上充分发展、数字与光纤传输线路逐渐代替已有的模拟线路、用户终端日益智能化的条件下诞生并发展起来的。帧中继运行在 OSI 参考模型的物理层和数据链路层，是 X.25 的简化版本。它省略了 X.25 的一些功能，如提供窗口技术和数据重发技术，而是依靠高层协议提供纠错功能，这是因为帧中继严格地对应于 OSI 参考模型的第二层，而 X.25 还提供第三层的服务，所以，帧中继比 X.25 具有更高的性能和更有效的传输效率。

同时，帧中继采用虚电路技术，能充分利用网络资源，因而帧中继具有吞吐量高、时延低、适合突发性业务等特点。作为一种新的承载业务技术,帧中继具有很大的潜力,主要应用在广域网(WAN)中,支持多种数据型业务,如局域网(LAN)互连、计算机辅助设计(CAD)、文件传送、图像查询业务和图像监视等。

5.4.1 帧中继及其技术特点

帧中继是在用户-网络接口之间提供用户信息流的双向传送,并保持信息顺序不变的一种承载业务。帧中继网络由帧中继节点机和传输链路构成,帧中继技术适用于以下 3 种情况。

(1)当用户需要数据通信,其带宽要求为 64 kb/s～2 Mb/s,参与通信的终端多于两个时使用帧中继是一种较好的解决方案。

(2)通信距离较长时,应优选帧中继。因为帧中继的高效性使用户可以享有较好的经济性。

(3)数据业务量为突发性业务时,因帧中继具有动态分配带宽的功能,选用帧中继可以有效地传输突发性数据。

帧中继技术的特点有以下几点。

(1)帧中继技术主要用于传输数据业务。

(2)帧中继技术可以实现带宽的复用和动态分配。帧中继传送数据信息所使用的传输链路是逻辑连接,而不是物理连接,在一个物理连接上可以复用多个逻辑连接,使用这种机理,可以实现带宽的复用和动态分配。

(3)帧中继协议简化了 X.25 的第三层功能。使网络节点的处理大大简化,提高了网络对信息处理的效率。采用物理层和链路层的两级结构,在链路层也仅保留了核心子集部分。

(4)没有重传、流量控制等机制,节省了交换机的开销。在链路层完成统计复用、帧透明传输和错误检测,但不提供发现错误后的重传操作省去了帧编号、流量控制、应答和监视等机制,大大节省了交换机的开销,提高了网络吞吐量、降低了通信时延。一般 FR 用户的接入速率在 64 kbit/s～2 Mbit/s 之间,近期 FR 的速率已提高到 8～10 Mbit/s,今后将达到45 Mbit/s。

(5)适合于封装局域网的数据单元。交换单元——帧的信息长度远比分组长度要长,预约的最大帧长度至少要达到 160 9 字节/帧,适合于封装局域网的数据单元。

(6)提供一套合理的带宽管理和防止阻塞的机制。用户有效利用预先约定的带宽,即承诺的信息速率(CIR),并且还允许用户的突发数据占用未预定的带宽,以提高整个网络资源的利用率。

(7)采用面向连接的交换技术。与分组交换一样,FR 采用面向连接的交换技术。可以提供 SVC(交换虚电路)业务和 PVC(永久虚电路)业务,但目前已应用的 FR 网络中,只采用PVC 业务。

(8)用户平面和控制平面分离,控制平面是指信令的处理和传送。信令的主要功能就是呼叫的建立和释放,也可能包括某些管理功能。X.25 的虚呼叫建立和释放由分组层完成,呼叫控制消息为特定的分组,它们和数据分组共享同一个 LCN,因此称之为"带内信令",相当于 PSTN 中的随路信令。帧中继的信令和用户信息的传送通路逻辑上是分离的,其信令在单独指配的一条数据链路连接(DLCI=0)上传送信令,称为带外信令。

需要指出的是,帧中继数据传送阶段协议只有 2 层,但是呼叫的建立和释放阶段的协议有 3 层,其第 3 层就是呼叫控制信令协议。当然这里指的是交换虚电路(SVC)方式。目前

应用的帧中继网采用的都为 PVC 方式,它并无呼叫建立和释放过程,其信令主要为 PVC 管理功能。由于协议简化,帧中继的功能也与 X.25 有所不同,帧中继技术具有以下功能特点。

（1）拥塞管理。帧中继没有流量控制功能,其出发点是不对用户发送的数据量作任何限制,以满足用户突发数据传送的要求,它的副作用是有可能造成网络拥塞。帧中继对拥塞的处理只是简单通知始发用户,期望用户暂停发送数据,拥塞通知信息置于帧的链路层封装中。但是协议并没有强制要求用户必须减少数据发送量,因此这只是一种"绅士协定"式的宽容的流量控制。

（2）带宽管理。由于用户可以不理会拥塞通知,因此为防止网络拥塞状况恶化,也为了防止某一用户过量发送数据而影响其他用户的服务质量,必须有一种公平的带宽管理措施。帧中继采用的是一种简单的"业务合约方法",它包含以下三个参数。

- 承诺信息速率（CIR）:指的是网络保证予以传送的用户最大发送信息速率。该参数值在用户预订业务时确定,可随业务提供者的不同而不同。
- 承诺突发长度（B_c）:指的是在时间间隔 T_c 内,网络保证予以传送的用户最大发送数据量（比特数）,即 $B_c = T_c \cdot CIR$。
- 超额突发长度（B_e）:指的是在时间间隔 T_c 内,允许用户超过 B_c 发送的数据比特数。网络对这部分超额发送数据予以接受,尽力传送但不予以保证。

（3）连接管理。帧中继初始应用目标就是为计算机用户提供高速数据通道,因此帧中继网提供的多为 PVC 连接。任何一对用户之间的虚电路连接都是由网络管理功能预先指定的,协议只需考虑数据传送,因而特别简单。然而这也带来一个安全性问题:如果数据链路出现故障,如何将此状态的变化及 PVC 的调整告诉用户,这就是连接管理的任务,它属于本地管理接口（LMI）功能。在帧中继信令中专门定义了 PVC 管理消息和信令过程,其基本功能就是通知虚电路的可用性状态和 PVC 的增加或删除。信息传递采用周期性轮询（polling）的方法实现。目前帧中继已制定了关于 SVC 的呼叫控制信令协议,因此原则上与 X.25 一样,帧中继连接既可以是 PVC,也可以是 SVC,或者是二者的组合,然而实际帧中继网支持的仍然是 PVC 连接方式。

帧中继网络有以下用途。

（1）作为公共网络的接口,将帧中继网络的交换设备放在网络运营商的中央控制室内,用户只需定期向网络运营商交纳一定的使用租金,而免去了对网络设备的管理和维护。

（2）作为专用网络接口,为所有的数据设备安装带有帧中继网络接口的 T1/E1 多路选择器,而其他应用仅仅安装非帧中继的接口。

（3）其他应用:如块交互数据、文件传送、支持多个低速率复用、字符交互、互联域网等。

5.4.2 帧中继交换

1. 帧中继的分层结构

帧中继在 OSI 第二层以简化的方式传送数据,仅完成物理层和数据链路层的核心功能,智能化的终端设备把数据发送到数据链路层,并封装在 Q.922 核心层的帧结构中,实施以帧为单位的消息传送;网络不进行纠错、重发、流量控制等,帧不需要确认,就能够在每个交换机中之间通过;若网络检查出错误帧,直接将其丢弃;第二、第三层的一些处理,如纠错、流量控制等,留给智能终端去完成。帧中继的分层结构如图 5-19 所示。终端与交换机的功能被分成与用户信息传输有关的 U 功能和与呼叫控制有关的 C 功能。

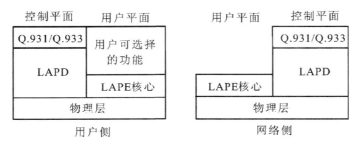

图 5-19　帧中继的分层结构

1）U 平面

U 平面是通信网中全部 U 功能的集合，其功能是：提供端到端功能，用于传送用户数据；保持网络入口处与出口处的帧顺序，保证不交付重帧，且帧丢失率很小。数据传送协议采用 ITU-T Q.922 建议的核心部分，包括帧定界和透明传输、用地址字段实现帧复用和去复用、控制帧长、检测传输差错和进行拥塞控制等。

2）C 平面

C 平面是控制功能的集合，其功能是：在用户和网络之间完成控制操作，用于建立、维持和释放连接；保证呼叫控制报文在终端和本地服务交换机中的呼叫控制进程之间可靠传递，其运载用户信令的链路层协议为 Q.921。

其体系结构特点是：将网络的处理工作降至最低，帧中继网络中的节点对用户帧不做处理，只是抛弃发现有错帧，差错恢复由高层进行。

2．帧中继的协议

LAPF（link access procedures to frame mode bearer services）是以帧方式承载业务的数据链路层协议和规程，包含在 ITU-T 建议 Q.922 中。LAPF 的作用是在 ISDN 用户-网络接口的 B、D、H 通路上为帧方式承载业务，在用户平面上的数据链路（DL）业务用户之间传递数据链路层业务数据单元（SDU）。

LAPF 使用 I.430 和 I.431 支持的物理层服务，并运行在 ISDN B/D/H 通路上统计复用多个帧方式承载连接。LAPF 也可以使用其他类型接口支持的物理层服务。

LAPF 的一个子集，对应于数据链路层核心子层，用来支持帧中继承载业务。这个子集称为数据链路核心协议（DL-CORE）。LAPF 的其余部分称为数据链路控制协议（DL-CONTROL）。帧中继网只用到了 Q.922 的核心部分（DL-CORE），其功能为：①帧定界、同步和透明传输；②用地址字段实现帧多路复用和解复用；③对帧进行检测，确保 0 比特插入前/删除后的帧长是整数个 8 位组（octets）；④对帧进行检测，确保其长度不至于过长（jabbers）或过短（runts）；⑤检测传输差错；⑥拥塞控制。

U 平面的核心功能（DL-CORE）只提供非确认信息传送方式的基本服务，构成了数据链路层的子层。Q.922 的其余部分（DL-CONTROL）是用户侧的用户屏幕可选功能，提供了窗口式的确认信息传送方式。

LAPF 的帧交换过程是对等实体之间在 D/B/H 通路或其他类型物理通路上传送和交换信息的过程，进行交换的帧有 I 帧、S 帧和 U 帧。

采用非确认信息传送方式时，用到的帧只有未编号信号帧 UI。UI 帧的 I 段包含了用户发送的数据，UI 帧到达接收端后，LAPF 实体按 FCS 字段的内容检查传输错误，如没有错误，则将 I 字段的内容送到第 3 层实体；如有错误，则将该帧丢弃，但不论接收是否正确，接

收端都不给发送端任何回答。

采用确认信息传送的 LAPF 的帧交换需要有连接建立、数据传递和连接释放过程。

3. 帧中继的帧格式

ITU-T Q.922 核心协议所规定的帧中继的帧格式如图 5-20(a)所示,ITU-T Q.922 核心协议的附件 A 所定义的数据链路层帧方式承载业务,即 LAPF 帧格式如图 5-20(b)所示,可以看出后者只比前者多了一个控制字段 C。

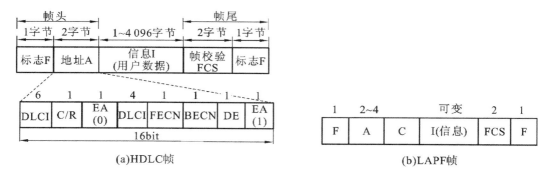

图 5-20　帧中继帧格式

1) 标志字段(F)

F 是一个特殊的 8bit 组 01111110,它的作用是标志一帧的开始和结束。在地址标志之前的标志是开始标志,在帧校验序列(FCS)字段之后的标志为结束标志。

2) 地址字段(A)

地址字段 A 的主要用途是区分同一通路上多个数据链路连接,以便实现帧的复用/分路。地址字段的长度一般为 2 个字节,必要时最多可扩展到 4 个字节。地址字段通常包括地址字段扩展比特(EA)、命令/响应比特(C/R)、帧可丢失指示比特(DE)、前项拥塞告知比特(FECN)、后项拥塞告知比特(BECN)、数据链路连接标识符(DLCI)和 DLCI 扩展/控制标识比特(D/C)等 7 个组成部分,分别介绍如下。

● DLCI(数据链路连接标识):DLCI 由两部分组成,前一部分 6 bit,后一部分 4 bit,共 10bit,用于区分不同的帧中继连接。根据标识把帧送到适当的邻近节点,并选择路由到达目的地。根据 ITU-T 的有关建议,DLCI 的 0 号保留为通路接收控制信令使用,DLCI 的 1～15 号和 1008～1022 号保留为将来应用;DLCI 的 1023 号保留为在本地管理接口(LMI)通信时使用;DLCI 的 16～1007 号共有 992 个地址可为帧中继使用。根据需要,地址字段还可扩展。

● C/R(命令/响应比特):该比特与高层有关,在帧中继中不用。

● EA(地址段扩展比特):该比特用于指示地址是否扩展。若 EA 置为"0"表示本字节是 A 字段的最后一个字节;若 EA 置为"1",表示还有下一个字节。

● FECN(前向拥塞告知比特):用于通知接收方用户已遇到网络阻塞,要设法防止数据丢失。接收方一般是用高层协议让发送端降低发送速率。

● BECN(后向拥塞告知比特):用于通知源用户,告之数据在传送的返回支路上遇到了阻塞,要求降低发送速率。

● DE(丢弃指示):用于指示在网络拥塞情况下丢弃信息帧的适用性。通常当网络拥塞后,帧中继网络会将 DE 比特置"1"。但对于具有较高优先级别的帧,不可以丢弃,此时 DE 应置"0"。

3）控制字段（C）

控制字段分为 3 种类型的帧。

● 信息帧（I）：用来传送用户数据，但在传送用户数据的同时，I 帧还传送流量控制和差错控制信息，以保证用户数据的正确传送。

● 监视帧（S）：专门用来传送控制信息，当流量和差错控制信息没有 I 帧可以"搭乘"时，需要 S 帧来传送。

● 无编号帧（U）：其有两个用途，即传送链路控制信息以及按非确认方式传送用户数据。

4）信息字段（I）

I 包含的是用户数据，长度 1～4096 字节可变，但必须是整数个字节，用于传送用户数据。LAPF 信息字节的最大默认长度是 260 个字节，网络应能支持协商的信息字段的最大字节数至少是 1598。该字段也可以用来传送各种规程信息，尽量减少用户设备的分段和重装用户数据的需要，为网络的互连提供了方便。

5）帧校验序列字段（FCS）

FCS 是 16 bit 的序列，用于保证在传输过程中帧的正确性，它具有很强的检错能力，能检测中在任意位置上的 3 bit 以内的错误、所有的奇数个错误、16 bit 以内的连续错误以及大部分突发错误。在帧中继接入设备的发端及收端都要进行 CRC 校验的计算。如果结果不一致，则丢弃该帧。如果需要重新发送，则由高层协议来处理。

5.4.3 管理及控制

1. 带宽管理

帧中继的带宽控制技术是帧中继技术的特点和优点之一。在传统的数据通信业务中，特别像 DDN，用户预定了一条 64 kb/s 的电路，那么它只能以 64 kb/s 的速率来传送数据。而在帧中继技术中，用户向帧中继业务供应商预定的是约定信息速率（CIR），而实际使用过程中用户可以高于 CIR 的速率发送数据，却不必承担额外的费用。

1）虚电路带宽控制

帧中继网络为每个用户分配 3 个带宽控制参数：承诺突发量 B_c、超过的突发量 B_e 和约定信息速率 CIR。同时，每隔 T_c 时间间隔对虚电路上的数据流量进行监视和控制。T_c 值是通过计算得到的，$T_c = B_c/\mathrm{CIR}$。

CIR 是网络与用户约定的用户信息传送速率。如果用户以小于等于 CIR 的速率传送信息，正常情况下，应保证这部分信息的传送。B_c 是网络允许用户在 T_c 时间间隔传送的数据量，B_e 是网络允许用户在 T_c 时间间隔内传送的超过 B_c 的数据量。

2）网络容量配置

在网络运行初期，网络运营部门为保证 CIR 范围内用户数据信息的传送，在提供可靠服务的基础上积累网管经验，使中继线容量等于经过该中继线的所有 PVC 的 CIR 之和，为用户提供充裕的数据带宽，以防止拥塞的发生。同时，还可以多提供一些 CIR＝0 的虚电路业务，充分利用帧中继动态分配带宽资源的特点，降低用户通信费用，吸引更多用户。

随着用户数量的增加，在运营过程中，逐步增加 PVC 数量，以保证网络资源的充分利用。同时 CIR＝0 的业务应尽量提供给那些利用空闲时间（如夜间）进行通信的用户，对要求较高的用户应尽量提供有一定 CIR 值的业务，以防止因发生阻塞而造成用户的信息丢失。

2. 拥塞流量控制

当用户数据量过大或突发时间过长时，网络承担的负载超出了网络的处理能力，造成网

络资源和负载的不平衡,当负载超出网络资源时就会发生拥塞,这时网络的服务性能就会下降,如果不采取措施恢复,网络就可能瘫痪。

拥塞控制的目的是为了尽量减少拥塞的出现,维持质量稳定的服务,把帧丢弃减少到最少。拥塞控制包括拥塞避免与拥塞恢复机制。

为了解决拥塞,要么增加网络资源,要么减少负载,通常网络的资源有限,不能无限增加,而且仅靠增加网络资源不能从根本上解决拥塞问题,还必须通过减少负载的方法来最终解决拥塞,保证网络输入和输出的平衡。拥塞控制不但要保证网络不死机,更应保证网络的服务质量,比如吞吐量、时延、时延抖动等。

帧中继的拥塞控制可以分为两种:开环控制和闭环控制。

1) 开环控制

开环控制主要是依靠好的网络设计来保证网络运行过程中不发生拥塞,如果网络运行过程中出现了拥塞,网络将不会采取任何手段消除拥塞。这种方法可以通过复杂的底层协议处理来控制用户的数据流量,如数据链路层的窗口、定时机制,另外也可以通过数据的输入控制,对于面向连接网络还可以通过接入控制来实现,控制新应用的接入,当网络有充足的带宽时才运行接入新的应用,否则拒绝接入。

2) 闭环控制

与开环控制不同,闭环控制是在网络发生拥塞后,如何消除拥塞的方法。闭环控制通过一种反馈式方法来实现,通过监测网络的运行状态,监测网络何时何地出现拥塞,并把拥塞信息传递到网络相关部件,由这些网络相关部件采取适当措施来消除拥塞。闭环控制首先要解决的问题是如何监测网络的状态,即依据什么条件来判断网络中发生了拥塞以及拥塞的程度,这类判断可以是节点主处理机的利用率、中继线的利用率、丢弃分组的百分数、队列的长度、超时和重发的分组数、平均分组时延和平价时延抖动等、不同的交换机可以根据自己的特点选用几个参数作为判据。

下面简单介绍几种主要的拥塞控制方法。

(1) 帧中继的帧定义了几个参数:前向拥塞告知比特(FECN)、后向拥塞告知比特(BECN)、可丢失指示比特(DE),利用帧中继数据帧帧头的这几个比特来传递拥塞信息,实现闭环控制。

(2) 通过输入队列的设计来控制业务量,避免拥塞产生。常见的方法是漏斗法,即网络为每个输入端分配一个输入队列,当接收到分组时,如果队列中还有缓冲可用,就将该分组放到队列尾,否则就丢弃分组。

(3) 利用路由协议 OSPF,根据网络的链路拥塞情况定时广播联络状态更新报文,网络根据新的路由信息,可以将业务分载到其他出口链路,避开拥塞链路,加快网络的输出,从而消除拥塞。

5.4.4 帧中继设备

1. 帧中继用户接入设备

帧中继用户接入设备是用户宅用设备(CPE),是组成帧中继网络的基本要素,负责把消息帧传送到帧中继网。帧中继用户接入设备主要包括符合帧中继用户网络规程的帧中继终端、帧中继装/拆设备(FRAD)和路由器或网桥等。

1) 帧中继终端

符合帧中继用户-网络接口规程的用户终端,称为帧中继终端,具有以下基本的特性:①终端物理接口应与帧中继交换机能够支持的用户线接口一致;②在 U 平面第 2 层,应实现数据链路层核心功能;③由于帧中继网络透明传送用户终端之间交换的高层协议,为了进行有效通信,用户终端双方应该使用完全兼容的高层协议和应用程序;④具有拥塞管理和拥塞控制功能;⑤应提供 PVC 管理程序,完成链路整体性核实功能,增加 PVC 的通知功能、删除 PVC 的通知功能、PVC 状态通知功能等功能,并符合 Q.933 建议附件 A 的有关规定;⑥应提供维护和测试功能。

2)帧中继装/拆设备

帧中继装/拆设备具有非帧中继用户网络接口的用户终端,应经过帧中继装拆设备(FRAD)才能和帧中继交换机相连接。FRAD 既可以置于帧中继交换机内,也可单独放置。FRAD 具有以下基本特性:①协议转换功能;②拥塞管理和控制功能;③集中功能,可以接入多个用户;④维护和测试功能。

3)路由器和网桥

LAN 经过帧中继的互连,除了可以采用 FRAD 之外,更多的是采用路由器和网桥,由路由器或网桥传送的数据包应采用无连接的网络层协议来传送。

LAN 通过 FR 网络在网络层处的互连采用路由器。路由器可以单独设置,也可以内置于帧中继交换设备内。

LAN 通过 FR 网络在数据链路层的互连采用网桥,网桥允许一个 LAN 上的某终端与由 FR 网互连、但物理上分离的另一 LAN 上其他终端通信。LAN 经由网桥互连,要考虑两种情况:互通在 LAN 介质接入控制(MAC)层完成和互通在 LAN 逻辑链路控制(LLC)层完成。

2. 帧中继交换机

帧中继技术是在分组技术充分发展、数字与光纤传输线路逐步替代已有的模拟线路、用户终端日益智能化的条件下诞生并迅速发展起来的。设计帧中继的目的是为了从现有的网络结构向未来的网络结构(即信元中继)平稳过渡。在帧中继技术、信元中继的发展过程中,帧中继交换机的内部结构也在逐步改变,业务性能进一步完善。

目前市场上的帧中继交换产品大致有 3 类:①改装型 X.25 分组交换机;②以全新的帧中继结构设计为基础的新型交换机;③采用信元中继、ATM 技术、支持帧中继接口的 ATM 交换机。

 ## 5.5　IP 交换机

IP 交换(IP switch)是 Ipsilon 公司开发的一种高效的 IP over ATM 技术。它只对数据流的第一个数据包进行路由地址处理,按路由转发,随后按已计算的路由在 ATM 网上建立虚电路 VC。以后的数据包沿着 VC 以直通(cut-through)方式进行传输,不再经过路由器,从而将数据包的转发速度提高到第 2 层交换机的速度。

流是 IP 交换的基本概念,IP 交换的核心思想就是对用户业务流进行分类,具体如下。

(1)对持续时间长、业务量大、实时性要求较高的用户业务数据流直接进行交换传输,用 ATM 虚电路来传输,包括文件传输协议(FTP)数据、远程登录(Telnet)数据、超文本传输协议(HTTP)数据、多媒体音频视频数据等。

(2)对持续时间短、业务量小、突发性强的用户业务数据流,使用传统的分组存储转发方式进行传输,包括域名服务器(DNS)查询,监督邮件传输协议(SMTP)数据,简单网络管

理协议(SNMP)数据等。

5.5.1 IP 交换机的构成

IP 交换机是 IP 交换的核心。它由 IP 交换控制器和 ATM 交换机组成,如图 5-21 所示。

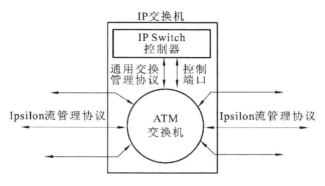

图 5-21 IP 交换机的构成

1. IP 交换控制器

IP 交换控制器是系统的控制处理器。IP 交换控制器既能实现传统的 IP 选路和转发功能,也能运行流分类识别、GSMP 和 IFMP 协议。通过流分类识别软件来判定数据流的特性,以决定是采用 ATM 交换方式,还是采用传统的 IP 传输方式。IP 交换控制器通过 GSMP 协议对 ATM 交换机进行控制,从而实现连接管理、端口管理、统计管理、配置管理和事件管理等功能。当 IP 交换机之间进行通信时,采用 IFMP 协议,用以标记 IP 交换机之间的数据流,即传递分配标记信息和将标记与特定 IP 流相关联的信息,从而实现基于流的第二层交换。

2. ATM 交换机

ATM 交换机的硬件由输入模块(IM)、输出模块(OM)、信元交换机构(CSF)、接续容许控制(CAC)和系统管理(SM)等功能模块构成。它是实现 B-ISDN 的核心技术,以分组传送模式为基础并融合了电路传送模式高速化的优点发展而成。ATM 交换机硬件保持原状,去掉 ATM 高层信令和控制软件,用一个标准的 IP 路由软件来取代,同时支持 GSMP 协议,用于接受 IP 交换控制器的控制。

5.5.2 IP 交换机的原理

IP 交换机是通过直接交换或跳到跳的存储转发方式实现 IP 分组的高速转移,其工作原理如图 5-22 所示,共分 4 个阶段。

1) 默认操作与数据流的判别

在系统开始运行时,输入端口输入的业务流是封装在信元中的传统 IP 数据包,该信元通过默认通道被传送到 IP 交换机,由 IP 交换控制器将信元中的信息重新组合成为 IP 数据分组,按照传统的 IP 选路方式在第三层上进行存储转发,在输出端口上再被拆成信元在默认的通道上进行传送。同时,IP 交换控制器中的流分类识别软件对数据流进行判别,以确定采用何种技术进行传输。

2) 向上游节点发送改向消息

在需要建立 ATM 直通连接(如连续、业务量大的数据流)时,则该数据流输入的端口上

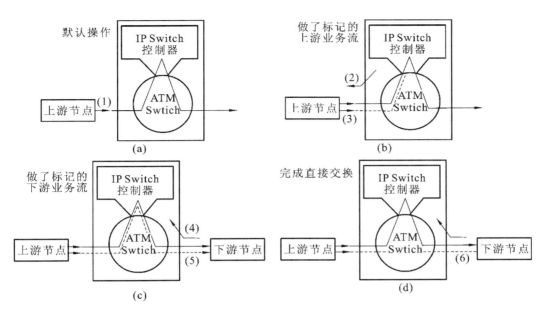

图 5-22　IP 交换机的工作原理

分配一个空闲的 VCI,并向上游节点发送 IFMP 的改向消息,通知上游节点将属于该流的 IP
数据分组在指定端口的 VC 上传送到 IP 交换机。上游 IP 交换机收到 IFMP 的改向消息后,
开始把指定流的信元在相应 VC 上进行传送。

　　3）收到下游节点的改向消息

　　在同一个 IP 交换网内,各个交换节点对流的判识方法是一致的,因此 IP 交换机也会受
到下游节点要求建立 ATM 直通连接的 IFMP 改向消息,改向消息含有数据流标识和下游
节点分配的 VCI。随后,IP 交换机将属于该数据流的信元在此 VC 上传送到下游节点。

　　4）在 ATM 直通连接上传送分组

　　IP 交换机检测到流在输入端口指定的 VCI 上传送过来,并受到下游节点分配的 VCI
后,IP 交换控制器通过 GSMP 消息指示 ATM 控制器,建立相应输入/输出端口的 VCI 的连
接,这样就建立起 ATM 直通连接,属于该数据流的信元就会在 ATM 连接上以 ATM 交换
机的速度在 IP 交换机中转发。

5.5.3　设备实现和性能指标

　　分组交换网的设备实现多种多样,结构各不相同,但一般包含三个基本部分:交换单元、
接口单元和控制单元。下面以加拿大北方电信公司生产的分组交换机 DPN-100 为例,说明
分组交换机的模块化结构。

1. DPN-100 分组交换机

　　DPN-100 分组交换机采用模块化结构,我国的公用分组交换网(CHINA PAC)的交换
节点使用的就是这一型号的交换机。其基本模块如图 5-23 所示,包括接入模块(access
module,AM)和资源模块(resource module,RM)。

　　AM 提供不同规程的用户接入和数据交换服务,RM 提供交换控制和路由选择功能,如
图 5-24 所示。其中,AM 和 RM 包含相同的公共部件:公共存储器(CM)、双总线、处理器单
元(PE)、外设接口(PI)等。CM 用来完成各处理器单元间的通信,还负责管理各 PE 要求使

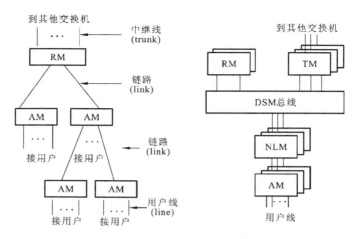

图 5-23 DPN-100 分组交换机模块化结构

用总线而引起的竞争。每个模块必须包含两个 CM,其中之一用于热备份。PE 提供模块的处理功能。通过加载不同的软件实现不同的功能,主要包括管理处理器单元(OPE)、服务处理器单元(SPE)、用户接入处理器单元和中继电路处理器单元等。管理处理器单元负责将软件和数据装入模块,提供相应的路由信息和网络管理系统接口。服务处理器单元用于提供网络服务,主要包括源呼叫路由、目的呼叫路由、呼叫重定向、网络用户识别等功能。用户接入处理器单元提供用户设备访问交换机的功能,根据加载的软件可以支持不同的接口规程,如 X.25 规程或其他的接入规程。中继电路处理器单元处理交换机内各模块之间或交换机之间的连接。PI 提供接入模块的物理端口,所有出入 AM 和 RM 的数据都必须经过 PI,但 PI 不进行任何信息处理,而是直接把信息送给 PE 进行处理。

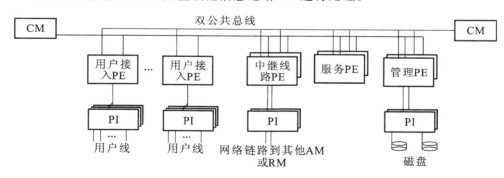

图 5-24 AM 模块逻辑结构

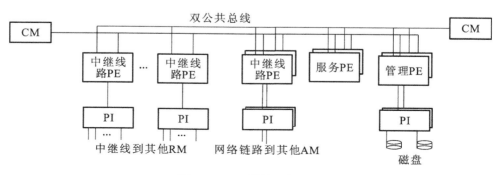

图 5-25 RM 模块逻辑结构

这与分组交换机的基本结构是一致的,CM 完成交换单元的功能,OPE 和 SPE 完成的是控制单元的功能,而用户接入处理单元或中继电路处理其单元和 PI 则扮演的是接口单元的角色。

2. 性能指标

分组交换机的主要性能指标如下。

(1) 吞吐量,以交换机每秒能交换的分组数来表示(在给出该指标时,一般应标注所交换的分组长度)。根据吞吐量的大小,交换机可分为:低速交换机(小于 50 个分组/s)、中速交换机(50~500 个分组/s)和高速分组交换机(大于 500 个分组/s)。

(2) 平均分组处理时延,指从输入端口至输出端口传送一个数据分组所需要的平均处理时间。

(3) 虚呼叫处理能力。指单位时间内能够处理的虚呼叫次数。

此外,分组交换机的端口数、路由数、链路速率、提供用户可选补充业务的能力、提供非标准接口的能力以及可靠性等等指标,也是选择时要考虑的性能指标。

 5.6 多协议标记交换

多协议标记交换(MPLS)是 IETF 于 1997 年提出的,希望通过标准的制定,将多种交换式路由技术合并为单一地解决方案,以解决节点多种交换式路由技术的互不相容问题,同时融合各种技术的优点。MPLS 的主要设计目标和技术路线如下。

(1) 提供一种通用的标签封装方法,使得它可以支持各种网络层协议(主要是 IP 协议),同时又能够在现有的各种分组网实现。

(2) 骨干网采取定长标签交换,取代传统的路由转发,以解决目前 Internet 的路由器瓶颈问题,并采用多层交换技术保持与传统路由技术的兼容性。

(3) 在骨干网中引入 QoS 以及流量工程等技术,解决目前 Internet 服务质量无法保证的问题,使得 IP 技术真正成为可靠的面向运用的综合业务服务网。

总之,在下一代网络中为满足网络用户的需求,MPLS 将在路由选择、交换、分组转发、流量工程等方面扮演重要角色。

5.6.1 多协议标记的一些基本概念

1. 标签

标签是个短小、定长且只有局部意义的连接标识符,对应于一个转发等价类(forwarding equivalence class,FEC)。FEC 是一组具有相同特性的数据分组,这一组数据分组以相似的方式在网络中转发。给属于同一个 FEC 的数据分组打上相同的标记。

2. 标记交换式路径(LSP)

LSP 是一个从入口到出口的交换式路径。它由 MPLS 节点建立,目的是采用一个标记交换转发机制转发一个特定 FEC 的分组。

3. 标记信息库(LIB)

标记信息库是保存在一个 LSR(LER)中的连接表,在 LSR 中包含有 FEC/标记关联信息和关联端口以及媒质的封装信息。

4. 径流(Stream)

沿着同一路径、属于同一 FEC 的一组分组被视为一个径流。径流是在一个 LSP 中将业务分类。在不支持径流合并(stream merge)的网络中,一个径流也将对应一个标记。

5. Flow

一个应用到另一个应用的数据称为 flow。早期的 IP 交换技术就是根据 Flow 来决定转发的路由。很显然,Flow 的数量远远大于 Stream 的数量,因而其转发效率将大大低于基于 Stream 的技术的转发效率。

6. 流分类

在业务流进入 LSR 时首先需要进行分类,也就是将业务流划分为不同的 FEC。主要有两种标准的流分类机制:①粗分类,是将具有相同网络层地址前缀的数据报归为一个 FEC;②细分类,要求必须是同一对主机,甚至必须是同属于某一对特定应用的数据报才可归属于一个 FEC。粗分类有助于提高网络的可扩展性,因为它占用较少的网络资源。细分类可以针对不同应用的不同需求提供相应的服务,使网络具有更强的可用性。如何在可扩展性和可用性之间权衡,是网络规划者们需要慎重考虑的问题。

5.6.2 网络体系结构

MPLS 网络进行交换的核心思想是在网络边缘进行路由并标上标签,在网络核心进行标签交换。图 5-26 所示的是 MPLS 网络示意图。

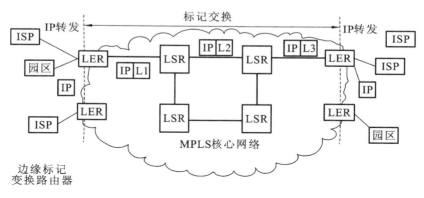

图 5-26 MPLS 网络示意图

组成 MPLS 网络的设备分为两类,即位于网络核心的 LSR 和位于网络边缘的 LER。构成 MPLS 网络的其他核心成分包括标签封装结构以及相关的信令协议,如 IP 路由协议和标签分配协议等。通过上述核心技术,MPLS 将面向连接的网络服务引入 IP 骨干网。

MPLS 属于多层交换技术,它主要由两部分组成:控制面和数据面,其主要功能如下。

(1)控制面:负责交换第三层的路由信息和分配标签。主要内容包括:采用标准的 IP 路由协议,如 OSPF、IS-IS(intermedia system to intermedia system)和 BGP 等交换路由信息,创建和维护路由表 FIB;采用新定义的 LDP 协议,或已有的 BGP、RSVP 等交换、创建并维护标签转发表(LIB)和 LSP。

(2)数据面:负责基于 LIB 进行分组转发,其主要特点是采用 ATM 的固定长标签交换技术进行分组转发,极大地简化了核心网络分组转发的处理过程,提高了传输效率。

另外,在控制面,MPLS 采用结构驱动的连接建立方式创建 LSP,这种方式更适合数据业务的突发性特点。原因是：①LSP 基于网络结构预先建立；②核心网络需要维持的连接数目，不直接受用户呼叫和业务量变化的控制和影响，核心网络数目可以很少，基本相对稳定的 LSP 服务众多的用户业务，这在很大程度上提高了核心网络的稳定性。

MPLS 网络执行标签交换需经历以下步骤。

（1）LSR 使用现有的 IP 路由协议获取到目的网络的可达性信息，维护并建立标准 IP 转发路由表 FIB。

（2）LSR 使用 LDP 协议建立 LIB。

（3）入口 LER 接收分组，执行第三层的增值服务，并为分组标上标签。

（4）核心 LSR 基于标签执行交换。

（5）出口 LER 删除标签，转发分组到目的网络。

5.6.3　工作原理

MPLS 网络的组成如图 5-27 所示，MPLS 网络的一个重要特征是能实现控制组件与转发组件的分离。控制组件负责在相邻 LSR 之间交换路由状态信息，更新路由表，这部分工作需要由 OSPF、BGP 等路由协议完成。控制组件的另一部分工作就是建立和维护转发表。建立和维护转发表实质上就是为各个数据流建立和维护标签交换路径。

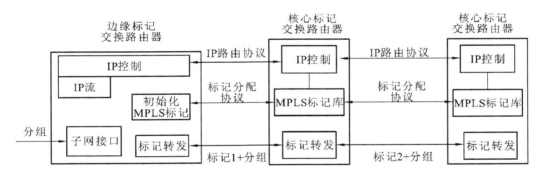

图 5-27　MPLS 网络的组成

转发组件的工作相对简单，当分组到达时，转发组件以分组头部的标签为索引检索转发表，再对分组进行标签交换，即转发分组。显然，由于标签采用固定长度，有利于通过硬件实现，与传统的路由表查找相比，标签索引的时间开销几乎可以忽略不计，因此可以大大提高路由器的分组转发效率。

每个 LSR 路由器工作时，都必须维护两张表：一张为路由表，用于存放 FEC 到标签之间的映射信息；另一张为转发表。当一个具有标签的分组进入 LSR 时，LSR 根据分组头中所携带的标签信息检索转发表，如果查找成功，则把分组转发到相应的输出端口；如果不成功，则丢弃该分组。

在传统 IP 转发机制中，每个路由器分析包含在每个分组头中的信息，然后解析分组头，提取目的地址，查询路由表，决定下一条地址，计算头校验，减值 TTL，完成合适的出口链路层封装，最后发送分组。或者简单来说，每个路由器处理每个分组的过程是：分析分组的网络层头子段，根据目的地址前缀为分组分配一个 FEC，然后将 FEC 映射到下一个路由器。

MPLS 采取的方式是在 LER（入口路由器）处，为 IP 数据流分配一个标签，在 MPLS 网络内部，LSR 之间基于标签进行快速交换，到了出口，LER 路由器将标签剥离，还原 IP 数据流。与传统路由器转发分组相比，MPLS 的转发效率大大提高，数据通过网络的时延大大减少。

本 章 小 结

　　分组交换技术是数据交换方式中一种比较理想的方式,以报文分组为存储转发单元,采用统计时分复用技术,压缩了存储容量,缩短了网络时延,提高了线路利用率。X.25 是成熟的协议,基本概括了 OSI 的 1~3 层的功能,也是计算机分组交换网的协议。帧中继在 OSI 的第二层以简化的方式传送数据,仅完成物理层和链路层的核心功能,一些二、三层的处理,如纠错、流量控制等留给智能终端去处理,简化了帧中继之间的处理过程。

　　IP 是一种无连接协议,简单、易实现,而且支持异构互连,这些特点使 IP 成为不同网络互连的通用国际标准。MPLS 是目前主流的二/三层交换技术,它将第三层的 IP 路由协议与第二层的标记交换结合起来,基于拓扑驱动或流驱动建立标记路径,实现了网络控制的灵活性和分组转发的高效性。

习　题　5

5-1　统计时分复用和同步时分复用的区别是什么？哪个更适合数据通信？为什么？

5-2　比较虚电路和数据报两种数据传送方式的特点。

5-3　X.25 的链路层和分组层都设有流量控制,二者有何区别？

5-4　帧中继是如何处理流量控制的？

5-5　IP 交换机由哪些基本模块组成？简述各模块的功能。

5-6　在 MPLS 网络中,各标记交换路由器能否使用统一的标记？为什么？

第⑥章 软交换技术

本章主要介绍软交换与 NGN 的关系，软交换的功能结构。通过本章学习，掌握 NGN 以及软交换网络的基本概念；理解软交换的功能结构；掌握基于软交换所提供的业务；掌握软交换在固定电话网和移动电话网中的应用及软交换设备的性能评价标准。

6.1 软交换与 NGN

"下一代"网络的提法最早是由美国克林顿政府于 1997 年 10 月 10 日提出的下一代互联网行动计划（NGI）。其目的是研究下一代先进的组网技术，建立试验床，开发革命性应用。然而，到了 20 世纪 90 年代末，电信市场在世界范围内开放竞争，互联网的广泛应用使数据业务急剧增长，用户对多媒体业务产生了强烈需求，对移动性的需求也与日俱增。电信业面临着强烈的市场冲击与技术冲击。在这种形势下，出现了下一代网络（next generation network，NGN）的提法，并成为大家探讨最多的一个话题。

NGN 是目前通信领域研究的一个重要课题，是通信网的未来发展方向，其相关技术和标准将对运营企业和设备制造企业产生深远的影响。实际上，它好像一把大伞，涵盖了固定网、互联网、移动网、核心网、城域网、接入网、用户驻地网等许多内容。

6.1.1 NGN 的基本概念

下一代网络（next generation network，NGN）是一个广泛的概念，从字面上理解，我们可以称之为下一代网络。它是电信史上的一块里程碑，标志着新一代电信网络时代的到来。从发展的角度来看，NGN 在传统的以电路交换为主的 PSTN 网络中逐渐迈出了向以分组交换为主的步伐，它承载了原有 PSTN 网络的所有业务，同时把大量的数据传输卸载（offload）到 ATM/IP 网络中以减轻 PSTN 网络的重荷，又以 ATM/IP 技术的新特性增加和增强了许多新老业务。从这个意义上来说，NGN 是基于 TDM 的 PSTN 语音网络和基于 ATM/IP 的分组网络融合的产物，它使得在新一代网络上语音、视频、数据等综合业务成为可能。不同的领域对下一代网络有不同的看法。一般来说，所谓下一代网络应当是基于"这一代"网络而言，在"这一代"网络基础上有突破性或者革命性进步才能称为下一代网络，具体表现在以下几个方面：①在计算机网络中，"这一代"网络是以 IPv4 为基础的互联网，下一代网络是以高带宽以及 IPv6 为基础的下一代互联网（NGI）；②在传输网络中，"这一代"网络是以 TDM 为基础，以 SDH 以及 WDM 为代表的传输网络，下一代网络是以自动交换光网络（ASON）以及通用帧协议（GFP）为基础的网络；③在移动通信网络中，"这一代"网络是以 GSM 为代表的网络，下一代网络是以 3G 为代表的网络；④在电话网中，"这一代"网络是以 TDM 时隙交换为基础的程控交换机组成的电话网络，下一代网络是指以分组交换和软交换为基础的电话网络。

总体而言，下一代网络的概念可以分为广义和狭义两种。广义的 NGN 是指一个不同于现有网络，大量采用当前业界公认的新技术，以软交换为代表，能够为公众大规模灵活提供语音、数据、视频及多媒体业务,能够实现各种网络终端用户之间的业务互通及共享的融合网络。狭义的 NGN 是指以软交换设备为控制核心,能够实现语音、数据和多媒体业务的综合开放的分层体系构架。在这种分层体系构架下,能够实现业务控制和呼叫控制分离,呼叫控制和接入、承载彼此分离,各功能部件之间采用标准的协议进行互通,能够兼容各业务网(如公共交换电话网络、IP 网和移动网)技术,能够提供丰富的用户接入手段,支持标准业务开发接口,并采用统一的分组网络进行传输。

6.1.2 传统的 PSTN 网络与 NGN 网络

传统网络是基于 TDM 的 PSTN 语音网,以电路交换为主,当初主要是为传输语音、保证语音质量、承担语音业务而设计建造的,只能提供 64kbit/s 的业务,且业务和控制都由交换机完成。随着数据业务飞速增长,这种专为传输语音的设计给数据用户带来的巨大的痛苦,如通信价格高、上网速度慢、等待时间长、传输质量低、增加新业务难等。尴尬的现实让人们认识到,当初设计的语音网络越来越不能适应多元化通信的需求,甚至成为多媒体业务进一步发展的阻碍。传统 PSTN 语音网,正成为多媒体业务发展的瓶颈。

NGN 在传统的以电路交换为主的 PSTN 网络中逐渐迈出了向以分组交换为主的步伐,它承载了原有 PSTN 网络的所有业务,同时把大量的数据传输卸载(offload)到 ATM/IP 网络中以减轻 PSTN 网络的重荷,又以 ATM/IP 技术的新特性增加和增强了许多新老业务。从这个意义上来说,NGN 是基于 TDM 的 PSTN 语音网络和基于 ATM/IP 的分组网络融合的产物,它使得在新一代网络上语音、数据、视频等综合业务成为可能。NGN 模型如图 6-1 所示。

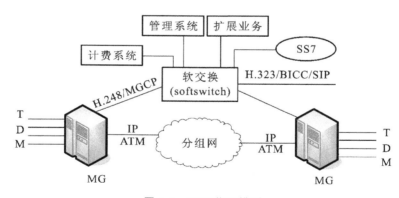

图 6-1　NGN 物理模型

6.1.3 NGN 的特点

NGN 具有控制与承载分离、接入终端的多样性、开放的业务平台等技术特点,从而可以支持语言、数据和多媒体的融合,使业务更丰富且更具有个性化、智能化,实现方式灵活。

相对于现有网络,NGN 具有的以下几个特点。

1. 开放分布式网络结构

将传统交换机的功能模块分离为独立网络部件,各部件按相应功能划分,独立发展。采用业务与呼叫控制分离、呼叫控制与承载分离的技术,实现开放分布式网络结构,使业务独立于网络。通过开放式协议和接口,可灵活、快速地提供业务,个人用户可自己定义业务特征,而不必关心承载业务的网络形式和终端类型。

2．高速分组化核心承载网

核心承载网采用高速分组交换网络，可实现电信网、计算机网和有线电视网三网融合，同时支持语音、数据、视频等业务，简化了网络平台，节约了网络资源，也为国家信息基础设施的实现奠定了坚实的基础。

3．独立网络控制层

网络控制层即软交换，采用独立开放的计算机平台，将呼叫控制从媒体网关中分离出来。通过软件实现基本呼叫控制功能，包括呼叫选择选路、管理控制和信令互通，使业务提供者可自由结合承载业务与控制协议，提供开放的 API 接口，从而可使第三方快速、灵活、有效地实现业务提供。

4．网络互通和网络设备网关化

通过接入媒体网关、中继媒体网关和信令网关等，可实现与 PSTN、PLMN、IN、Internet 等网络的互通，有效地继承原有网络的业务。NGN 采用 IP 网元，从而使通信费用、设备成本、业务提供及维护成本都大大降低。同时运营商只需要对单一的网络进行维护，易于管理，便于提供新业务，大大增强了网络的可持续发展能力。

5．多样化接入方式

NGN 综合了固定电话网、移动电话网和 IP 网络的优势，普通用户可通过智能分组话音终端、多媒体终端接入，通过接入媒体网关、综合接入设备（IAD）来满足用户的语音、数据和视频业务的共存需求。

6.1.4　NGN 的目标

NGN 的发展目标是能够提供各种业务的综合、开放的网络。NGN 必须能够支持所有的通信业务，包括话音业务、宏观范畴的公用或专用 VPN 业务、固定业务、移动业务和从业务特性划分的单一媒体或多媒体业务，固定比特率或可变比特率业务，实时或非实时业务，单播或组播业务等。并且，不同业务的服务质量要求不同，所以 NGN 必须提供相应的服务质量保证机制。其次，随着移动网的迅猛发展和个人通信需求的日渐高涨，移动性的要求也越来越强烈，所以 NGN 必须能够支持移动/漫游特性，终端可携性等移动通信要求。此外，NGN 在商业等领域的应用，要求 NGN 提供绝对可靠的通信保密机制来保证通信的安全性。

具体而言，NGN 的发展目标可总结为以下几点。

（1）保护现有的 PSTN/ISDN 网络投资，继承现有的 PSTN/ISDN 网络业务。

（2）三网融合，能够与现有 PSTN/ISDN、IP/ATM 网络和 HFC 网络、无线网络互连互通，在统一的平台上提供话音、数据和多媒体等完备的解决方案。

（3）重用现有 IP/ATM 网络资源，降低运营商在初期设备投资上的成本。

（4）开放的业务接口，为各类内容提供商提供开放的接口，便于 ICP 快速开发出更贴近需求的业务。

（5）NGN 是业务驱动型的网络，NGN 的最终目标是为用户提供个性化和人性化的业务。业务接口可开发的网络才有自我更新和新陈代谢能力，基于业务的网络才是有生命力的网络。

6.2　软交换网络功能结构

6.2.1　软交换的基本概念

软交换的基本含义就是把呼叫控制功能从媒体网关（传输层）中分离出来，通过服务器上的软件实现基本呼叫控制功能,包括呼叫选路、管理控制、连接控制(如建立会话、拆除会话等)和信令互通(如从 SS7 到 IP)等。

在传统的交换网中,呼叫控制、业务提供以及交换矩阵都集中在程控交换机中,提供一项新业务时要对网络中的所有交换机进行改造,新业务提供周期长。为了快速、方便、经济、灵活地提供新业务,引入了 IN。IN 的核心是业务提供与呼叫接续控制功能分离,交换机只完成基本呼叫控制和接续功能,而业务提供由叠加在 PSTN/ISDN 上的 IN 完成,大大增强了网络提供业务的能力和速度。软交换基于 IN 中业务提供与呼叫接续控制功能相分离的思想实现业务提供与呼叫控制相分离。

在电路交换机中,软件、硬件和应用合并在一个交换系统中,内部使用稀有协议,维护困难,需要专门的技术维护人员,提供给用户的各项功能或业务需要在每个交换节点来完成,新业务生成代价高,周期长,技术演进困难;而在软交换系统中,采用开放的网络架构体系,将传统电路交换机的功能模块分离为独立的网络部件,如用户板演变为接入网关、中继板演变为中继网关、交换矩阵演变为分组网、呼叫控制演变为软交换,业务提供独立于网络。各部件可以按相应的功能划分独立发展、扩容升级,各部件间的接口基于标准协议以实现异构网的互通,业务提供与呼叫控制相分离、呼叫控制与承载连接相分离,以满足业务快速发展的需求,支持语音、数据、视频的多媒体综合应用。软交换的物理模型如图 6-2 所示。

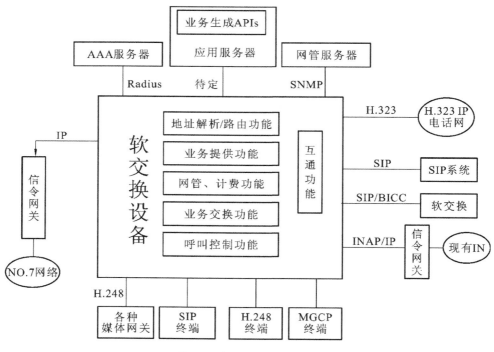

图 6-2 软交换的物理模型

6.2.2 NGN 的功能分层结构

从功能上看,对 NGN 的分层一般认为可取三层或四层。根据业务与呼叫控制相分离、呼叫控制与承载相分离的思想,ETSI、3GPP 提出的 NGN 分层结构包括传送层、会话控制层和应用层,如图 6-3 所示。

ITU 以 ETSI、3GPP 提出的 NGN 分层结构作为研究依据,并且明确区分了各层的功能,提出了细化模型,如图 6-4 所示。

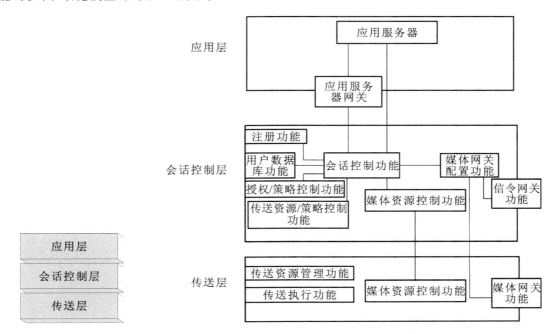

图 6-3　NGN 分层结构图　　　　　　图 6-4　NGN 功能分层的细化模型

其各部分功能定义如下。

（1）传输资源管理功能:负责传送层的控制和管理。

（2）传送执行功能:执行资源请求,包括防火墙功能和网络地址转换(NAT)功能等。

（3）媒体资源处理功能:通过具体的物理端口与会话控制层和应用层的相应部分通信,完成控制承载层、分配资源和提供媒体混合功能。

（4）媒体网关功能:包括中继网关和接入网关等。

（5）传输资源/策略控制功能:负责控制实体和传送层之间资源请求的传递。

（6）媒体资源控制功能:分配媒体资源,为应用层的内容服务器和传送层的资源处理器分配支持交互式语音应答(IVR)的接口。

（7）鉴权和认证功能:完成用户的鉴权和认证。

（8）会话控制功能:完成与会话状态有关的功能,包括业务出发和计费记录的产生等,并与认证和注册功能相互作用。

（9）用户数据库功能:存储用户轮廓和用户信息。

（10）注册功能:完成用户有效性注册,把用户身份和传送的有效性捆绑起来。

（11）媒体网关控制功能:控制各种媒体网关和协议互操作。

（12）信令网关功能:控制网络间的信令传输。

（13）应用服务器网关:提供对第三方业务提供者的接口。

（14）应用服务器:提供业务,可以为第三方业务提供者所有。

6.2.3　软交换技术在 NGN 中的位置

目前通信行业中 NGN 特指以软交换为控制层,兼容三网的开放体系架构,很多专家一直将软交换技术视为 NGN 发展的前提和基础,因为软交换网络最有可能取代现有的 PSTN

网络,并能承载更多 PSTN 所难以达到的新业务。因此,就目前国内 NGN 发展的状况来看,国内各大电信运营商开始建设的网络都是基于在软交换上的应用。

软交换是 NGN 体系结构中的关键技术,其核心细想是硬件软件化,通过软件实现原来交换机的呼叫控制、接续和业务处理等功能,各实体之间通过标准接口和协议进行连接和通信,便于在下一代网络中灵活、方便、快速的提供各种新业务。

软交换位于 NGN 分层中的控制层面,图 6-5 中清楚显示了软交换的呼叫控制功能与传输媒体层的承载连接功能相分离,软交换的呼叫控制功能也与以往应用层的业务提供功能相分离。软交换向下与媒体网关(MG)交互作用,接受呼叫处理请求,包括:识别 MG 报告的用户摘机、拨号和挂机等事件;控制 MG 完成呼叫处理,如向用户发送各种信号音;控制 MG 发送 IVR;控制 MG 采用语音压缩并提供可采用的语音压缩算法;控制 MG 采用回波抵消技术;控制 MG 通过语音缓存区的大小从而减少抖动带来的对语音质量的影响等。软交换向上通过开放的应用编程接口(API)或接口协议完成与业务应用层的 AS 间的通信,为第三方提供业务开发和接入平台。

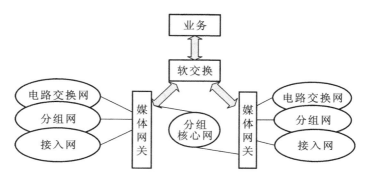

图 6-5 软交换在 NGN 网络中的位置

NGN 网络的业务目标是基于分组交换的支持语音、数据、视频等多媒体业务,目前国内外大量的设备供应商都提供了自身的 NGN 解决方案,软交换作为 NGN 的关键技术,最基本的应用就基于分组交换技术的语音业务电信级解决方案,作为连接语音和数据业务的桥梁,软交换技术的发展前景十分广阔,目前已被业界接受为下一代通信网的发展方向,并被用于 4G 全 IP 网。

6.2.4 基于软交换的 NGN 网络结构

国际分组通信协会 IPCC 提出的基于软交换的 NGN 网络结构分为四层,分别为接入层、媒体传送层、控制层和业务应用层。未来 NGN 将以 IP 技术为基础、以软交换为核心,因此在 NGN 的初级发展阶段,需要考虑细化媒体传送和呼叫控制这两个层面,所以四层模型也是可取的。

1. 接入层

该层的主要功能是将各种电路交换网(如 PSTN、ISDN、智能网(IN)、No. 7 信令网及 PLMN 等)、其他传统网络(如 H. 323IP 电话网、Internet、用户驻地网(CPE)及各种专网等)和各种用户终端接入到核心分组传送网,对用户业务进行集中、汇聚和传送,同时通过各种媒体网关实现 NGN 与现有电路交换网之间的互连与互通。该层包括交换和路由技术、有线和无线等各种接入手段,采用 ATM、IP 等多种接入协议,提供各种宽窄带、移动或固定用户接入,完成对 POTS 用户、ISDN 用户、V5.2 用户、VoDSL 用户、IP 终端、IPPBX 和移动用户等多种用户的接入和管理,并为各种用户提供现有交换网所能提供的各种电信级补充业务,实现真正的多业务接入。该层在水平方向上可以将该层的主要网络部件分为中继网关(TG)、信令网关(SG)、接入网关(AG)、多媒体网关(MG)和无线接入网关(WAG)等各种媒体网关和综合接入设备(IAD)等。

2. 媒体传送层

该层是能够提供 QoS 保证的分组化大容量骨干传送平台,其主要功能是完成来自上层的业务信息的高速交换和传送。该层在垂直方向上分为三个子层,包含网络的下三层功能,即第一层的交换和传输,第二层的转接和交换以及第三层的交换和/或路由功能(可选);该层在水平方向上分为用户平面、控制平面和管理平面三个平面,分别承载用户信息、控制信息和管理信息,实现信息的交换、传输与管理。在这里管理平面负责交换与传输的本地管理功能,包括配置管理、性能管理、故障管理及安全管理等。该层的主要网络部件为宽带 ATM 交换机、IP/MPLS 高速路由器、高速光传送网和 ASTN/ASON 设备等骨干交换与传输设备。

3. 控制层

该层是整个网络的核心,是一个集中的智能平台。其将基于软交换的 NGN 的控制平面和 ASTN/ASON 的控制平面结合在一起,该层可分为媒体网关控制面和 ASTN/ASON 控制面以及管理面三个平面。其主要功能是:通过媒体网关控制面提供终端用户业务端到端的呼叫/会话控制、接入协议适配、互连互通和资源管理等功能;通过 ASTN/ASON 控制面提供对传输层 ASTN/ASON 的控制以及信令处理功能等;通过管理面与媒体网关控制面和 ASTN/ASON 控制面的交互实现对接入层资源的远程管理、传送网资源的远程管理以及应用层的业务与服务的远程管理,同时还对控制层的资源进行管理,从而实现网络业务的控制与融合,并且对网络资源进行有效控制,提高网络资源的利用率及网络运行的有效性。该层的主要网络部件为软交换(softswitch)或者媒体网关控制器(MGC)、呼叫代理(call proxy)、呼叫控制器(call controller)、呼叫服务器(call server)以及 ASTN/ASON 的光连接控制器(OCC)等。

4. 业务应用层

该层是下一代网络的业务与服务支撑环境,其主要功能是既向大众用户提供服务,同时还向运营支撑系统和业务提供者提供服务支撑。该层利用底层的各种网络资源为用户提供丰富多彩的网络业务和资源管理,提供面向客户的综合智能业务,实现业务的客户化。该层既可提供 PSTN/ISDN 所提供的业务,包括话音业务和多媒体业务等基本业务和补充业务;又可与现有的智能网配合提供现有智能网所提供的业务;还可通过提供开放的、功能强大的应用编程接口(API),供第三方业务开发者调用,以便迅速开发出新的业务。该层在垂直方向上由应用和中间件两部分组成。其中,应用部分的主要网络部件为各种应用服务器(AS)、AAA(认证、鉴权、计费)服务器、策略服务器(PS)和运营支撑系统(OSS)等,提供各种各样的业务控制逻辑,完成增值业务和相应的服务处理。中间件是 GII 定义的一些通用软件,典型的中间件组件如鉴权、计费、目录、安全、浏览、查找、导航、格式转换等。该层在水平方向上分为用户平面、控制平面和管理平面三个平面。其中,用户平面对应各种业务及应用;控制平面对应相应业务及应用的控制信息,如认证、鉴权、计费等;管理平面对应与网络服务有关的运营支撑系统等。

6.2.5 软交换网络结构

软交换网络是一个可以同时向用户提供语音、数据、视频等业务的开放网络。它采用一种分层的网络结构，使得组网更加灵活和方便。从图 6-6 看出，软交换网络一共分为 4 层，从下往上依次是：接入层、传送层、控制层和应用层。

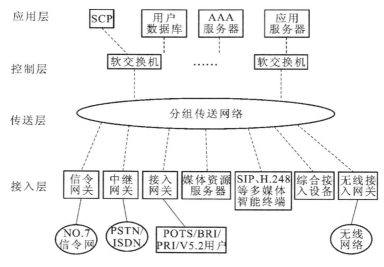

图 6-6 软交换网络结构图

1. 接入层

接入层的主要作用是利用各种接入设备实现不同用户的接入，并实现不同信息格式之间的转换，其功能有些类似于传统程控交换机中的用户模块或中继模块。接入层的设备都没有呼叫控制的功能，它必须与控制层设备相配合，才能完成所需要的操作。接入层中包括各种各样的接入设备，其中主要的有：信令网关、中继网关、接入网关、媒体资源服务器、综合接入设备、无线接入设备、智能终端等。

什么是网关？网关是访问路由器的 IP，其他的计算机必须与网关在一个 IP 段才能访问路由器，比如说路由器的 IP 是 192.168.0.1（这个就是网关）也是进路由器必须的地址，其他的主机也必须是 192.168.0.x（2～254 之间的任意一个数字）才能访问路由器，也就是说这样才能上网，计算机上的网关地址就要填写 192.168.0.1。

● 信令网关（signaling gateway，SG）：连接 No.7 信令网与 IP 网，主要完成 No.7 信令与 IP 信令的转换功能的设备。它的作用是通过电路与 No.7 信令网相连，将窄带的 No.7 信令转换为可以在分组网上传送的信令，并传递给控制层设备进行处理。

● 中继网关（trunking gateway，TG）：中继网关可完成 SIP/H.323 协议与 No.7/PRI 信令的转换，同时，使 PSTN 网络与 IP 网络实现完美的融合。它一侧通过电路与传统电话网的交换局连接，一侧与分组网连接，通过与控制层设备的配合，在分组网上实现语音业务的长途/汇接功能。

● 接入网关（access gateway，AG）：与中继网关一样，接入网关主要是为了在分组网上传送语音而设计。所不同的是，接入网关的电路侧提供了比中继网关更为丰富的接口。这些接口包括直接连接模拟电话用户的 POTS 接口、连接传统接入模块的 V5.2 接口、连接 PBX 小交换机的 PRI 接口以及 xDSL 接口等，从而实现了铜线方式的综合接入功能。

● 媒体资源服务器(media server,MS):是一种特殊的网关设备,它的功能主要分为两大块:①向软交换网络中的用户提供各种录音通知;②为多方呼叫、语音或视频会议等业务提供会议桥资源。与其他接入层设备一样,媒体资源服务器本身没有呼叫控制的功能,需要接受控制层设备的控制进行操作。

● 综合接入设备(integrated access device,IAD):与接入网关相比,综合接入设备是一个小型的接入层设备。它向用户同时提供模拟端口和数据端口,实现用户的综合接入。

● 无线接入网关(wireless access gateway,WAG):它的主要作用是实现无线用户的接入。

● 智能终端:与现在用户所用的普通终端相比,它的智能化程度更高。通过智能终端与控制层设备的配合,可以实现现有传统网络上难以实现的一些业务。智能终端的形式多种多样,它可以是一个类似普通电话机的硬件终端,也可以是安装在个人计算机上的软件终端。智能终端与控制层设备之间同样采用的是标准协议,现在用得比较多的协议是 SIP 协议。

2. 传送层

在软交换网络中,所有的业务、所有的媒体流都是通过一个统一的传送网络传递,这就是传送层需要完成的功能。传送层要求是一个高带宽的,有一定的 QoS 保证的分组网络。目前主要是指 IP 和 ATM 两种网络。

3. 控制层

控制层是软交换网络的呼叫控制核心,该层的设备被称为软交换设备、软交换机或媒体网关控制器(MGC)。虽然名称不同,但是它们的含义是一样的,都是用来控制接入层设备完成呼叫接续。软交换设备的主要功能包括呼叫控制、业务提供、业务交换、资源管理、用户认证、SIP 代理等。

目前可以见到的软交换设备大致有三类:①只提供窄带语音业务的软交换设备,我们也把这种软交换设备所能够控制的范围称为窄带域;②只提供宽带多媒体业务的软交换设备,我们把这种软交换设备所能够控制的范围称为宽带域;③能够同时提供这两种业务的综合的软交换设备。

4. 应用层

在传统网络中,因为受设备的限制,业务的开发一直是一个比较复杂的事情,软交换网络产生的原因之一就是要降低业务开发的复杂度,让运营商能够更加方便灵活地向用户提供更多更好的业务。因此,软交换网络采用了业务与控制相分离的思想,将与业务相关的部分独立出来,形成了应用层。应用层的作用就是利用各种设备为整个软交换网络体系提供业务上的支持。该层的主要设备包括以下几类。

(1)应用服务器(application server):其主要作用是向业务开发者提供开放的应用程序开发接口(API),该接口独立于实际的网络情况,业务开发者可以在不了解网络条件的前提下进行业务的开发和提供。

(2)用户数据库:用于存储网络配置和用户数据。

(3)AAA 服务器:用于用户的认证、管理和授权。

(4)策略服务器:按照一定的策略定义各种业务接入和资源使用的标准,对网络特性进行实时、智能、集中式的调整和干预,以保证整个系统的稳定性和可靠性。

(5)特征服务器:提供与呼叫过程密切相关的一些特性和能力,如呼叫等待等。

除此之外,还有目录服务器、数据库服务器、业务控制点(SCP)、网关服务器等。

6.2.6 软交换网络的特点及优势

1. 软交换网络的特点

传统网络相比,软交换网络具有以下特点。

(1) 基于分组。软交换网络基于 ATM 或 IP 的分组网络进行传送,接入方式及各种业务的个性都将被屏蔽,信息全被转换为统一的分组(包)的形式进行传送及处理,将三网融合推入了实质性阶段。软交换网络与原电话网相比最主要的特点就是核心网从单业务转换成多业务的快速通道。

(2) 开放的网络结构。软交换网络具有简洁、清晰的层次结构,各个网元之间使用标准的协议和接口,使得各部件在地理上得以自由分离,网络结构逐步走向开放,各部件可以独立发展,运营商可以根据需要自由组合各部分的功能产品来组建网络,实现各种异构网络的互通。目前,软交换网络中用到的主要协议包括:①控制层设备之间的 BICC、SIP 或 SIP-T 协议;②控制层设备与接入层网关设备之间的 H.248 或 MGCP 协议;③控制层设备与智能终端之间的 SIP 或 H.323 协议;④信令网关与控制层设备之间的 SIGTRAN 协议;⑤开放的 API 接口 PARLAY、JAIN 等。

(3) 业务与呼叫控制分离,与网络分离。在软交换网络中,控制层的软交换设备只负责处理基本呼叫的接续及控制,业务逻辑基本由应用服务器提供,实现了业务与呼叫控制的分离。分离的目标是使业务真正独立于网络,业务的提供更加灵活有效。实质上,应用层中的应用服务器不仅可以为软交换网络服务,也可以为其他网络服务。例如,它可以通过 INAP 向 PSTN 的用户提供业务,也可以通过 CAMEL 协议向移动用户提供业务。

(4) 业务与接入方式分离。在软交换网络中,业务提供和用户接入属于两个独立层面,业务可以与接入的介质完全分离。用户可以自行配置和定义自己的业务特征,不必关心承载业务的网络形式以及终端类型,使得业务和应用的提供有较大的灵活性。

直接的例子就是现在 PSTN 上实现的服务很难同时放在宽带网上,而在软交换的概念下,无论用户用什么方式接入,得到的业务是一样的。电话系统里的特殊业务与宽带网络或者无线网络的业务相同。

(5) 快速提供新业务。软交换网络中,采用标准接口与软交换设备相连的应用服务器,可以提供开放的业务生成接口。第三方业务开发商可以按照自己的意愿,快速生成各种业务。这种新的业务生成模式完全适应技术发展的趋势,能够满足用户不断变化的业务需求。

2. 软交换网络的优势

因此,软交换网络具有如下优势。

(1) 成本低。由于采用开放式平台,易于开放新业务,其性价比每年提高 60%～80%,所以比传统电路交换机更具有成本的优势。

(2) 组网灵活。软交换网络采用分布式的网络组织架构,运营商可以根据实际的网络需求,灵活组网。例如:软交换设备+中继网关即可充当汇接局或长途局;软交换设备+接入网关/IAD 即可充当本地端局,且核心设备可以共用。

(3) 软交换网络采用开放式的标准接口,兼容性、互操作性、互通性好。软交换网络支持开放业务开发接口(API),方便新业务的开发,为运营商提供了新的业务模式。

(4) 对于那些采用电路交换机建网不合适、不经济的运营商来说,软交换网络不失为一个好的建网策略。尤其对于新兴的、缺乏铜线资源的运营商来说,软交换网络是一个强有力的竞争工具。

6.3 软交换提供的业务

在软交换的体系架构中采用了开放式的应用编程接口(API),允许在交换机制中灵活引入新业务,实现了独立于网络的业务开发模式,能为用户提供语音、数据和多媒体等各种业务。

6.3.1 软交换网络的业务提供方式

软交换带来许多新的业务,如语音、数据和视频服务涉及人们工作和生活的方方面面,因此给运营商带来收入和利润。软交换网络主要有三种业务提供方式——软交换设备直接提供业务方式、智能网提供业务方式和应用服务器提供业务方式。

软交换设备直接提供业务是指业务逻辑在软交换设备中驻留和运行,基于此种方式实现的业务包括基本电话业务、PSTN/ISDN 补充业务、点到点视频业务、基于单个软交换设备的 IP Centrex 业务等。

软交换网络的智能网提供业务方式是指软交换设备提供业务交换功能并触发智能业务到智能网 SCP,与 SCP 配合提供现有智能网所能提供的业务。此时,业务逻辑在智能网 SCP 中驻留和运行。

在应用服务器提供业务方式中,业务逻辑在应用服务器中驻留和运行。根据应用服务器访问网络资源所采用的业务接口的不同以及应用服务器管理者的不同,可以分为以下三类情况。

(1)由运营商提供 SIP 应用服务器,业务逻辑通过 SIP 业务接口访问和控制由软交换设备及其他设备提供的网络能力。基于此种方式实现的业务为运营商自营业务。

(2)由运营商提供 Parlay 应用服务器和业务能力网关,Parlay 应用服务器中的业务逻辑通过 Parlay 业务接口访问业务能力网关,进而通过业务能力网关间接访问和控制由软交换设备及其他设备提供的网络能力。此时,不必执行 Parlay 业务接口中的安全管理功能。基于此种方式提供的业务应为运营商自营业务。

(3)由第三方提供 Parlay 应用服务器,业务能力网关由运营商提供。应用服务器中的业务逻辑通过 Parlay 业务接口访问业务能力网关,进而通过业务能力网关间接访问和控制由软交换设备及其他设备提供的网络能力。此时,要求启用 Parlay 业务接口中的安全管理功能。基于此种方式提供的业务应为运营商与第三方合作的业务。

6.3.2 软交换网络的业务开发方式

从业务开发软件技术的角度,根据抽象层次的不同,可以大致将软交换网络的业务开发方式分为 API 级、组件/框架级、脚本级以及工作流级四类,分别面向不同层次的业务开发人员。

(1)API 级的业务开发方式是指基于 API 规范直接开发业务,主要面向编程能力较强、有经验的专业业务开发人员。典型的 API 规范有 Parlay/OSA/JAIN API 规范,OMA 组织的 OMA 规范,IETF 的 SIP Servlet API 规范等。

(2)组件(component)/框架级业务开发方式的主要思路是把 API 封装成具有一定功能的组件,基于这些组件来搭建更高抽象层次的业务框架,并基于组件和框架进行业务开发。组件技术的抽象程度更高、易于复用,更加适用于开发大型的应用业务。目前组件技术本身多采用 J2EE 等商用组件技术,但组件级业务开发规范尚未有国际标准,多为厂商专有产品规范。

(3)脚本级(script)业务开发方式允许业务开发者手工或采用图形化工具生成脚本,通

过脚本的解释执行来运行业务逻辑。脚本技术进一步提高了业务开发的抽象层次,屏蔽了底层的实现细节,更利于编程能力不强的普通业务开发者进行业务开发。典型的脚本语言规范包括 W3C 的 VoiceXML、IETF 的 CPL(call processing language)等。

(4) 基于工作流(workflow)的业务开发方式,在技术上包括工作流描述语言、工作流解释执行过程中的与自动解释执行、资源发现以及信息传递交互相关的一系列规则。通过这些规则能够实现一定程度上的工作流程自动化,做到自动解释执行、自动发现和调用所需资源、自动实现信息交互。目前典型的工作流描述语言包括 WSFL 等。

从业务开发接口面向业务逻辑所能提供的可控制可管理的网络资源范围和抽象程度的角度,根据当前主流情况,若业务开发接口所采用的软件技术抽象层次较高,则相应的对网络资源抽象程度也较高。一般而言,抽象程度较高的软件技术更适合描述较为抽象的网络能力,抽象程度较低的软件技术更适合描述较为底层的网络能力细节,但二者不存在必然的联系。

6.3.3 软交换网络提供的新业务类型

当前软交换网络能提供的新型增值业务有以下几种。

(1) 点击呼叫类业务,如点击拨号、点击传真、点击会议、Web 800、Web Call 等。

(2) 多媒体会议业务,召开会议前可以从个人和企业号码簿获取电话号码。

(3) 多网融合的广域 Centrex(WAC)业务,能够将 PSTN 的 Centrex 用户、软交换网络的 IP Centrex 宽带用户和窄带用户组成统一的广域跨网络用户群,群内呼叫采用分机短号码的形式。

(4) 增强的通用个人通信(UPT)彩铃业务。在电话来话呼叫方面,能够提供对多个号码的同时振铃和顺序振铃功能,提供个性化彩铃功能;在电话去话呼叫方面,能够通过对 PSTN 和软交换网络号码和终端的统一绑定管理,实现同号功能;在短信方面,可提供 UPT 短信功能,弥补传统 UPT 业务只能提供呼叫类业务的缺陷;在业务管理方面,用户可通过网页管理自己的业务;另外,在业务包装上,中国电信也可以给用户提供配套的 UPT 电邮和网页。

(5) 利用 UPT 的强大业务功能提供增强的 WAC 业务。WAC 用户之间可以互拨 UPT 短号(虚拟的分机号码),而被叫用户通过适当配置 UPT,可以在网络的任何位置移动接收"内部"呼叫,无须"守"在传统 WAC 的固定分机旁边接听内部电话。

(6) 与企业应用和办公网络相结合的业务,如企业电话本等。

(7) 呈现(presence)业务,如个人通信助理业务中对软终端用户在线状态的管理等。

(8) 组合业务,如统一通信业务,将即时通信、电话号码簿、电邮、电话呼叫等多个功能组合起来;对企业用户还可以和用户的 OA 系统功能综合起来。

(9) 业务自我管理。用户可以通过网站自我管理自己的业务,配置自己的业务。对普通固定电话用户而言,最常见的配置就是激活/去激活呼叫前转功能。与传统的激活/去激活方式相比较,通过网站进行业务管理最大的好处就是能够在离开自己的电话终端后还能够进行业务管理。

6.4 基于软交换的应用设备

目前从事软交换产品生产的设备厂商很多,主流的产品包括:爱立信的 ENGINE 系统、北电网络的 Succession 系统、华为的 U-SYS 系统、上海贝尔阿尔卡特公司的软交换系统、

UT 斯达康公司的 mSwitch 系统、西门子的 SUPARSS 系统、中兴通讯的 ZXSS10 系统等。

6.4.1 软交换设备综述

软交换设备是 VoIP 体系中把呼叫控制功能从媒体网关中分离出来并通过服务器上的软件实现呼叫控制功能的产物。该设备曾经被称为呼叫服务器(call server)、呼叫代理(call agent)或媒体网关控制器(media gateway control),1999 年后被称为软交换设备。

软交换设备定位于软交换网络的控制层,是软交换网络的控制核心,为具有实时性要求的业务提供呼叫控制和连接功能。行业标准《软交换设备总体技术要求》(YD/T 1434—2006)中对软交换设备的定义为:软交换设备(softswitch)是电路交换网向分组交换网演进的核心设备,也是下一代电信网络的重要设备之一,它独立于底层承载协议,主要完成呼叫控制、媒体网关接入控制、资源分配、协议处理、路由认证、计费等主要功能……

目前业界从事软交换设备生产的厂商很多,软交换设备的种类也很丰富。总体而言,软交换设备主要有两种形式:①综合型的软交换设备,该类型的软交换设备能够同时接入中继网关、接入网关、IAD、智能终端等各种接入层设备,向用户同时提供语音、视频、多媒体等各种业务;②独立型软交换设备,该类型的设备或者只接入中继网关、接入网关、IAD 等提供给窄带电话用户使用的接入层设备,称为窄带软交换设备;或者只接入智能终端,称为宽带软交换设备。其中,窄带软交换设备主要是对现有 PSTN 上业务的继承与补充,多媒体业务主要由宽带软交换设备提供。

以上两种形式的软交换设备各具优势,综合型软交换设备提供业务比较方便,尤其在提供不区分宽窄带用户的业务时优势最为突出。独立型软交换设备在组网上比较灵活,运营商可根据实际需要,相应地选择窄带或宽带的软交换设备。

6.4.2 软交换设备的主要功能

(1)呼叫控制与处理功能:呼叫的建立、维持与释放,对媒体网关的控制等。

(2)业务提供和业务交换功能:提供 PSTN/ISDN 基本业务和补充业务、业务的识别与触发、业务交互应用管理等。

(3)协议处理功能:对各种协议的处理,包括:媒体控制协议、呼叫控制协议、传输控制协议、业务应用协议、维护管理协议等。

(4)互通功能:与 PSTN、无线市话网、No.7 信令网、智能网、H.323 网以及其他软交换网络互通等。

(5)资源管理功能:资源的分配、释放和控制,资源使用状况的统计等。

(6)计费功能:详细话单的生产、存储与转发、复次计费等。

(7)地址解析与路由功能:地址转换与解析,按号码、中继、时间等选择路由等。

(8)语音处理功能:编码方式选择、回声抑制、静音检测、舒适噪声产生、输入缓冲、增益等语音处理功能的控制等。

6.4.3 软交换设备的性能评价标准

对软交换设备的性能评价主要关注设备容量、处理能力、过载保护能力、呼叫接通率、可靠性和稳定性等方面。

1. 设备容量

软交换设备作为软交换网络的核心控制设备,其处理能力及容量与具体网络实施所依

据的话务模型及设备配置都有关系。

软交换设备的容量与网络规划所依据的话务模型有关。在不同的网络话务模型下(如市话模型和长话模型的区别),软交换设备的容量指标也会有所不同。

传统的话务模型计算主要由两个因素构成:用户忙时话务量(单位为 Erl)、平均呼叫时长(单位为秒)。对于前者,不同业务的忙时话务量可根据不同地区、不同用户群确定,大致范围在 0.02~0.2Erl 之间。对于后者,不同业务的平均呼叫时长也不尽相同。例如,本地市话业务的平均呼叫时长一般为 60 s,长话一般在 120 s 左右;而视频电话业务的平均呼叫时长大都维持在 140 s 以上。软交换网络在实际规划与建设时,应根据当地的电信消费市场,甚至是电信运营策略等实际情况来确定合适的话务模型。

《软交换设备总体技术要求》(以下简称为《要求》)中对软交换设备的容量有相应的要求,但由于国际上对相关指标没有具体的规定,所有该要求仅仅是中国的暂时规定。《要求》中规定:当软交换设备位于端局时,设备容量为 100k 用户;当软交换设备位于汇接局时,设备容量为 200k 中继,并可根据需要灵活扩展。

2. 处理能力

在一定的话务模型下,软交换设备的处理能力与所配置的用户/中继资源类型相关,性能指标具体可体现为软交换设备的 BHCA 忙时试呼叫值。

《要求》中对软交换设备的处理能力规定如下:当软交换设备位于端局时,处理能力为 140 万 BHCA;当软交换设备位于汇接局时,处理能力为 300 万 BHCA。

另外,由于软交换设备是一个开放的、多协议的实体,故其采用各种协议与媒体网关、终端和网络进行通信。目前业界主流的软交换产品在处理不同的协议类型(如 MGCP/H.248/SIP/H.323 等)时,由于其耗费的资源各有不同,所以在不同协议类型的用户配置情况下,软交换设备的处理能力也会有所不同。所以从软交换设备性能角度出发,在进行软交换网络设计规划和性能优化时,需要针对软交换的具体应用环境加以考虑。

3. 过载保护能力

电信级的设备要求软交换设备在实际话务量超出其设备处理能力,即负荷过载时,应该具备一定程度的过载告警和过载保护能力。

例如,软交换设备如果设定其呼叫主控模块的 CPU 利用率=70% 作为设备负荷过载的临界阈值,此时的设备处理能力可用 BHCA0 来表示。那么当实际话务量大于 BHCA0 或者呼叫主控模块的 CPU 利用率高于临界阈值时,软交换设备应当能够产生光电显示的过载告警信息;同时还应该具备一定的过载保护能力,如随机或者有选择性的拒绝后续部分呼叫,以避免软交换设备因负荷过重而瘫痪,确保设备对于当前呼叫业务的有效处理和保持。

4. 呼叫接通率

软交换设备的重要功能之一就是呼叫控制和处理功能,呼叫接通率也是软交换设备较为关键的性能指标之一。

呼叫接通率的测试方法是通过模拟大量的呼叫信令,发起大话务量的呼叫来对软交换设备的处理能力进行客观评估。呼叫期间,检查设备丢包以及处理时延的变化,以确定设备是否达到其最大的处理能力。《要求》中规定:软交会设备必须达到或超过 99.999% 的可用性。

5. 可靠性与稳定性

作为电信级设备,《要求》中规定:软交换设备必须采用容错技术设计,具备高可靠性和高稳定性。全系统每年的中断时间小于 3 min。主处理板、电源和通信板等系统主要部件应具有热备份冗余，并支持热插拔功能。

6.4.4　我国 NGN 的技术实践

虽然在研究 NGN 的这些年中，人们对于 NGN 的定义、含义等一直在不断地争论和修正，但是设备生产厂家以及运营商已经在 NGN 方面进行了很多试验，并有部分运营商开始投入实践。当前比较受关注的主要是软交换、3G、下一代互联网、家庭网络等方面。

我国的电信运营商都比较关注 NGN 当中的软交换技术。

（1）2002 年，中国电信在北京、上海、广东、杭州采用了 4 个厂家的设备进行试验，涉及的内容主要是单域的软交换试验和软交换与 PSTN/PLMN 的互通，软交换不同域之间的用户通过 PSTN 实现互联互通。

（2）中国联通从 2003 年开始在北京、上海、重庆、天津、广东、四川采用了 7 个厂家的设备试验，进行了单域软交换试验、软交换与 PSTN/PLMN 的互通、同一厂家多域软交换之间的互通，此外还进行了不同厂家软交换与软交换、网关与网关之间的互通。

（3）中国移动的软交换技术试验旨在跟踪和掌握以软交换技术为代表的下一代网络的发展和应用，验证其技术的合理性和有效性，在下一代网络的建设、规划和运营维护等方面积累经验。中国移动的软交换技术试验分别在长途汇接层和移动本地网两个部分引入。

6.4.5　日益壮大的 NGN 企业队伍

1．华为

华为公司的 U-SYS NGN 提供了从业务管理、网络控制、核心交换、边缘接入、终端各个层次的产品。其中，包括综合网络管理系统 iManagerN2000、Eudemon2000 系列会话边界控制器、U-SYS 全系列 IAD 综合接入设备、UA5000 综合接入媒体网关、TMG8010 中继媒体网关、SG7000 信令网关、UMG8900 通用媒体网关、SoftX3000 软交换以及接入和终端等设备，为用户提供端到端的软交换网络建设方案。基于 IPv6 的软交换产品还有待开发。

在数据通信领域，华为公司主要提供了 NE 系列高端/核心路由器、AR 系列边缘路由器以太网交换机、防火墙等产品。华为系列产品基于统一软件平台，大多数产品都支持 IPv6 协议，其系列产品能提供电信网、IPTV、MPLSVPN、VPNManager 和大客户解决方案等丰富的业务。

2．中兴通讯

中兴通讯公司在软交换方面主要有 ZXSS10 软交换产品系列，主要包括核心控制设备 ZXSS10SS1、综合媒体网关 ZXMSG9000、综合媒体网关 ZXMSG7200、综合接入媒体网关 ZXMSG 5200，此外还有综合介入设备 IAD、宽带网关、接入网关等设备，能为用户提供端到端的软交换解决方案。

中兴通讯公司在数据产品方面不尽如人意。虽然中兴公司拥有较完整的产品线，包括 ZXR10 系列路由器产品、ZXR10 以太网交换机产品系列、宽带接入系统以及 ZXB10 产品系列，但是其核心数据产品一直没有在运营商核心网大量应用，而且在对 IPv6 的支持方面，中兴通讯公司也已落到竞争对手的后面。

3．UT 斯达康

UT 斯达康传统上的 NGN 产品主要集中在软交换产品方面。UT 斯达康的软交换产品主要包括呼叫服务器 iCS1500、综合媒体网关、中继网关、信令网关、IAD、IP 终端等设备。

此外,UT斯达康在第三代移动通信上也投入了大量的研发力量。

4. 朗讯

在NGN产品方面,朗讯除了提供传统的数据网络设备、语音融合设备、光网络设备和无线网络设备以外,还提供基于IMS的下一代网络设备。朗讯在IMS架构下提供MapWeb(基于地图的统一通信及信息平台)、位置服务iLocator及基于位置的800/110业务、在线电话簿(Active Phonebook)、移动流媒体内容分发、移动交通信息实时监控、IPTV业务等,为下一代网络业务提供了示范。

除上述公司以外,思科、上海贝尔阿尔卡特以及大量国内和国外的大小公司都研发了NGN产品。

6.4.6 软交换技术给运营商带来的好处

1. 降低了建设及运维成本

目前,PSTN、数据网络、移动电话网络的技术及设施相互独立,公共资源无法相互利用,导致了较高的建设及运营成本。

软交换网络体系采用公共、可管理的宽带分组网作为传送平台,使得原来分立的各种网络有机地统一在一起,使用公共的网络资源,不再需要单独建设各网络。而且,软交换网络中的设备普遍处理能力高、容量大,从而可以减少局所,使得网络层次和结构得以简化,节约了网络建设成本。

网络中共享的部分增多,使得维护人员数量可以减少,技术培训费用及人员开支降低,避免了维护多个分离业务网所带来的高成本和运维配置升级的复杂性。统计复用技术、静音检测和压缩等技术的使用,提高了网络工作效率,使得占企业每年总投资80%的运维成本得以降低。

2. 便于进入新的业务领域

软交换网络的发展使得技术间的差异不再成为业务差异的主要因素。经营IP网、移动通信网络、固定电话通信网络的各传统运营商可以利用这种网间技术,方便地进入其他业务网领域,同时拥有属于其他业务网络的用户群,统一提供更加丰富多彩的业务,使得电信服务更加贴近普通百姓的生活。

3. 增强了企业的竞争力

现在的电信市场竞争日益激烈,如何提供令人满意、快捷的服务将是竞争力的源泉所在。随着数据网的飞速发展,用户对业务的需求已不再局限于语音,如何快速提供各种宽带多媒体业务是各运营商正苦苦思索的问题。

在软交换网络中,所有的业务逻辑及控制都集中在少数几个应用服务器上,业务的接续和控制由软交换设备负责,使得业务提供基于可控、可管理的平台。软交换设备的处理能力更高,控制的用户更多,业务的覆盖面更大,业务升级能力强,便于业务的推广。网络通过标准的API与第三方业务提供平台连接,运营商及用户可随时根据市场所需,及时生成及修改业务,使得业务生成更加快速,业务特征更加贴近需求。软交换网络采用集中用户数据库管理的办法,使得一些诸如广域Centrex、广域VPN、移机不改号、广域UPT的广域联网业务更具吸引力。软交换设备可以通过INAP信令直接调用现有智能网业务,使原有网络资源不会浪费,网络得以平滑过渡。

综上所述,软交换网络强大的业务提供能力大大增强了企业的竞争力。

4. 组网更加灵活

软交换网络采用分层的结构,将传统交换机的功能模块分离成独立的网络构件,构件间采用标准的接口协议且相对独立,使得各部件在地理上得以自由分离,网络结构逐步走向开放,运营商也可根据业务的需要自由组合各部分的功能产品来组建网络,实现各种异构网的互通,并且能够根据业务的发展有选择地增加业务服务器及网关设备,适时扩大网络规模。

5. 实现用户的综合接入

目前 PSTN 用户的终端智能低,接入带宽窄,难以适应业务发展的速度。随着网络和应用的发展,业务需求将朝着宽带多媒体方向发展,运营商的网络必须能够提供各种接入手段才能留住用户。软交换网络能够提供各种业务及用户的综合接入,满足用户对多媒体业务的需求。

6. 可实现网络的平滑过渡

PSTN 与软交换网络将在相当一段时间内共存,软交换网络不是对 PSTN 资源的淘汰,而是 PSTN 的自然演进目标。原 PSTN 交换机将继续使用到自然寿命终结,其用户将通过中继网关实现与软交换网络用户的互通。对于 PSTN 中新增的用户需求,可通过使用接入网关、IAD 等设备解决用户的接入,通过使用中继网关设备解决网络对汇接局及长途局的新设备需求,并逐步采用软交换设备替代 PSTN 中已到寿命的设备,最终实现向软交换网络的平滑过渡。

7. 盘活已有宽带资源

从目前情况看,无论是老牌电信运营商还是新兴运营商,都已采用光纤＋LAN 的方式建成了宽带城域网,应该说为用户提供了极为丰富的带宽资源。但由于缺乏有力的业务支撑和用户基础,宽带资源不能形成规模应用。软交换网络是个开放的网络,可以将大量的信息拥有者接入网络,提供丰富的应用。可以说,在目前情况下,只有软交换网络才能使宽带城域网丰富的带宽真正应用于人们的生活,还可缓解目前电话网难以满足信息化需求的矛盾。

8. 提高了网络可靠性

软交换网络的一些创新技术,如呼叫控制节点的互相切换,网络拥塞或中断时基于策略的呼叫路由选择,基于策略的网络路由优化,所有网元设备基于分组网布放等,使设备的网络级备份得以实现,大大提高了网络可靠性。

9. 有利于新的电信运营商进入

随着电信业自由竞争时代的来临,新运营商需要进行大规模的基础网络建设。软交换网络的集中控制机制使得新运营商可以在提供 IP 业务的同时,提供实时的语音和视频业务,不用像传统电信运营商那样投入庞大的用户接入费用,使业务与终端用户直接挂钩。

一直以来,工程浩大的用户管线建设使得其他运营商在发展用户上望而却步,但软交换网络的出现打破了这一局面,方便了新运营商进入本地电话市场。伴随着城域网的逐步完善,新运营商可以方便地将各类网关设备、综合接入设备、智能终端设备布放到各地,向终端用户提供各种接口,如模拟电话 RJ45 口、xDSL、以太网口等,使用户接入更加容易,享有各种多媒体业务。

由此可见,软交换技术可以给新老运营商都带来极大的优势。

6.4.7 软交换设备应用方案举例

1. 西门子方案

西门子公司面向下一代网络的语音与数据的融合提出了 SURPASS 的整体解决方案。

SURPASS 解决方案由以下几个部分组成：①SURPASS 虚中继（VT）；②SURPASS 下一代本地交换（NGLS）；③SURPASS 多媒体应用（MMA）。

SURPASS HiQ 系列作为呼叫特性服务器和媒体网关控制器的 SURPASS HiQ 是所有 NGN 解决方案的核心。它为 IP 融合网络提供特性丰富的 VoIP 应用。它实现网关和资源服务器控制，它协调 SURPASS HiQ 产品家族中不同成员共同提供的网络智能。如果不使用独立方式的 SURPASS HiS，它还可以包括多协议信令网关功能。SURPASS HiQ 开放业务平台和媒体网关控制器（MGC）一起提供开放的应用程序接口，这使得运营商可以快速和灵活的实现新的终端用户应用。HiQ 系列还包括一些支持不同任务的服务平台。当需要为拨号上网用户执行电信级的身份认证、鉴权和记账时，SURPASS HiQ AAA 服务器在 NGN 网络解决方案中扮演着至关重要的角色。SURPASS HiQ 网守为 NGI 的下一代本地交换解决方案的 IP 客户端部分提供注册和选路功能。通过 LDAP 用户数据库，使得 SURPASS HiQ 目录服务器同时支持 AAA 服务器的网守，特别是当它包括拨号上网用户的 H.233 注册用户的属性时。

SURPASS HiQ 700 是 TMD 网络上的独立的信令网关（SG），SURPASS HiQ 700 可用于处理 TMD、ATM 以及 IP 网络上的 No.7 信令功能的 SURPASS HiQ 700 传送。它实现了在已有的 TMD 网、IN 网平台以及下一代 IP 网络之间的沟通。具有独立 STP 功能的 SURPASS HiQ 700 能够支持基于 IP 的 No.7 信令功能和业务，如图 6-7 所示。

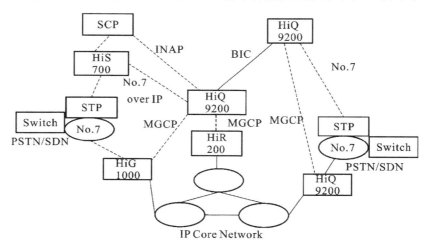

图 6-7　西门子面向下一代网络的信令网关方案

SURPASS HiQ 1000 是媒体网关，它通过把 PSTN 传来的媒体流转换成 IP 网的媒体流来实现 TMD 网和包交换网的互联。它可以作为 VoIP 的网关，支持 IP 传真、Modem 和 ISDN、FoIP、Modem over IP。

SURPASS HiR 是媒体资源服务器，播放录音通知和交互会话构成语音服务器的一个完整的部分。SURPASS HiR 200 资源服务器由两个主要实体组成：资源语音服务器和资源内容服务器。资源语音服务器向网络提供媒体流的接口，向呼叫控制服务器（HiQ 9200）提供控制接口。资源内容服务器通过与资源语音服务器的接口向资源语音服务器提供语音的内容和语音的业务结构及逻辑。

HiA 7500 是综合接入媒体网关，它提供了多种接入业务，如 xDSL 宽带接入和 VoDSL。它可以连接任何新型的 CPE，如 IP 电话、PC 客户端、综合接入设备以及传统的语音用户电话机（POTS/ISDN）等。下面以虚中继（VT）解决方案为例来进行说明。

Virtual trunking 是一个电信级 VoIP 解决方案，运营商可以通过基于 IP 的骨干网来实现对于语音业务的中继传输。基于 SURPASS 的 IP 网络的语音业务不仅能满足小规模的方案，而且支持大规模电信级网络方案的要求。

软交换设备 HiQ 9200 通过 MGCP/H.248 协议控制媒体网关 HiG 1000 来实现 PSTN、ISDN 用户的接入功能。它不仅能提供完整的 PSTN/ISDN 业务应用（如语音、数据、补充业务、IN、Centrex 等），而且能提供 Fax over IP 和 Modem over IP。此外，它还具有智能接口，可以作为 SSP 与智能网 SCP 配合完成智能网业务。HiQ 具有很强的性能，每个媒体网关控制器可以实现 24×10^4 个中继端口、12×10^4 个 VoIP 呼叫、16×10^6 BHCA。不同的软交换设备之间可以通过 BICC/SIP-T 协议实现互通。

SURPASS HiQ 9200 可以实现集中的 AMA 计费功能，并通过呼叫详细记录（CDR）为不同网络实体的互通提供网络间计费功能。在虚中继解决方案中，媒体网关 HiG 1000 具有"双归属"功能。它可以同时被两个软交换设备控制，当一个软交换设备出现故障时，它可以由另一个软交换设备控制，继续保持网络正常运行。

2. 中兴方案

中兴通讯作为一家国有电信设备制造商，在积极参与国内软交换相关标准制定的同时也推出了自己的下一代网络解决方案。其中，包括 ZXSS10 SS1 软交换机、ZXSS100 S10 信令网关、ZXSS100 M100 媒体网关、ZXSS100 I500 和 I600 综合接入设备等。

软交换核心控制设备 ZXSS10 SS1 主要完成域内电话用户的信令处理、呼叫控制、资源管理、计费、用户管理、协议适配及业务代理等。中继网关 ZXSS10 M100 完成 PSTN 网到 IP 网媒体的转换，ZXSS10 S100 完成 PSTN 网到 IP 网 No.7 信令的转换。软交换网络与 PSTN 网的互通通过 ZXSS100 M100 与 ZXSS10 S100 实现。ZXSS10 SS1 与 ZXSS100 M100 的媒体控制信令为 H.248/MGCP。另外，中兴通讯媒体资源服务器内置于媒体网关 ZXSS100 M100 之中，由媒体网关完成媒体资源服务器需要提供的 IVR 及电话会议的语音混合等功能。

ZXSS10 SS1 与 ZXSS10 SG 之间采用 Sigtran 信令，并支持信令转接点方式和代理信令点方式。ZTE Softswitch 系统所有域名、别名、电话号码到 SIP 地点的解析都是由软交换控制设备完成的，所以无须配置 DNS 服务器。

中兴的下一代网络的接入方案包括：IAD 方案、智能终端方案及 Soft-Phone 方案。

IAD 方案主要应用于家庭/SOHO、楼道、学校、政府机关与商业楼宇。这种方案的优点是方式简单，成本低，能将用户数据与语音业务综合接入。智能终端方案应用于高档住宅用户、SOHO、政府机关及商业楼宇，用户可以更快地享用网络中的各项智能业务。Soft-Phone 方案以成本低廉的特点更多地为广大学生与计算机爱好者所使用。

以智能终端解决方案为例，中兴通讯推荐采用的电话机提供两个以太网，一个用于与数据网互联，另一个连接用户 PC 机。对于城域网五类线已经到户的用户，可以利用现有的线路资源，只需将这根五类线接 Pingtel 话机，再通过 Pingtel 的另一个以太网口接用户 PC 机，即可以实现用户数据与语音的综合接入，如图 6-8 所示。

智能终端解决方案将 IP 语音终端直接接入运营商数据网，在终端将语音信号压缩为 RTP 流，每个智能终端分配一个 IP 地址。推荐采用 Pingtel 的 SIP 话机。在 ZXSS10 SS1 的控制管理下，SIP 话机可以实现话机之间、话机与其他接入网关之间、话机与固定电话网之间的互通。

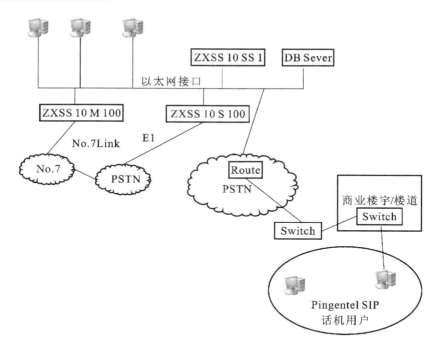

图 6-8　中兴面向下一代网络的信令网关方案

在这种接入方式之下，Soft-Phone 完成呼叫控制、协议处理、资源处理路由选择、认证、计费、协议适配等功能，其组网模式简单、清晰，可以充分利用运营商提供的网络资源，工程实施与业务实现非常方便。智能终端的 IP 地址可通过 DHCP SERVER 获得。

本 章 小 结

随着通信行业管制的放松，电信运营商之间的竞争加剧，提供满足用户需求的个性化业务的前提下，NGN 的概念应运而生。下一代网络（NGN）是一个综合性的开放网络，以分组交换技术为基础，以软交换技术为核心，提供语音、数据和多媒体业务的开放的网络架构。

软交换为 NGN 提供话音业务、数据业务和视频业务的呼叫控制和连接控制功能，是 NGN 呼叫与控制的核心设备，是电路交换网向分组网演进的重要设备。网络向着分组化、宽带化、融合化和智能化的方向发展；网络体系结构趋于简单和开放，形成分层化网络结构；控制平面从现有结构中分离出来，集成在一起完成各种呼叫控制、业务控制以及资源管理功能。

习 题 6

6-1　何为下一代网络，它具有哪些特点？

6-2　简述软交换技术的主要特点。

6-3　简述软交换网络组网方式及其特点。

6-4　如何在软交换网络上开发新业务？

6-5　NGN 企业产品的共同特点是什么？

第7章 光交换技术

本章首先介绍光交换概况，然后依次介绍光交换器件、光交换网络、光交换系统和自动交换光网络等内容。学习完本章之后，读者将对光交换技术有一个初步的完整印象。

7.1 光交换概况

目前，光纤已成为通信网的主要传输媒介。未来，每秒数百兆比特的视频通信业务可能像现在的电话通信一样普及，网络交换节点所需容量是现有电话网的 $1000\sim10\ 000$ 倍，其交换节点容量至少是太比特（Tbit/s）级的。以电子技术为基础的交换方式，无论是数字程控，还是适合 B-ISDN 的 ATM 方式，它们的交换容量都要受到电子器件工作速度的限制。在这种情况下，人们对光交换技术的关注日益增长，因为光交换技术在交换高速宽带信号上优于电交换，研究和开发具有高速宽带大容量交换潜力的光交换技术势在必行。

光交换被认为是为未来宽带通信网服务的新一代交换技术，其优点主要集中在以下几方面。

（1）光信号具有极宽的带宽。一个光开关就可能有每秒数百吉比特（Gbit/s）的业务吞吐量，可以满足大容量交换节点的需要。

（2）光交换技术对比特速率和调制方式的透明性，即相同的光器件能应用于比特速率和调制方式不同的系统，便于扩展新业务。

（3）光器件体积小，便于集成。从理论上来说，光器件可趋向最小极限 λ（λ 指光的波长）。在实际应用中，光器件与电子器件相比，体积更小，集成度更高，并可提高整体处理能力。

（4）具有空间并行传输信息的特性。光交换不受电磁波的影响，可在空间进行并行信号处理和单元连接，可进行二维或三维连接而互不干扰，是增加交换容量的新途径。

（5）降低网络成本，提高可靠性。光交换无须进行光电转换，以光的形式直接实现用户间的信息交换，省去了进入交换系统前后的光/电、电/光变换这一环节，这对提高通信质量和可靠性、降低网络成本都大有好处。

（6）光交换与光传输匹配可进一步实现全光通信网。从通信发展演变的历史可以看出，交换遵循传输形式的发展规律：模拟传输导致机电制交换，数字传输导致引入数字交换。那么，传输系统普遍采用光纤，很自然导致光交换。通信全过程由光完成，从而构成完全光化的通信网，有利于高速大容量的信息通信。

光交换是指不经过任何光电转换，在光域直接将光信号交换到不同的输出端。模拟传输与数字传输均可进行光交换，避免了宽带电交换系统功耗大、串扰严重等问题。由于电子器件受到电子电路的电阻、电容延时和载流子渡越时间的限制，其运行速度最高只有 20 Gbit/s 左右。电驱动的光开关也要受到电子电路工作速度的限制。而光控光开关速度可达 10^{-12} 秒级，利用光控器件就能实现超高速的全光交换网。

光交换节点按功能结构可分为接口、光交换网络、信令和控制系统四大部分。接口完成光信号接入，包括电/光或光/电信号的转换、光信号的复用/分路。信令协调光交换节点和

接入设备,以及光节点设备间的工作。控制系统负责实现任意用户间的光通信。

光交换系统按交换方式可分为光路光交换(optical circuit switching,OCS)、分组光交换(optical packet switching,OPS)和光突发交换(optical burst switching,OBS)。OCS又可分为空分光交换、时分光交换、波分光交换、码分光交换,以及由这些交换组合而成的混合型光交换。如图7-1所示为光交换的分类。

图 7-1　光交换的分类

 ## 7.2　光交换器件

7.2.1　光开关

光开关是各种光通信系统中实现高性能、高可靠性,提高维护和使用效率必不可少的光器件。光开关大致可分为半导体光开关、采用铌酸锂(LiNbO₃)的耦合波导光开关、M-Z干涉型热光开关、液晶光开关、微机电系统(MEMS)开关等。

光开关在光通信中的作用有三种:①将某一光纤通道中的光信号切断或开通;②将某波长光信号由一个光纤通道转换到另一个光纤通道中去;③在同一光纤通道中将一种波长的光信号转换为另一种波长的光信号(波长转换器)。

光开关的特性参数主要有插入损耗、回波损耗、隔离度、串扰、工作波长、消光比、开关时间等。有些参数与其他器件的定义相同,有些参数则是光开关特有的。

1. 光放大器开关

通常来说,半导体光放大器用于放大输入的光信号,且通过控制放大器的偏置信号来控制其放大倍数。偏置信号为零时,器件完全吸收输入的光信号,使得器件的输出端没有任何光信号输出。这相当于开关"断开"了光信号。当偏置信号不为零且为某一值时,输入的光信号便会被适量放大而出现在输入端上,这相当于开关"闭合"让光信号"导通"。因此,这种半导体光放大器也可以用作光交换中的空分交换开关,通过控制电流来控制光信号的输出选向。这种光放大器的结构及等效光开关示意图如图7-2所示。

图 7-2　光放大器及等效光开关

2. 耦合波导光开关

耦合波导光开关属于电光开关,其原理一般是利用铁电体、化合物半导体、有机聚合物

182

等材料的电光效应或电吸收效应,以及硅材料的等离子体色散效应,在电场的作用下改变材料的折射率和光的相位,再利用光的干涉或偏振等方法使光强突变或光路转变。

这种开关是通过在电光材料如铌酸锂(LiNbO$_3$)(或其他化合物半导体、有机聚合物)的衬底上制作一对条形波导及一对电极构成的,如图 7-3(a)所示。当不加电压时,即为一个具有两条波导和四个端口的定向耦合器。一般称①-③和②-④为直通臂,①-④和②-③为交叉臂。

铌酸锂是一种很好的电光材料,它具有折射率随外界电场变化而变化的光学特性。在铌酸锂基片上进行钛扩散,以形成折射率逐渐增加的光波导,即光通道,再焊上电极,它便可以作为光交换元件了。当两个很接近的波导进行适当的耦合时,通过这两个波导的光束将发生能量交换,并且其能量交换的强度随着耦合系数、平行波导的长度和两波导之间的相位差而变化。只要所选的参数得当,那么光束将会在两个波导上完全交错。另外,若在电极上施加一定的电压,将会改变波导的折射率和相位差。由此可见,通过控制电极上的电压,将会获得如图 7-3(b)中所示的平行和交叉两种交换状态。

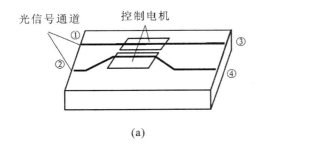
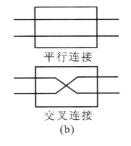

图 7-3　耦合波导光开关

3. 液晶光开关

液晶光开关的原理是利用液晶材料的电光效应,即用外电场控制液晶分子的取向而实现开关功能。偏振光经过未加电压的液晶后,在偏振态将发生 90°改变;而经过施加了一定电压的液晶时,其偏振态将保持不变。

液晶光开关的工作原理如图 7-4 所示。在液晶盒内装着相列液晶,通光的两端安置两块透明的电极。未加电场时,液晶分子沿电极平板方向排列,与液晶盒外的两块正交的偏振片 P 和 A 的偏振方向成 45°,P 为起偏器,A 为检偏器,如图 7-4(a)所示。这样液晶具有旋光性,入射光通过起偏器 P 先变成线偏光,经过液晶后,分解成偏振方向向后垂直的左旋光和右旋光,二者的折射率不同(速度不同),有一定的相位差,在盒内传播盒长距离 L 之后,引起光的偏振面发生 90°旋转,因此不受检偏器 A 阻挡,器件为开启状态。当施加电场 E 时,液晶分子平行于电场方向,因此液晶不影响光的偏振特性,此时光的透射率接近于零,处于关闭态,如图 7-4(b)所示。撤去电场,由于液晶分子的弹性和表面作用又恢复至原开启态。

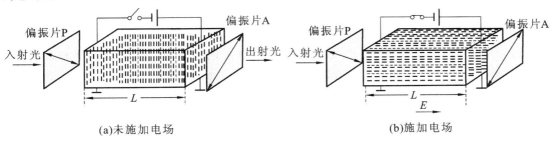

图 7-4　液晶光开关工作原理

4．微机电系统（MEMS）开关

微机电系统开关（micro electro mechanical systems，MEMS）是靠微型电磁铁或压电器件驱动光纤或反射光的光学元件发生机械移动，使光信号改变光纤通道的光开关。其原理如图 7-5 和图 7-6 所示。

近年来大力发展的微机电系统（MEMS）光开关，由大量可移动的微型镜片构成，如采用硅在绝缘层上的硅片生长一层多晶硅，再镀金制成反射镜，然后通过化学刻蚀或反应离子刻蚀方法除去中间的氧化层，保留反射镜的转动支架，通过静电力使微镜发生转动。如图 7-7 所示为一个 MEMS 实例，它采用 16 个可以转动的微型反射镜光开关，实现两组光纤束间的 4×4 光互联。

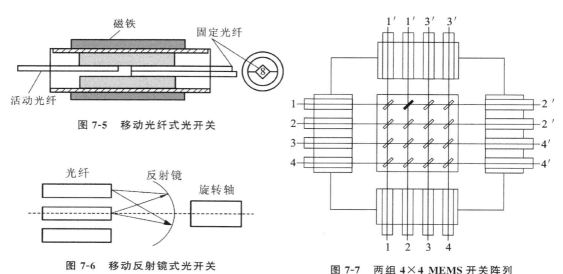

图 7-5　移动光纤式光开关

图 7-6　移动反射镜式光开关

图 7-7　两组 4×4 MEMS 开关阵列

归纳起来，按照光束在开关中传输的媒质来分类，光开关可分为自由空间型和波导型光开关。自由空间型光开关主要利用各种透射镜、反射镜和折射镜的移动或旋转来实现开关动作。波导型光开关主要利用波导的热光、电光或磁光效应来改变波导性质，从而实现开关动作。按照开关实现技术的物理机制来分，可以分为机械开关、热光开关和电光开关。机械开关在插损、隔离度、消光比和偏振敏感性方面都有很好的性能。但它的开关尺寸比较大，开关动作时间比较长，不易集成。对于波导开关而言，它的开关速度快，体积小，而且易于集成，但其插损、隔离度、消光比、偏振敏感性等指标都较差。因此如何在未来光网络中结合机械开关和波导开关两者的优点，以适应现代网络的要求，一直都是研究的热点。

7.2.2　光调制器

1．波长转换器

最直接的波长变换是光-电-光变换，即将波长为 λ_i 的输入光信号，由光电探测器转变为电信号，然后该电信号再驱动一个波长为 λ_j 的激光器，或者通过外调制器去调制一个波长为 λ_j 的输出激光器，波长转换器如图 7-8 所示。

2．空间光调制器

在空间中无干涉的控制光路径的光交换器称为自由空间光调制器，这种调制器的典型

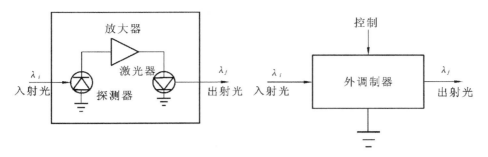

图 7-8　光波长转换器结构示意图

器件由二维光极化控制阵列或开关门器件组成。如图 7-9 所示的是一个二维液晶空间调制器结构,它的特点是,在 1 mm 范围内具有高达 10 μm 级的分辨率。利用这种空间光调制器构成的光交换网络,可实现全息光交换所需要的特性。

7.2.3　可调谐滤光器

　　波长可变的可调谐滤波器在波分复用和光交换系统中起着十分重要的作用。滤光器具有选择性好、插入损耗低和偏振敏感性低的特点。常用的可调谐滤光器类型有:F-P(Fabry-Perot)滤光器、M-Z 滤光器、光纤布拉格(Bragg)光栅和电光、声光可调谐滤光器(acousto-optic tunable filter,AOTF)等。这类器件主要用于波分(频分)光交换网络。

　　F-P 滤光器的主体是一对由高反射率镜面构成的 F-P 谐振腔,通过改变腔长、材料折射率或入射角来改变谐振腔传输峰值的波长。现已开发出多种结构的 F-P 可调谐滤光器,如利用压电陶瓷改变空气间隙乃至腔长的光纤 F-P 腔型可调谐滤光器。

　　AOTF 的主体是声光波导,它可以根据控制信号的不同,将一个或多个波长的信号从一个端口滤出,而其他波长的信号从另一个端口输出,如图 7-10 所示为声光可调谐滤波器原理图。因此,它也可看成波长复用的空间 1×2 光开关。

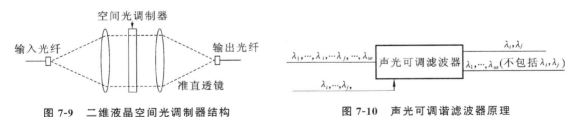

图 7-9　二维液晶空间光调制器结构　　　　图 7-10　声光可调谐滤波器原理

7.2.4　光存储器

　　在电交换中,存储器是常用的存储电信号的器件。在光交换中,同样需要存储器实现光信号的存储。常用的光存储器有光纤时延线光存储器和双稳态激光二极管光存储器。

1.光纤时延线光存储器

　　光纤时延线作为光存储器使用的原理较为简单,其示意图如图 7-11 所示。它利用了光信号在光纤中传播时存在时延,这样,在长度不相同的光纤中传播可得到时域上不同的信号,这就使光信号在光纤中得到了存储。N 路信号形成的光时分复用信号被送入到 N 条光纤时延线,这些光纤的长度依次相差 Δl ,这个长度正好是系统时钟周期内光信号在光纤中

传输的时间。N 路时分复用的信号,要有 N 条时延线,这样,在任何时间各光纤的输出端均包括一帧内所有 N 路信号,即间接地把信号存储了一帧时间,这对于光交换应用来说已足够了。

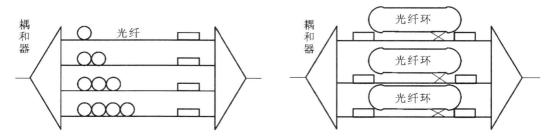

图 7-11　双稳态激光二极管触发器

光纤时延线光存储法较简单,成本低,具有无源器件的所有特性,对速率几乎无限制。而且具有连续存储的特性,不受各比特之间的界限影响,在现代分组交换系统中应用较广。

时延线存储的缺点是:它的长度固定,时延也就不可变,故其灵活性和适应性受到了限制。因此,研究人员开发了一种"可重入式光纤时延线光存储器",可实现存储时间可变。

2. 双稳态激光二极管光存储器

双稳态激光二极管光存储器的原理是利用双稳态激光二极管对输入光信号的响应和保持特性来存储光信号的,如图 7-12 所示。

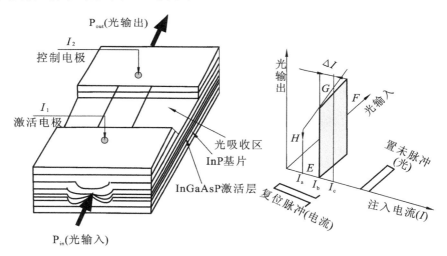

图 7-12　双稳态激光二极管触发器

双稳态半导体激光器具有类似电子存储器的功能,即它可以存储数字光信号,光信号输入到双稳态激光器中,当光强超过阈值时,由于激光器事先有适当偏置,可产生受激辐射,对输入光进行放大。其响应时间小于 10^{-9} s,以后即使去掉输入光,其发光状态也可以保持,直到有复位信号(可以是电脉冲复位或光脉冲复位)到来,才停止发光。由于以上所述两种状态(受激辐射状态和复位状态)都可保持,所以它具有双稳特性。

用双稳态激光二极管作为光存储器件时,由于其光增益很高,故可大幅提高系统的信噪比,并可进行脉冲整形。但由于存在剩余载流子的影响,其反应时间较长,使速率受到一定限制。

7.3 光交换网络

光交换器件是构成光交换网络的基础,随着技术的不断进步,光交换器件在不断完善。全光网络中,光交换网络的组织结构也随着光交换器件的发展不断变化,本节介绍几种典型的光交换网络。

7.3.1 空分光交换网络

与空分电交换一样,空分光交换是几种光交换方式中最简单的一种。它通过机械、电或光三种方式对光开关及相应的光开关阵列/矩阵进行控制,为光交换提供物理通道,使输入端的任一信道与输出端的任一信道相连。空分光交换网络最基本单元是 2×2 的光交换模块,如图 7-13 所示,输入端有两根光纤,输出端也有两根光纤。它有两种工作状态:平行状态和交叉状态。

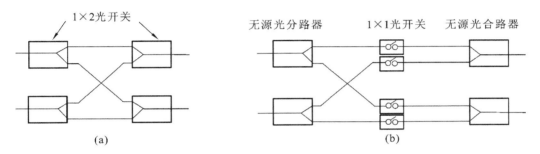

图 7-13　基本的 2×2 空分光交换模块

可以采用以下几种方式来组成空分光交换模块。

(1) 铌酸锂($LiNbO_3$)晶体定向耦合器,其结构和工作原理已在 7.2 节中介绍。

(2) 用 4 个 1×2 光开关(又称为 Y 分叉器)组成 2×2 的光交换模块。1×2 光开关(Y分叉器)可有铌酸锂耦合波导光开关来实现,只需少用一个输入端或输出端即可,如图 7-13(a)所示。

(3) 用 4 个 1×1 光开关器件和 4 个无源广分路/合路器组成 2×2 的光交换模块,如图7-13(b)所示。1×1 光开关器件可以是半导体光开关或光门电路等。无源光分路/合路器可采用 T 型无源光耦合器件,光分路器能把一个光输入分配给多个光输出,光合路器能把多个光输入合并到一个光输出。T 型无源光耦合器不影响光信号的波长,只是附加了损耗。在此方案中,T 型无源光耦合器不具备选路功能,选路功能由 1×1 光开关器件实现。另外由于光分路器的两个输出都具有同样的光信号输出,因此它具有同播功能。

通过对上面的基本交换模块进行扩展、多极复接,可以构成更大规模的空分光交换单元。

空分光交换的优点是各信道中传输的光信号相互独立,且与交换网络的开关速率无严格的对应关系,并可在空间进行高密度的并行处理,因此能较方便的构建容量大而体积小的交换网络。空分光交换网络的主要指标是网络规模和阻塞性能。交换系统对阻塞要求越高,则对组网器件的单片集成度就越高,参与组网的单片器件数量越多,互连越复杂,损耗也越高。

7.3.2　时分光交换网络

在电时分交换方式中,普遍采用电存储器作为交换器件,通过顺序写入、控制读出,或者控制写入、顺序读出的读写操作,把时分复用信号从一个时隙交换到另一个时隙。对于时分光交换,则是按时间顺序安排的各路光信号进入时分交换网络后,在时间上进行存储或时延,对时序有选择地进行重新安排后输出,即基于光时分复用中的时隙交换。

光时分复用与电时分复用类似,也是把一条复用信道分成若干个时隙,每个数据光脉冲流分配占用一个时隙,N 路数据信道复用成高速光数据流进行传输。

时隙交换离不开存储器。由于光存储器还没达到实用阶段,所以一般采用光时延器件实现光存储。采用光时延器件实现时分光交换的原理是:先把时分复用光信号通过光分路器分成多个单路光信号,然后让这些光信号分别经过不同的光时延器件,获得不同的时延,再把这些信号通过光合路器重新复用起来。上述光分路器、光合路器和光时延器件的工作都是在(电)计算机的控制下进行的,可以按照交换的要求完成各路时隙的交换功能,也就是光时隙互换。由时分光交换网络组成的交换系统如图 7-14 所示。

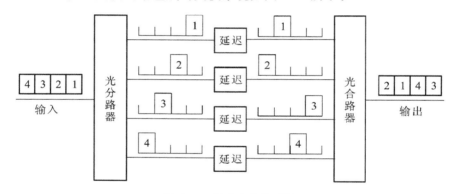

图 7-14　时分光交换系统

时分光交换的优点是能与现有广泛使用的时分数字通信体制相匹配,但它必须知道各路信号的比特率,即不透明。另外,需要产生超短光脉冲的光源、光比特同步器、光时延器件、光时分合路/分路器、高速光开关等,其技术难度较空分光交换大得多。

7.3.3　波分光交换网络

波分交换即信号通过不同的波长,选择不同的网络通路,由波长光开关进行交换。波分光交换网络由波长复用/去复用器、波长选择空间开关和波长转换器(波长开关)组成。

波分光交换网络中,采用不同波长来区分各路信号,从而可以用波分交换的方式实现交换功能。其交换原理如图 7-15 所示。

波分交换的基本操作,是从波分复用信号中检出某一波长的信号,并把它调制到另一个波长上去。信号检出由相干检测器完成,信号调制则由不同的激光器来完成。为了使得采用由波长交换构成的交换系统能够根据具体要求,在不同的时刻实现不同的连接,各个相干检测器的检测波长可以由外加控制信号来改变。

图 7-16 所示的是一个 $N \times N$ 阵列波长选择型波分交换网络结构。输入端的 N 路电信号分别去调制 N 个可变波长激光器,产生 N 个波长的光信号,经星型耦合器耦合后形成一个波分复用信号,并输出到 N 个输出端上,每个输出端可以利用光滤波器或相干光检测器

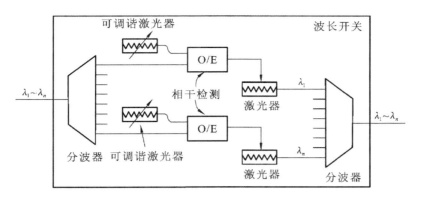

图 7-15　波分光交换原理

检出所需波长的信号。

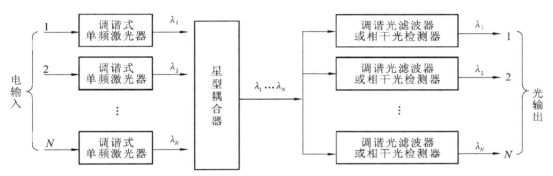

图 7-16　波长选择型波分交换网络结构

该方案中,输入端和输出端之间的交换,既可以在输入端通过改变激光器波长来实现,也可以在输出端通过改变光滤波器的调谐电流或相干检测本振激光器的振荡波长来实现。

与光时分交换相比,光波分交换的优点是各个波长信道的比特流相互独立,各种速率的信号都能透明的进行交换,不需要特别高速的交换控制电路,可采用一般的低速电子电路作为控制器。另外它能与波分复用(WDM)传输系统相配合。

7.3.4　混合型光交换网络

虽然使用半导体激光器可实现光频转换,使用调谐滤波器可以选择信道,但在实际系统中利用它们实现交换的信道数有限。若将上述几种光交换方式结合起来,可以组成混合型光交换网络,可以扩大光交换网络的容量。例如,波分与空分光交换相结合组成波分-空分-波分混合型光交换网络。

1. 空分与时分混合型

图 7-17 中给出了时分与空分 TST 混合型光交换单元,其中时分光交换模块由 N 个时隙交换器构成。空分光交换模块 S 由如下器件组成:LiNbO₃ 光开关、InP 光开关和半导体光放大器门型光开关,且这些光器件的开关速率可达到纳秒级。STS 光交换单元和 TST 光

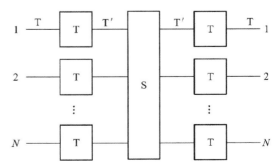

图 7-17　时分与空分 TST 混合型光交换单元

交换单元类似，二者的区别在于 STS 光交换单元由两级空分、一级时分组成的。

2. 波分与空分混合型

利用波分复用技术设计大规模交换网络的一种方法是把多级波分交换网络互联。这种方法每次均需把 WDM 信号分路后交换，然后再复用，使得系统复杂、难实现、成本也高，解决办法之一是利用空分交换技术。首先，把输入光波信号分路，然后，每个波长的信号分别应用一个空分光交换模块，完成空间交换后再进行波分复用，实现波分与空分光交换功能，波分复用的空分光交换模块如图 7-18 所示。

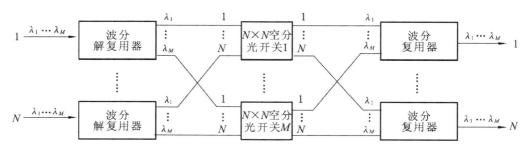

图 7-18　波分复用的空分光交换模块

3. FDM 与 TDM 混合型

把完成时隙交换的光存储器加入 FDM 交换系统中，就可以实现 FDM 与 TDM 的混合型交换。其工作原理是：首先，用电时分复用的方法将 N 路信号复用在一起；然后，调制 L 个光载波中的一个光载波，这 L 路光载波经频分复用后就构成 FDM 与 TDM 结合的复用信号。

为了实现 FDM 与 TDM 的混合型交换，应首先用光分路器对 L 路 FDM 信号分路，得到 L 路 TDM 信号，然后对每一路 TDM 信号进行时隙交换。TDM 交换单元由 $1 \times N$ 分路器、N 个光存储器、N 个低速频率转换器和 1 个 $N \times 1$ 光合路器组成。时隙交换后的 L 路光信号再经复用器复用后送入光纤传输，从而完成了 FDM 与 TDM 混合型交换。FDM 与 TDM 混合型交换原理如图 7-19 所示。

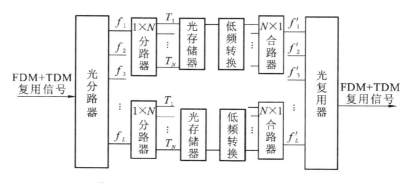

图 7-19　FDM 与 TDM 混合型交换原理图

7.3.5　自由空间光交换网络

光学通道是由光波导组成的，光波导材料的光通道带宽受材料的限制，远远没有发挥光的高密度性、并行性的特点。另外，由平面波导开关构成的光开关节点是一种定向耦合开关节点，没有逻辑处理功能，不能完成自选路由。由于光波作为载波在自由空间传输的带宽大约为 $100 \mathrm{T\,Hz}$，为了充分利用带宽，采用在空间无干涉地控制光路径的光交换方式，称为自由空间光交换。

自由空间光交换通过简单的移动棱镜或透镜来控制光束进而完成交换功能。典型的自由空间光交换单元由二维光极化控制的阵列或开关门器件组成,光通过自由空间或均匀的材料如玻璃等进行传输。而光空分波导交换时,使用全光交换技术可以构成大规模的自由空间光交换系统,无须多级互连。自由空间交换的优点是互连不需要物理接触,且串扰和损耗小,但对光束的校准和准直精度有很高的要求。

自由空间光交换与空分光交换相比,具有高密度装配的能力。它采用可多达三维高密度组合的光束互连,来构成大规模的光交换网络。但光由波导所引导并受其材料特性的限制,远未发挥光的高密度性和并行性的潜力。

自由光交换网络可以由多个 2×2 交叉连接器件组成。图 7-20 所示的是具有极化控制的两块双折射片组成的交换器件。双折射即一束入射到介质中的光经折射后变成两束光;折射后的两束光都是线偏光,一束遵循折射定律,称为正常光束,另一束不遵循折射定律,称为异常光束。前一块双折射片对两束正交极化的输入光束复用;后一块双折射片对其分路。输入光束偏振方向由极化控制器控制,可以旋转 0° 或 90°。旋转 0° 时,输入光束的极化状态不会改变;旋转 90° 时,输入光束的极化状态发生变化,正常光束变为异常光束。异常光束变为正常光束,实现了 2×2 的光束交换。

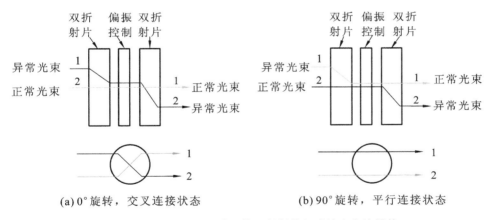

(a) 0° 旋转,交叉连接状态　　　　　(b) 90° 旋转,平行连接状态

图 7-20　具有极化控制的两块双折射片组成的光交换器件

如果把 4 个交叉连接器件连接起来,就可以得到一个 4×4 交换单元,如图 7-21 所示。这种交换单元有一个特点,就是每一个输入端到每一个输出端都有一条路径,且只有一条路径。例如,在控制信号的作用下,A 和 B 交叉连接器件工作在平行连接状态,而 C 器件工作在交叉连接状态,所以输入线 0 只能输出到输出线 0,输入线 3 只能输出到输入线 1。类似的方法,可以构成大规模的交换网络系统。

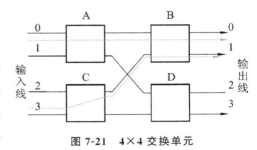

图 7-21　4×4 交换单元

自由空间光交换网络也可由光逻辑开关器件组成,其中,一种典型的器件是既要求电能也要求光能的对称自电光效应器件(symmetric self elector-optic effect device,S-SEED)。自电光效应器件是一个 i 区为多重量子阱(MQW)结构的 PIN 光电二极管。通常,除了信号光束外,还对它施加一个偏置光束。对该器件供电时,出射光强并不完全正比于入射光强。

当入射光强（＝偏置光强＋信号光强）大到一定程度时，该器件变成一个光能吸收器，使出射光信号减小。利用这一特性，可以制成多种逻辑器件，如逻辑门。当偏置光强和信号光强都足够大时，其总能量足以超过器件的非线性阈值电平，使该器件的状态发生改变，输出电平从高电平"1"下降到低电平"0"。借助减小或增加偏置光束能量和信号光束能量，可以构成光逻辑门。

7.4 光交换系统

光交换系统的设计应尽可能灵活，对比特传送速率应透明，业务和控制尽可能分离，控制系统应简单，并且具有广播功能。基于发展规划和维护的原因，光交换系统设计应该是模块化结构，允许将来的升级和修改。目前光交换系统的研究着重多维交换体系结构，通过综合利用电子组装、光突发交换和波分复用技术来解决超大容量的信息交换。

7.4.1 光交叉交换设备

随着数据业务量的激增，要求传输网必须能支持多信道、高容量、可配置、智能网的业务应用。现代业务应用要求网络具有自动交换功能，称为自动交换光网络（automatic switched optical network，ASON）。实现 ASON 网络的核心技术是光交叉连接设备（optical cross connection，OXC），通过 OXC 在光网络中实现光信道的智能建立，在不需要人为管理和控制的作用下，按用户的请求自动建立一条符合用户要求的光信道。

1. 光分插复用器和光交叉连接基本结构

OXC 的基本结构如图 7-22 所示，OXC 主要由输入部分、输出部分、控制和管理部分组成。其中，输入部分包括 EDFA、分路器、光交叉连接矩阵等；输出部分包括波长转换器（optical transponder unit，OTU）、均功器、复用器等。

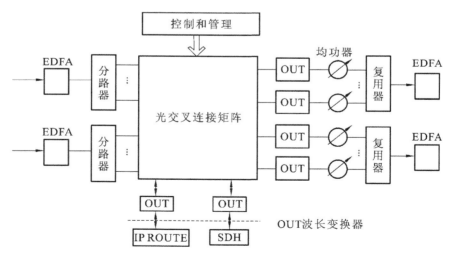

图 7-22 OXC 的基本结构

在骨干传送网中，光交叉连接设备具有多个标准的光纤接口，它可以把任意输入端的光信号交换到任意输出端，这一过程完全在光域中进行。通过使用光交叉连接设备，可以有效地解决现有数字交叉连接（digital cross connection，DXC）设备的电子瓶颈问题。

OXC 具有信号复用、信号交换、光路保护切换、监控管理等功能，其作用类似于 DXC 设备,但 OXC 具有更高的技术水平,交叉容量大,交叉总容量可达 Pb/s 级别。

2. 光分插复用器和光交叉连接基本功能模块

1) 光交叉连接矩阵

光交叉连接矩阵的主要指标要求如下:与偏振无关;光通道隔离度大;插入损耗小;通道损耗小;通道均匀性好;多波长操作能力好。

目前实现光交叉连接的方法有传统的光机械开关、Ti:LiNbO₃ 开关、InP 开关、半导体光放大器开关等。光机械开关可靠性高,但开关速度慢;基于 Ti:LiNbO₃ 的交换矩阵波长较敏感且损耗偏高;基于 InP 的集成数字光开关矩阵,对偏振状态不敏感,可靠性好,但需解决插入损耗和光通道隔离度的问题;SOA 开关可对信号进行放大以补偿分波/合波的损耗,具有很宽的光带宽,但 SOA 的偏振相关性的指标不容易克服,因此也未得到广泛应用。

微机电系统(MEMS)光开关既具有机械光开关的低损耗、低串扰、低偏振敏感性和高消光比的优点,又具有波导开关的开关速度高、体积小、易于大规模集成等优点。典型的 MEMS 光开关器件可分为二维和三维结构,基于 MEMS 光开关交换技术的解决方案已广泛应用于骨干网或大型交换网的工业领域。

2) 波长转换器

波长转换器将信号从一个波长转换到另一个波长上,实现波域的交换。目前有两种基本的方式:光电混合方式和全光方式。光电混合方式在功率、信号再生、波长和偏振敏感性等方面性能优良,但对不同的传输代码格式和比特率不透明,所以在 OXC 中的波长转换器采用全光变换方式。根据全光波长变换技术所采用的基本物理原理可分为:交叉相位调制型、四波混频效应和差频效应等,利用的元器件主要是 SOA。

3) 其他设备

在 OXC 设备中,EDFA 可有效补偿线路损耗和节点内部损耗,延长传输距离。EDFA 具有宽频道、对调制方式和传输码率透明等特点。

均功器使各波长通道的光功率差异在允许范围内,防止经多个节点的 EDFA 级联后对系统造成严重的非线性效应。

控制和管理单元实现 OXC 设备各功能模块的控制和管理。具体包括:自动保护切换功能;支持光传输网的端到端连接配置;动态配置波长路由;快速保护和恢复网络传输业务。

3. 光分插复用器和光交叉连接工作原理

在图 7-22 所示的 OXC 基本结构中,假设输入/输出光纤数均为 M,每条光纤复用 N 个波长。这些波长复用光信号首先进入 EDFA 放大,然后经分路器把每一条光纤的光信号分路为单波长信号($\lambda_1 \sim \lambda_N$),M 条光纤就分解为 $M \times N$ 个单波长光信号。

经过分路的 $M \times N$ 个单波长光信号分别连接到 $(M \times N) \times (M \times N)$ 的光交叉连接矩阵的对应输入端口上,在控制和管理单元的操作下进行波长配置,完成光波长的交叉连接。为了实现无阻塞交叉连接,防止每条光纤同时传输两个相同波长的信号,在交叉连接矩阵的输出端对各波导的光信号还需经过波长转换器 OTU 进行波长转换。然后再进入均功器把各波长通道的光信号功率控制在许可范围内,防止因 EDFA 引起的非线性效应。最后,多个光波长信号通过复用器 MUX 复用到同一光纤中,经 EDFA 放大到线路所需的功率后送至外线传输。

4. 光分插复用器和光交叉连接实现方式

光分插复用器和光交叉连接有以下三种实现方式。

(1) 光纤交叉连接:以一根光纤上所有波长的总容量为基础进行的交叉连接,容量大但

灵活性差。

（2）波长交叉连接：可将一根光纤上的任何波长交叉连接到使用相同波长的另一根光纤上，它比光纤交叉具有更大的灵活性。但由于不进行波长变换，这种方式将受到了一定的限制。其示意图如图 7-23 所示。

（3）波长变换交叉连接：可将任意输入光纤上的任意波长交叉连接到任意输出光纤上。由于采用了波长变换，这种方式可以实现波长之间的任意交叉连接，具有较高的灵活性。其示意图如图 7-24 所示。

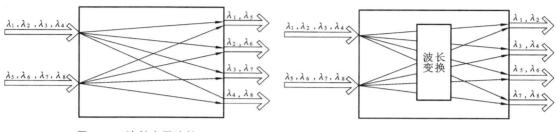

图 7-23　波长交叉连接　　　　　　　图 7-24　波长变换交叉连接

7.4.2　光分组交换

在电路交换网络中，信息发送前，通过信令系统建立交换路由。所有交换机利用信令信息建立连接。端到端连接建立后即开始光传输。分组交换中，交换机或路由器转发信号所需的所有信息包含在每一个分组中。所以，路由器所需的地址和分组头其他信息必须从分组中直接读取。

光分组交换的商业化目前仍未实现，但欧洲研究工程 STOLAS 提出了经济上和技术上均可行的光分组交换的解决方案。下面给出 STOLAS 交换方法的介绍。

STOLAS 系统提出的交换过程如图 7-25 所示，包含可调波长转换器（tunable wavelength converters，TWC）和光栅交换器。波长转换器的调谐由包含在数据分组中的标签决定。调谐指的是系统的谐振频率与外部频率一致，如收音机接收某一电台时，需调节收音机调谐电路的电容，使接收回路的谐振频率与电台信号频率一致，才能得到最佳的接收效果。

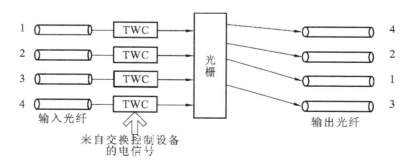

图 7-25　采用可调波长转换器（TWC）和光栅的交换器

TWC—可调波长转化器

例如，比特率为 155 Mb/s 时，对分组的标签采用 FSK 调制，信号可以以更高的速率调制，如 10 Gb/s。标签插到分组的前面，且只是分组很小的一部分。整个分组包括用户业务部分和标签部分。STOLAS 光分组交换原理如图 7-26 所示。图中左上角给出了一个输入信道的细节，即只给出了一个光标签交换器（optical lable swapper，OLS）的处理过程。信号的管理由 OLS 完成。每个信道对应一个 OLS 单元。

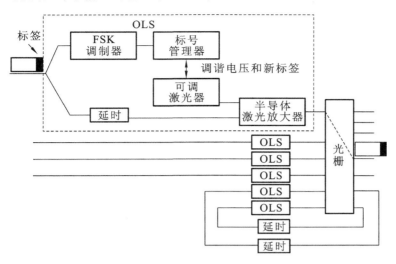

图 7-26　STOLAS 光分组交换原理

OLS—光标签交换器

OLS 的交换原理如下，分光器将光信号分为两部分，如只有 10% 的功率送到 FSK 解调器。FSK 解调器识别出标号并送到标号管理器。标号管理器根据标号决定信号传送到哪个输出通道。管理器还构建一个下一级交换机将采用的标号。管理器随后将调谐电压和新的标签送到可调激光器。标签编码为关于调谐电压的二进制幅度变化。最后，通过调整对应标签的幅度变化（该标签以 FSK 已调信号形式出现），实现调谐电压对调谐激光器载波频率的调整。

7.4.3　光突发交换

1. 光突发交换原理

光突发交换网络主要由光的核心路由器（节点）和电的边缘节点组成，其结构如图 7-27 所示。

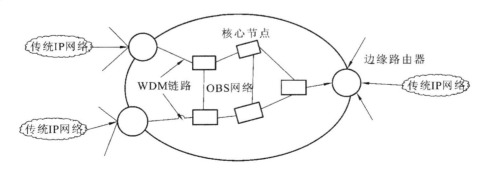

图 7-27　光突发交换网络的基本结构

突发（brust）数据分组在 OBS 网中的交换传输完全在光域内完成，不需要进行光/电、电/光转换。突发数据由一些 IP 分组组成，这些 IP 分组可以是来自传统 IP 网中不同的电 IP 路由器。突发控制分组（burst control packet，BCP）在独立于数据通道的光信道中传输，如图 7-28 所示。

每个突发数据分组(burst data packet,BDP)对应于一个控制分组,源端需设置控制分组与突发数据分组的偏移时间(offset time)T,即控制分组与相应的突发数据分组的出发时间间隔。通过设置恰当的时间间隔,来保证一定的 QoS 并且不需要光存储和光同步。控制分组在中间节点需要进行光电转换,在电域内进行路由判断,保证突发数据分组在偏离时间内完全在光域内完成交换传输。由于突发数据分组是同级占有带宽资源,从而提高了不同连接之间的传输效率。在 WDM 系统中,控制分组占有一根光纤的一个波长或几个波长,突发数据占用其他波长;对于多光纤系统也可以是控制分组占用一根光纤,而其他光纤和波长用于突发数据的传输。

图 7-29 所示的是 OBS 网核心节点的基本结构。假定入口、出口光纤数均为 n,每根光纤支持的波长数均为 $k+1$,一个波长用于传输突发控制分组,另外 k 个波长用于传输突发数据。用于传输 BCP 的波长在网络中间节点需要进行光/电/光变换,在电域进行路由表查找、控制光交换矩阵、更新 BCP 相应数据域等操作。而对于传输突发数据的 k 个波长信道来说,不需要进行光/电/光转换,整个交换传输在光域内完成,保证了数据的透明性。由于中间节点只需对少量波长进行光/电/光转换,然后在电域处理、控制光交换矩阵等,故可消除电子处理瓶颈。光交换矩阵前面的光纤延迟线用于缓存突发数据(只能缓存有限长时间),等待控制分组的处理,通过设置恰当的偏移时间 T,可以使突发数据不需要在中间节点缓存而直接通过 OBS 网络,进而取消光纤延迟线。当然,适当使用光纤延迟线可以减少冲突。

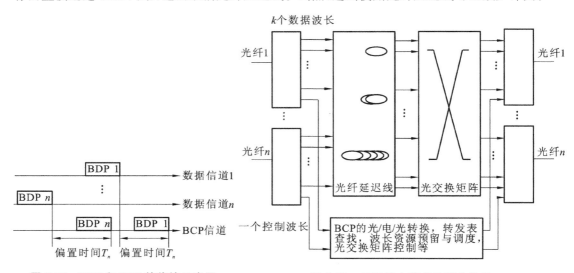

图 7-28 BDP 和 BCP 的传输示意图　　图 7-29 OBS 核心节点的基本结构

2. 光突发交换中的资源预约

OBS 网络中,突发数据与相应的控制分组在相互独立的信道上传输。源端先发送控制分组,然后间隔一个偏移时间后,再发送突发数据。每个突发数据在发送前,先在一个独立的信道通过控制分组发送一个建立消息(setup),在某些方案中还需要在突发数据结束时发送一个资源释放消息(release)。具体方案如下。

 显式建立、显式拆除(explicit setup and explicit release)。当 Setup 消息到达时,立刻对交换模块进行相应的配置,包括对交叉矩阵的设置,以及对输出波长的预约。这一配置直到收到 Release 消息时释放。

方案二 显式建立、估算拆除(explicit setup and estimated release)。Setup 消息

196

中携带突发数据的持续时间信息。与方案一不同,方案二不需要 Release 消息来标志突发数据的结束。突发数据的结束根据 Setup 消息的到达时刻与突发数据的持续时间来估计。

方案三 估算建立、显式拆除(estimated setup and explicit release)。该方案与方案二正好相反。估算的是突发数据的开始时刻,而突发数据的结束用 Release 消息来标志。

方案四 估算建立、估算拆除(estimated setup and estimated release)。突发数据的开始和结束时刻都根据 Setup 消息中的信息来估计。

几种方案中最明显的区别是同一个突发数据占用节点资源的时间,时间的长短取决于各种方案中对突发数据开始和结束时间的估计精度。估计得越准,占用的资源时间越短,资源利用率越高,而且突发数据分组间的冲突概率越低。方案一估计得最不准,因为 Setup 和 Release 消息的到达时间被直接当成突发数据的开始和结束时间;方案四估计得最准,因此性能最好。

3. 光突发交换中的冲突处理

在传统分组交换机中,当多个分组同时到达同一输出端口,就发生了"冲突",称为"外部阻塞"。解决外部阻塞的办法是:通过缓存所有冲突分组,让其中一个分组顺利通过。在光突发交换中也存在类似情况,若多个突发数据同时传送到同一输出端口的同一波长上,此时为防止数据丢失,有四种可行的方法,即光缓存、波长变换、偏折路由、突发数据分割,具体介绍如下。

(1)光缓存:由于突发数据完全在光域处理,不进行光/电/光转换,所以必须采用全光缓存技术。由于没有类似随机存储器 RAM 的光器件,光域的缓存很难实现,目前只能采用光纤延时线(FDL)的方式来实现。在使用光缓存的交换机中,缓存的大小不仅受限于信号质量,也受限于交换机中的物理空间(一个分组缓存 $5~\mu s$ 需要至少 1 km 光纤)。因而此方式不能有效地解决高负载情况下的突发业务。

(2)波长转换:波长转换可以把输入的任意波长转换到任意其他波长。由于这种转换需要在电信号的控制下完成,所以需采用波长可调的转换器(tunable wavelength converter,TWC)。当存在多个波长信号要同时交换到同一输出端口的同一波长时,可以将其中几个波长先转换为输出端口中其他的空闲波长,然后再交换到同一输出端口中去。显然,这种方法有一定的局限性,业务负载较重时难以真正解决冲突。而且,这种方法的有效性还依赖于这样一个事实:即同一输出端口中的不同波长通道是等效的。另外,全光的 TWC 价格昂贵,考虑采用部分波长交换(即不必为每个波长都配置波长变换器)是一种较为经济的节点实现方式,尤其是单光纤可复用波长数目较多的情况。因此,只依赖波长转换不能完全解决冲突问题。需要说明的是,若能在同一链路上提供多条光纤,则可以在一定程度上避免使用(或减少使用)波长转换器。

(3)偏折路由:其基本思想是出现冲突(且没有其他解决冲突的手段)时,将冲突的分组发往另一个端口。具体发往哪个端口有两种不同的策略:一种是发往任意可用端口;另一种是发往预先确定的端口。第一种方法适用于基于 IP 的 OBS,被偏折的分组在后续的每个节点都根据路由表信息逐跳转发。需要解决的问题是如何控制突发数据的转发跳数,在控制分组中增加一个类似于 IP 的生存时间(time to live,TTL)域可以部分地解决这个问题。另一种方法要求预先确定从偏折节点开始到目的节点终止的替代路由。这两种方法,都存在一个共同的问题,即预先确定的偏移时间可能因偏折路由而不再满足要求,导致突发数据在后续的节点必须缓存,以等待控制分组的处理。

(4)突发数据分割:突发数据可以分成多个数据段,当冲突时,并不丢掉整个突发数据,

而是仅仅丢掉冲突的(重叠的)数据段。此外可以结合偏折路由来解决冲突,即可以偏折冲突的突发数据,或者仅仅偏折重叠的数据段。这种方式可以降低分组丢失率。

4. 光突发交换中的多播

多播在网络中也越来越普遍和重要。IP over WDM 网络中的多播可以通过以下几种方式实现:IP 多播方式、多个 WDM 单播方式、WDM 多播方式等。

光突发交换结合了光路交换和光分组交换的优点而避免了它们的缺点,具有很好的发展前景。

 ## 7.5 自动光交换网络

光传送网一直被看成是一个为电层网络设备提供连接通道的传输平台。在传送网中,"智能"主要体现在电层,而光层仅仅是为信息传输提供波长通道。传统光网络的控制功能是通过网管来实现的,这种结构带来一系列的问题。例如,光通道的配置需要人工干预,开通时间长、效率低,不适应业务和网络的实时、动态变化。随着 WDM 技术的发展,单根光纤的传输容量可达 Tb/s 级,由此也对交换系统带来了巨大的压力,尤其是全光网络中,交换系统所需处理的信息甚至可达到几百至上千 Tb/s。为了有效解决上述问题,一种新型的网络体系应运而生,这就是自动交换光网络(automatically switched optical network,ASON)。

7.5.1 ASON 的体系结构

ASON 体系结构主要体现在具有鲜明特色的三个平面、三种接口和三类连接方式上。与传统的光传送网相比,ASON 引入了独立的控制平面,从而使广网络能够在信令的控制下完成资源的自动发现,连接的自动建立、维护和删除等,成为光传送网向智能化发展的必然趋势。

1. ASON 的三个平面

根据 ITU-T G.8080 和 G.807 的定义,ASON 包括如图 7-30 所示的三个独立平面,三个平面之间运行着一个传送管理和控制信息的数据承载网(data communication network,DCN)。

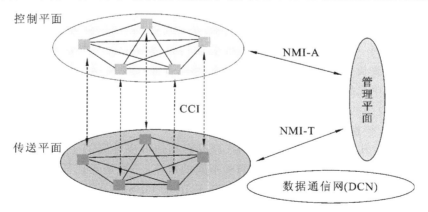

图 7-30 ASON 的体系结构

控制平面是 ASON 最具特色的核心部分,主要完成路由控制、连接及链路资源管理、协议处理和其他策略控制功能。控制平面的控制点由多个功能模块组成,它们之间通过信令进行交互协同,形成一个统一的整体,完成呼叫和连接的建立与释放,实现连接管理的自动化;在连接出现故障时,能够对业务进行快速而有效的恢复。ASON 的智能主要体现在控制平面上。

传送平面由一系列的传送实体组成,为业务的传送提供端到端的单向或双向传输通道。传送平面采用网格化结构,也可构成环形结构,传送节点采用 OXC、OADM、DXC 和 ADM 等设备。此外,传送平面具有分层特点,并向支持多粒度交换的方向发展。

管理平面负责对传送平面和控制平面的管理。相对于传统的网管系统,其部分功能被控制平面取代。ASON 的管理平面与控制平面互为补充,可以实现对资源的动态配置、性能监测、故障管理和路由规划等。ASON 网管系统是一个集中式管理与分布智能相结合、面向运营者维护管理需求和面向用户的动态服务需求相结合的综合解决方案。

2. ASON 的三种接口

三个平面之间通过接口实现信息交互。控制平面和传送平面之间通过连接控制接口(connection control interface,CCI)相连,交互的信息主要是从控制平面到传送平面的交互控制命令和从传送平面到控制平面的资源状态信息。管理平面通过网管接口(NTI-T,network management information-T)和 NMI-A(network management information-A)分别与传送平面和控制平面交互,实现管理功能。NMI-A 接口主要是对信令、路由和链路资源等功能模块进行配置、监视和管理。同时,控制平面发现的网络拓扑也通过该接口上报给网管。NMI-T 接口的管理功能包括基本的传送资源配置,日常维护过程中的性能检测和故障管理等。

3. ASON 的三类连接

如图 7-31 所示,ASON 网络提供的三类连接包括交换式连接(SC)、永久连接(PC)和软永久连接(SPC)等。

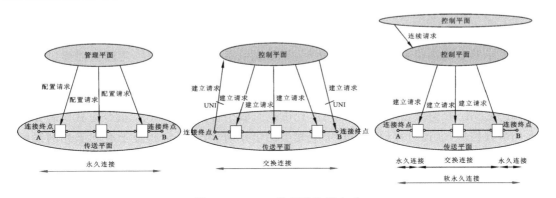

图 7-31 ASON 的三种连接方式

SC 是根据源段用户呼叫请求,通过控制平面功能实体之间的信令交互而建立的连接。这种连接集中体现了 ASON 的本质特征。为了实现交换式连接,ASON 必须具备一些基本功能,包括:自动发现(如邻居发现、业务发现)、路由、信令、保护和恢复、策略(链路管理、连接允许控制和业务优先级管理)等。相应地,针对 SC 的路由与波长分配算法(RWA),对路由建立的实时性要求很高,属于动态 RWA 问题。

PC 沿袭了传统光传送网的连接建立方式,整个连接是由网管系统指配的,控制平面不参与其中。一旦连接建立后,就一直存在,直到管理平面下达拆除指令。PC 的 RWA 算法对实时性要求不高,属于静态连接。

SPC 介于 SC 和 PC 之间,这种连接请求、配置以及在传送平面的路由均从管理平面发出,但具体实施由控制平面完成。同时,控制平面将实施情况报告给管理平面,对这种连接

的维护需要控制平面与管理平面共同完成。

上述三类连接各具特色,进一步增强了光网络提供光通道的灵活性,同时,支持 ASON 与现有网络的无缝连接,也有利于现有传送网向 ASON 的过渡和演进。

7.5.2 向 ASON 的演进

下一代 IP 通信网是一个具有高交换效率、高传输带宽的 IP 网。能做到这一点主要归功于密集波分复用技术的突破性进展,以及单波长传输速率的迅速提高,使得在一根光纤上传输数据的速率有了极大的提高。其速度不仅超过了摩尔定律限定的交换机和路由器的发展速度,而且也超过了数据业务的增长速度。尽管 DWDM 技术实现了传输容量的突破,但普通的点到点 DWDM 系统只提供原始的传输带宽,为了将巨大的原始带宽转化为实际组网可以灵活应用的资源,需要在传输节点引入光节点设备,实现灵活的光层连网,解决传输节点的容量扩展问题。

目前,传统光网络向 ASON 演进主要有两种方式:一种是由 ITU、光互联论坛(OIF)和光域业务互联(ODSI)等组织提出的域业务模型(重叠模型);另一种是由 IETF 提出的统一业务模型(集成模型)。它们的目标都是要解决 IP 网络和光网络融合的问题,其基本思想与 IP/ATM 互联的思路相似。

1. 重叠模型

重叠模型的主要思想是将光传送层特定的智能控制功能完全放在光层实现,无须客户层干预,客户层与光传送层相互独立。这种模型有两个独立的控制平面,一个在光层(即光网络层的控制平面),另一个在 IP 层(IP 设备和光层之间)。每个边缘设备利用标准的 UNI 接口直接与光网络通信,而光网络设备之间的互连则利用标准的网络节点接口(NNI)。核心光网络为边缘客户(如路由器和交换机)提供波长业务。当边缘路由器拥塞后,网管或路由器将要求核心光网络提供动态波长指配,于是光节点实施交叉连接,为路由器提供所需的波长通路,即动态波长指配可以自动适应业务流量的变化。

重叠模型的主要优点是:①可以实现统一、透明的光网络层,支持多种客户层信号,如支持 SDH、ATM、IP 路由器等客户信号;②允许以类似于智能网和 No.7 信令方式实施光路的带内和带外控制;③通过接口向用户屏蔽光层的拓扑细节,在一定程度上有利于光网络的安全和管理;④允许光网络层和 IP 层各自演进;⑤利用成熟、标准化的 UNI 和 NNI,比较容易实现多厂商光网络的互操作;⑥这种模型在光层和客户层信号间有一个清晰的分界点,允许网络按需控制等。

重叠模型的缺点有:①两个平面都需配置网管,功能重叠;②需要在边缘设备间建立点到点的网状连接,即存在 N^2 问题,扩展性受限;③两个平面存在两个分离的地址空间,相互之间的地址解析较复杂,需要同时管理两个独立的物理网,成本较高。

2. 集成模型

集成模型的基本思想是将光层的智能转移到 IP 层,由 IP 层实施端到端的控制,此时 IP 网和光网络被看作一个集成的网络,使用统一的管理和控制策略。其控制平面跨越核心光网络和边缘客户层设备(主要是路由器)。目前,主要采用基于 GMPLS 的 IP 控制平面,将 IP 层用于 GMPLS 通道的路由和信令,经适当改造后直接应用于包括光层在内的各层的连接控制。

集成模型的优点是:具有无缝特性,光交换机和标记交换路由器(LSR)之间可以自由交换信息,消除不同网络间的壁垒,可以提高网络资源利用率,降低网络建设和运营成本。

但这种模型也有不足,与重叠模型支持多种客户信号的特性相比,这种模型只能支持单一的客户层设备——IP 路由器,从而失去了透明性,难以支持传统的非 IP 业务;无法维护光网络运营者的秘密和知识产权,因为要想实现路由器对光层的全面控制,就必须对客户层开放光层的拓扑细节;在进行互操作时,IP 层和光层之间会有大量的状态和控制信息交互,这也给标准化过程带来了一些困难。

重叠模型和集成模型各有优劣,其中重叠模型主要存在 N^2 和两个独立网络的管理问题;集成模型主要存在只支持 IP 路由器和光网络层不透明问题。已建有大量 SDH 和网管系统的传统运营商可采用重叠模型组网;相应地,那些同时拥有光网络和 IP 网络的新兴运营商可以采用集成模型,特别是基于 GMPLS 的 IP 控制平面出现后,只支持 IP 路由器而不支持多种客户层信号的问题将得到很好的解决。当然,在具体应用时,也可将这两种模型结合使用。

目前,通信网正在向全 IP 化方向演进,各种网络技术与解决方案层出不穷。其中,ASON 具有很好的优越性,将成为未来宽带通信网的综合传送平台。随着 IP 业务的快速发展,光网络与 IP 技术的结合将越来越紧密。光网络未来的发展趋势将是适应数据业务发展的光分组网,在由电网络向全光网络的演进过程中,光交换技术必将起到重要的支撑作用。

本 章 小 结

光纤具有信息传输容量大、对业务透明、不受电磁干扰、保密性好等优点,是现代通信网中传送信息的极佳媒质。光交换被认为是为未来宽带通信网服务的新一代交换技术。

光交换,是指不经过任何光电转换,在光域直接将传输光信号交换到不同的输出端。但由于目前光逻辑器件的功能还较简单,不能完成控制部分负责的逻辑处理功能,因此现有的光交换控制单元还要由电信号来完成,即目前主要是电控光交换。随着光器件技术的发展,光交换技术的最终发展趋势是光控光交换。

光交换的基础器件有:①各种类型的光开关,如光放大器开关、耦合波导开关、液晶光开关、微机电系统开关等;②光调制器,如波长转换器、空间光调制器等可调谐滤光器;③光存储器,如光纤时延线光存储器、双稳态激光二极管光存储器等。通过这些基本器件的不同组合,可构成不同的光交换结构,如空分光交换、时分光交换、波分光交换、混合型光交换及自由空间光交换。

光路交换技术以及实用化,如在基于 WDM 的光网络中,使用光分插复用器和光交叉连接来完成光路上下、光层的带宽管理、光网络的保护、恢复和动态重构等功能。分组光交换系统所涉及的技术包括光分组交换、光突发交换等。

习 题 7

7-1 简要说明光交换的特点。

7-2 试叙述几种主要的光交换器件实现光交换的基本原理。

7-3 光交换技术有哪些类型?涉及哪些光交换方式?

7-4 简要叙述光波分复用交换网络的工作原理。

7-5 ASON 体系结构分为哪几个层面?向 ASON 演进的方式有哪些模型,这些模型的特点是什么?

第8章 移动交换技术

内容概要

随着经济的发展,人们对通信的要求越来越高,希望随时能在任何地点进行通信,这就涉及移动交换技术。本章首先介绍移动通信的概念,然后依次介绍移动通信系统的基本结构、移动交换的工作原理、移动交换的信令系统和移动软交换和4G核心网等内容。学完本章之后,读者将对移动交换技术有一个初步的完整印象。

8.1 移动通信概述

移动通信是指通信的一方或双方在移动中进行的通信过程,即至少有一方具有移动性。移动通信的主要目的是实现任何时间、任何地点和任何通信对象之间的通信。相比固定通信而言,移动通信不仅要给用户提供与固定通信一样的通信业务,而且由于用户的移动性,网络必须随时确定用户当前所在的位置区,以完成呼叫、接续等功能。同时由于用户在通信时的移动性,还涉及频道的切换问题。移动通信采用无线传输,其传播环境比固定网络中有线媒质复杂,因此,移动通信有着与固定通信不同的特点,其主要特点如下。

(1)移动性。要保持用户在移动状态中的通信,必须是无线通信,或无线通信与有线通信的结合。因此,移动通信系统要有完善的管理技术来对用户的位置进行登记、跟踪,使用户在移动时也能进行通信,不会因为位置的改变而中断。

(2)电波传播条件复杂。移动台可能在各种环境中运动,如平原、山地、森林和建筑群等,存在各种障碍,电磁波在传播时不仅有直射信号,还会产生反射、折射、绕射、多普勒效应等现象,从而产生多径干扰、信号传播延迟和时延展宽等效应。因此,必须充分考虑电波的传播特性,使系统具有足够的抗衰落能力,才能保证通信系统正常运行。

(3)噪声和干扰严重。移动台在移动时不仅会受到城市环境中的汽车火花噪声、各种工业噪声和天电噪声的干扰;同时,由于系统内有多个用户,移动用户之间还存在互调干扰、邻道干扰、同频干扰等。这就要求在移动通信系统中对信道进行合理的划分和频率的规划。

(4)系统和网络结构复杂。移动通信是一个多用户通信系统和网络,必须使用户之间互不干扰,能协调一致地工作。此外,移动通信系统还应与固定网、卫星通信网、数据网等互连,整个网络结构是比较复杂的。

(5)有限的频谱资源。在有线网中,可以依靠铺设电缆或光缆来提高系统的带宽资源。而在无线网中,频谱资源是有限的,ITU对无线频率的划分有严格的规定。因此,如何提高系统的频带利用率是发展移动通信要解决的主要问题之一。

8.2 移动通信系统的基本结构

8.2.1 移动通信系统的网络结构

为了实现移动网络设备之间的互连互通,ITU-T 于 1988 年对公用陆地移动通信网(public land mobile network,PLMN)的结构、接口和功能以及与公用电话交换网的互通等进行了详尽的规定。PLMN 的功能结构如图 8-1 所示。

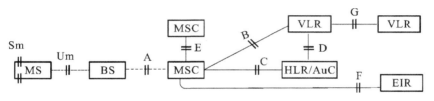

图 8-1 PLMN 的网络功能结构图

图 8-1 中各单元的名称详细介绍如下。

- MS：mobile station，移动台。　　● BS：base station，基站。
- MSC：mobile services switching Centre，移动交换中心。
- VLR：visitor location register，访问位置寄存器。
- HLR：home location register，归属位置寄存器。
- AuC：authentication centre，鉴权中心。
- EIR：equipment identity register，设备识别寄存器。
- Sm：Sm interface，人机接口。
- Um：Um interface，MS 与 BS 之间的接口。
- A：A interface，BS 与 MSC 之间的接口。
- B：B interface，MSC 与 VLR 之间的接口。
- C：C interface，MSC 与 HLR 之间的接口。
- D：D interface，HLR 与 VLR 之间的接口。
- E：E interface，MSC 与 MSC 之间的接口。
- F：F interface，MSC 与 EIR 之间的接口。
- G：G interface，VLR 与 VLR 之间的接口。

8.2.2 网络功能实体

1. 移动台（mobile station，MS）

移动台是移动通信网的用户终端设备，有车载式、手持式、便携式、船舶及特殊地区需要的固定式等类型。MS 由移动用户控制，与基站间建立双向无线通信。在数字蜂窝系统中，MS 由移动终端（手机）和用户识别模块（subscriber identity module，SIM）或身份识别模块（user identity module，UIM）两部分组成。MS 主要完成语音编码、信道编码、信息的调制解调、信息加密和信息的发送与接收等功能。

每个 MS 都有唯一的国际移动用户设备识别号，存储在 SIM 卡上。此外还可以设置个人识别码，以防止 SIM 卡未经授权而被使用。

2. 基站系统（base station system，BSS）

基站系统是位于同一位置所有无线电设备的总称，负责在一定区域内与移动台之间的无线通信。BS 是 MS 与 MSC 的接口设备，一般由多个信道收信机、发信机和天线系统组成，其主要功能是发送和接收射频信号，在有些系统中还具有信道分配和小区管理等控制功能。一个 BS 一般为一个或数个小区服务。一个 BSS 包括一个基站控制器 BSC（base station controller）和一个或多个基站收发信台 BTS（base transceiver station）。BSC 控制 BTS 工作，BTS 负责与 MS 进行无线通信。

在 3G 中，又将基站部分称为陆地无线接入网 UTRAN（universal terrestrial radio access network），由无线收发信基站（Node-B）和无线网络控制器 RNC（radio network controller）组成。

3．移动业务交换中心（mobile service switching center，MSC）

MSC 是移动通信网的核心，一般包括控制管理模块、交换单元和接口电路，主要完成 MS 登记和寻呼、移动呼叫接续、路由选择、越区切换控制、无线信道资源和移动性管理等功能。MSC 也是 PLMN 与 PSTN、ISDN、PDN 等固定网之间的接口设备。MSC 从各种数据库中取得处理用户呼叫请求所需的数据，并根据其最新数据更新数据库。当 MSC 用于连接 PSTN 时，称为网关移动交换中心 GMSC（Gateway MSC）。

4．归属位置寄存器（home location register，HLR）

归属位置寄存器是一种用来存储本地归属用户位置信息的数据库。归属是指移动用户开户登记的所属区域。HLR 用于存储在该地区开户的所有移动用户的用户数据，包括常规的用户识别号码、MS 类型和参数、用户服务类别以及和移动通信有关的用户位置信息、路由选择信息等。移动用户的计费信息也由 HLR 集中管理。HLR 可以集中设置，亦可分设于各 MSC 中。HLR 可视为静态用户数据库。

5．访问位置寄存器（visitor location register，VLR）

VLR 是一个动态数据库，用于存储所有当前在其管理区活动的移动台的相关数据，即用来存储进入其覆盖范围内的所有移动用户信息。VLR 通常与 MSC 设置在一起，为 MSC 处理所管辖区域中 MS 的呼叫提供用户参数及位置信息（如用户号码、所处位置区域识别等）等。MS 进入非归属区的移动电话局业务区时，就成为一个访问者。VLR 存储进入本地区的所有访问者的有关用户数据，这些数据取自访问者的 HLR。当 MSC 要处理访问者的去话或来话呼叫时，就从 VLR 中检索所需的数据。访问者通常称为"漫游用户"。

6．设备标识寄存器（equipment identity register，EIR）

设备标识寄存器是存储移动台设备参数的数据库，用于对移动设备的鉴别、监视和缩闭等功能，并拒绝非法移动台入网。EIR 按 MS 设备号记录 MS 的使用合法性等信息，供系统鉴别管理用。

7．鉴权中心（authentication center，AC）

AC 存储移动用户合法性检验的数据和算法，用于安全及保密管理，对用户鉴权，对无线接口的语音、数据、信号信息进行加密，防止无权用户接入系统，保证无线接口的通信安全。通常，AC 和 HLR 合设于一个物理实体中。

8．操作维护中心（operation and maintenance center，OMC）

OMC 是网络运营者对移动网进行监视、控制和管理的功能实体。

8.2.3 移动通信系统的网络接口

如图 8-1 所示，移动通信系统的网络接口如下。

（1）Um 接口：无线接口，又称空中接口。Um 接口传递的信息包括均线资源管理、移动性管理和接续管理。该接口采用的技术决定了移动通信系统的制式：按照话音信号采用模拟或数字传输，可分为模拟和数字移动通信系统；按多址方式的不同，可分为 FDMA（频分多址）、TDMA（时分多址）和 CDMA（码分多址）系统。

（2）A 接口：无线接入接口，是基站系统和 MSC 之间的接口。该接口传送有关移动呼叫处理、基站管理、移动台管理、信道管理等信息，并与 Um 接口互通，在 MSC 和 MS 之间传递信息。

（3）B 接口：MSC 和 VLR 之间的接口。MSC 通过该接口向 VLR 传送漫游用户位置信息，并在建立呼叫时，向 VLR 查询漫游用户的有关用户数据。由于 MSC 和 VLR 常合设在同一物理设备中，故该接口为内部接口。

（4）C 接口：MSC 和 HLR 之间的接口。MSC 通过该接口向 HLR 查询被叫移动台的选路信息，以确定接续路由，并在呼叫结束时，向 HLR 发送计费信息等。

（5）D 接口：VLR 和 HLR 之间的接口。该接口用于两个登记器之间传送有关移动用户数据，以及更新移动台的位置信息和选路信息。

（6）E 接口：MSC 与 MSC 之间的接口。该接口主要用于用户越区切换。当用户在通信过程中，从一个 MSC 的业务区进入到另一个 MSC 业务区时，两个 MSC 通过 E 接口交换信息，由另一个 MSC 接管该用户的通信控制，使移动用户的通信不会中断。另外该接口还传送局间信令。

（7）F 接口：MSC 和 EIR 之间的接口。MSC 通过该接口向 EIR 查询用户设备的合法性。

（8）G 接口：VLR 与 VLR 之间的接口。当移动台从某一 VLR 管辖区进入另一 VLR 管辖区时，新老 VLR 通过该接口交换必要的控制信息，仅用于数字移动通信系统。

（9）H 接口：HLR 与 AUC 之间的接口。HLR 通过该接口连接到 AUC 完成用户身份认证和鉴权。

8.2.4　网络区域划分

由于用户的移动性，其位置信息是一个很关键的参数，移动通信系统中 PLMN 网络覆盖区域划分如图 8-2 所示，按照从小到大的顺序，包括下列各组成区域。

（1）小区：为 PLMN 的最小覆盖区域，小区是由一个基站（全向天线）或基站的一个扇形天线所覆盖的区域。

（2）基站区：是一个基站提供服务的所有小区所覆盖的区域。

（3）位置区：指移动台可任意移动而不需要进行位置更新的区域。一个位置区可由若干个基站区组成。因此寻呼移动台时，可在一个位置区内的所有基站同时进行。位置区由运营商设置，一个位置区可能和一个或多个 BSC 有关，但只属于一个 BSC。

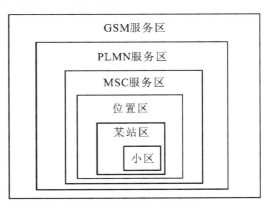

图 8-2　PLMN 网络覆盖区域划分

（4）MSC 服务区：指由一个 MSC 所控制的所有小区共同覆盖的区域，由一个或若干个位置区构成。

（5）PLMN 服务区。由一个或多个 MSC 服务区组成，每个国家有一个或多个。例如，中国移动的所有 MSC 服务区构成中国移动全国 GSM 移动通信网，以网络号"00"标识；中国联通的所有 MSC 服务区构成中国联通全国 GSM 移动通信网，以网络号"01"标识。

（6）GSM 服务区：由全球各国的 PLMN 网络所组成，GSM 移动用户可以自动漫游。

8.2.5 编号计划

在移动通信系统中,由于用户的移动性,需要设置下列号码和标识来对用户进行识别、跟踪和管理。

1. 移动用户的 ISDN 号码(MSISDN)

MSISDN 号码是呼叫数字公用陆地蜂窝移动通信网中某一用户时主叫用户所拨的号码。其编码方式与 PSTN/ISDN 相同,其号码结构组成为:

$$[国家码]+[国内移动网接入号码]+[用户号码]$$

其中,国家码(CC),即 MS 登记注册的国家码,中国的国家号码为 86;国内移动网接入号码(NDC),如中国移动为 134~139,中国联通为 130~132,且 13 开头的已经全部发放完毕,中国电信为 180,181 等;用户号码(SN),我国采用 8 位等长号码,前 4 位为 HLR 号码,后 4 位为移动用户号码。

2. 国际移动设备识别码(IMEI)

国际移动设备识别码(international mobile equipment identification,IMEI)是唯一标识 MS 设备的号码,又称 MS 电子串号。该号码由制造厂家永久性的置入 MS,用户和运营商都不能改变,作用是防止非法用户入网。ITU-T 建议 IMEI 的最大长度是 15 位,其中设备型号占 6 位,制造厂商占 2 位,设备序号占 6 位,另有 1 位保留。

3. 国际移动用户标识码(IMSI)

国际移动用户标识码(international mobile equipment identification,IMEI)是网络识别移动用户的唯一的国际通用标识,MS 以此号码发起入网请求或位置登记,MSC 以此号码查询用户数据。此号码也是 HLR、VLR 的主要检索参数。

IMSI 编号计划国际统一,由 ITU-T E. 212 建议规定,以适应国际漫游的需求。它和各国的 MSDN 编号计划相互独立,这样使得各国电信管理部门可以随着移动业务类别的增加独立发展自己的编号计划,不受 IMSI 的约束。

IMSI 编号计划的设计原则如下。

(1)编号应能识别出移动台所属国家及国家中的所属移动网。

(2)编号中识别移动网的动态的数字长度可由各国自行规定,其基本要求是当以动态漫游至国外时,国外的被访移动网最多只需分析 IMSI 的 6 位数字就可判定移动台的原籍地。

(3)编号计划不需要直接和不同业务的编号计划相关。

(4)一个国家若有多个公用移动网,不强制规定这些移动网的编号计划一定要统一。

根据这些设计原则,ITU-T 规定的 IMSI 结构如下。

$$IMSI=[MCC]+[MNC]+[MSIN]$$

- MCC:国家编码,3 位,由 ITU-T 统一分配,同数据国家码(DCC),我国为 460。
- MNC:移动网号,最多 2 位数字,用于识别归属的移动网。例如,中国移动的 MNC 为 00,中国联通的 MNC 为 01,中国电信的 MNC 为 03,各运营商的 3G 系统网号分配同上。
- MSIN:移动用户识别号码,由各运营商自行规定编号原则,是一个十位的等长号码,为 $H_1H_2H_3 9 \times \times \times \times \times \times$。其中,$H_1H_2H_3$ 与 MSISDN 号码中的 $H_1H_2H_3$ 相同;9 代表 GSM900MHz;$\times \times \times \times \times \times$ 为用户号码。

IMSI 不用于拨号和路由选择,因此其长度不受 PSTN/PSPDN/ISDN 编号计划的影响。但 ITU-T 要求各国应努力缩短 IMSI 的位长,并规定其最大长度为 15 位。每个移动台可以是多种移动业务的终端(如话音、数据等),相应地可以有多个 MSDN,但是 IMSI 只有一个,移动网据此受理用户的通信或漫游登记请求,并对用户进行计费。IMSI 由电信运营部门在用户开户时写入 SIM 卡的 EPROM 中。当移动用户做被叫时,终端 MSC 将根据被叫用户的 IMSI 在无线信道上进行寻呼。

4. 移动台漫游号码(MSRN)

移动台漫游号码(mobile station roaming number,MSRN)是系统分配给来访用户的临时号码,供 MSC 进行路由选择。由于移动台的位置是不确定的,MSDN 中的移动网络接入号只反映它的归属地,当它漫游进入另一个移动业务区时,该地区的移动交换机必须根据当地编号技术给它分配一个 MSRN,并经由 HLR 告知归属地 MSC,以建立至该 MS 的路由。当移动台离开该业务区后,拜访 VLR 和 HLR 都要删除该漫游号码,以便再分配给其他移动用户使用。

5. 位置区识别码(LAI)

位置区识别码(location area identification,LAI)由以下三部分组成:

移动国家编码(MCC)+移动网号(MNC)+位置区编码(LAC)

MCC、MNC 与 IMSI 中的编码相同,LAC 为 2 字节十六进制 BCD 码,表示为 $L_1L_2L_3L_4$(范围 0000~FFFF,可定义 65536 个不同的位置区)。其中,L_1L_2 全国统一分配,L_3L_4 由各省分配。

6. 临时移动用户识别码(TMSI)

TMSI 是为了对 IMSI 保密,由 VLR 临时分配给来访移动用户的识别码,为一个 4 字节的 BCD 码,仅在本地使用,由各 MSC/VLR 自行分配。

8.3 移动交换的工作原理

8.3.1 移动呼叫的一般过程

移动网呼叫建立过程与固定网有相似性,其主要特点表现为:一是移动用户发起呼叫时必须先输入号码,确认不需要修改后才发起;二是在号码发送和呼叫接通之前,移动台(MS)与网络之间必须交互控制信息。这些操作是由设备自动完成的,无须用户接入,但有一段时延存在。下面具体介绍移动呼叫的一般过程。

1. 移动台初始化

在蜂窝移动通信系统中,每个小区指配了一定数量的信道,其中有用于广播系统参数的广播信道,用于信令传送的控制信道和用于用户信息传送的业务信道。移动台开机后,通过自动扫描捕获当前所在小区的广播信道,由此获得移动网号、基站号和位置区域等信息。此外,移动台还需获取接入信道、寻呼信道等公共控制信道的标识。上述任务完成后,移动台就监视寻呼信道,处于守听状态。

2. 用户的附着与登记

移动台一般处于空闲、关机和忙碌三种状态之一,网络需要对这三种状态进行相应的处理。

1) 移动台开机，网络对其做"附着"登记

若移动台是开户后首次开机，在其 SIM 卡中找不到原来的位置区识别码（LAI），它就以 IMSI 作为标识申请接入网络，向 MSC 发送"位置更新请求"消息，通知系统这是一个位置区内的新用户。MSC 根据用户发送的 IMSI 中的 $H_0H_1H_2H_3$ 消息，向该用户的 HLR 发送"位置更新请求"，HLR 记录发送请求的 MSC 号码，并向 MSC 回送"位置更新证实"消息。至此，当前服务的 MSC 认为此 MS 已被激活，在其 VLR 中对该用户的 IMSI 做"附着"标记；再向 MS 发送"位置更新接受"消息，MS 的 SIM 卡记录此位置区识别码（LAI）。

若 MS 不是第一次开机，而是关机后又开机，当 MS 接收到的 LAI（来自于广播控制信道上的广播消息）与 SIM 卡中的 LAI 不一致，那么它要立即向 MSC 发送"位置更新请求"。MSC 首先判断原有的 LAI 是否属于自己管辖的服务区范围。如果是，MSC 只需修改 VLR 中该用户的 LAI，对其做"附着"标记，并在"位置更新接受"消息中发送 LAI 给 MS，MS 修改 SIM 卡中的 LAI。如果不是，MSC 需根据该用户 IMSI 中的相应的 HLR 发送"位置更新请求"，HLR 记录发送请求的 MSC 号码，并回送"位置更新证实"；同时，MSC 在 VLR 中对用户的 IMSI 作"附着"标记，记录 LAI，并向 MS 回送"位置更新接受"，MS 更新 SIM 卡中的 LAI。若 MS 关机后再开机时，所接收到的 LAI 与 SIM 卡中的 LAI 相同，那么 MSC 只需刷新对该用户的"附着"标记。

2) 移动台关机，网络对其做"分离"标记

当 MS 切断电源关机时，MS 在断电前向网络发送关机消息，其中包括分离处理请求，MSC 接收到后，即通知 VLR 对该 MS 对应的 IMSI 上做"分离"标记，但 HLR 并没有得到该用户已经脱离网络的通知。当该用户做被叫时，归属地 HLR 向 MSC/VLR 索取 MSRN 时，MSC/VLR 通知 HLR 该用户已分离网络，往来将中止接续，并提示主叫用户被叫已关机，不再需要发送寻找该用户的寻呼消息。

3) 用户忙

MS"忙"时，网络分配给 MS 一个业务信道用来传送话音或数据，并标注该用户"忙"。当 MS 在小区间移动时必须有能力转换到其他信道上，实现信道切换。

4) 周期性登记

若 MS 向网络发送"IMSI 分离"消息，由于无线链路原因，系统不能正确译码，这就意味着系统仍认为 MS 处于"附着"状态。再如 MS 在开机状态移动到覆盖区以外的地方（如盲区），系统仍认为 MS 处于"附着"状态。此时如果该用户被呼叫，系统就会不断寻呼该用户，无效占用无线资源。

为了解决上述问题，GSM 系统采取了强制登记措施，如要求 MS 每 30 分钟登记一次（时间长短由运营者决定），这就是周期性登记。这样，若 GSM 系统没有接收到某 MS 的周期性登记信息，它所处的服务 VLR 就以"隐分离"状态对该 MS 做标记，只有当再次接收到正确的周期性登记信息后，才将它改写成"附着"状态。周期性登记的时间间隔由网络通过广播控制信道（BCCH）向 MS 广播。

3. 移动台呼叫固定用户（MS-PSTN 用户）

MS 入网（附着）后，即可进行呼叫，包括作为主叫或被叫。移动用户呼叫固定用户流程如图 8-3 所示。

（1）移动用户起呼时，移动台采用类似无线局域网中常用的"时隙 ALOHA"协议竞争所在小区的随机接入信道。如果由于冲突，小区基站没有收到移动台发出的接入请求消息，则移动台将收不到基站返回的响应消息。此时，移动台随机延迟若干时隙后再重发接入请

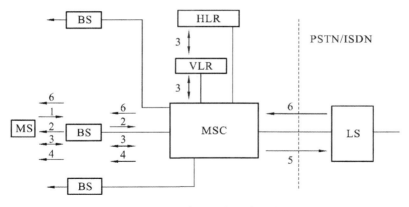

图 8-3 移动用户至固定用户呼叫流程

求消息。从理论上来说,第二次发生冲突的概率将很小。系统通过广播信道发送"重复发送次数"和"平均重复间隔"参数,以控制信令业务量。

（2）MS 通过系统分配的专用控制信道与系统之间建立信令连接,并发送业务请求消息。请求消息中包含移动台的相关信息,如该移动台的 IMSI、本次呼叫的被叫号码等参数。

（3）MSC 根据 IMSI 检索主叫用户数据,检查该移动台是否为合法用户,是否有权进行此类呼叫。VLR 直接参与鉴权和加密过程,如果需要 HLR 也将参与操作。如果需要加密,则需设置加密模式,然后进入呼叫建立起始阶段。

（4）对于合法用户,系统为移动台分配一个空闲的业务信道。一般来说,GSM 系统由基站控制器分配业务信道。移动台收到业务信道分配指令后,即调谐到指定的信道,并按照要求调整发射电平。基站在确认业务信道建立成功后,将通知 MSC。

（5）MSC 分析被叫号码,选择路由,采用 No.7 信令协议(ISUP/TUP)与固定网(ISDN/PSTN)建立至被叫用户的通路,并向被叫用户振铃,MSC 将终端局回送的成功建立消息转换成相应的无线接口信令回送给移动台,再由移动台生成回铃音信号。

（6）被叫用户摘机应答,MSC 向移动台发送应答(连接)指令,移动台回送连接确认消息,然后进入通话阶段。

4. 固定用户呼叫移动用户(PSTN-MS 用户)

MS 作为被叫,固定用户呼叫移动用户的基本流程图如图 8-4 所示。GMSC 为网关MSC,在 GSM 系统中定义为与主叫 PSTN 最近的 MSC,图中流程说明如下。

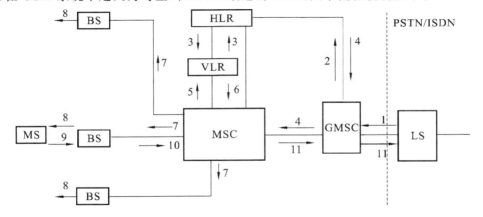

图 8-4 固定用户至移动用户呼叫流程

（1）步骤 1：PSTN 交换机通过号码分析判定被叫为移动用户，通过 No.7 信令协议（ISUP/TUP），将呼叫接续至 GMSC。

（2）步骤 2：GMSC 根据 MSISDN 确定被叫所属的 HLR，向 HLR 询问有关被叫移动用户正在访问的 MSC 地址（即 MSRN）。

（3）步骤 3：HLR 检索用户数据库，若该用户已漫游至其他地区，则向用户当前所在的 VLR 请求漫游号码，VLR 动态分配 MSRN 后回送 HLR。

（4）步骤 4：HLR 将 MSRN 回送 GMSC，GMSC 根据 MSRN 选择路由，将呼叫接续至被叫当前所在的 MSC。

（5）步骤 5 和步骤 6：被访 MSC 查询数据库，从 VLR 获取有关被叫用户数据。

（6）步骤 7 和步骤 8：被访 MSC 通过位置区内的所有 BS 向移动台发送寻呼消息。各 BS 通过寻呼信道发送寻呼消息，消息的主要参数为被叫的 IMSI 号码。

（7）步骤 9 和步骤 10：被叫用户收到寻呼消息，发现 IMSI 与自己相符，即回送寻呼响应，基站将寻呼响应转发至 MSC。MSC 执行与移动呼叫固定用户步骤 1～步骤 4 相同的过程，直到移动台振铃，向主叫用户回送呼叫接通证实信号。

（8）步骤 11：用户摘机应答，向固定网发送应答（连接）消息，最后进入通话阶段。

5. 呼叫释放

在移动网中，为了节省无线信道资源，呼叫释放采用互不控制复原方式。通信可在任意时刻由任一方释放，移动用户可以通过按挂机"NO"键终止通话。这个动作由 MS 翻译成"断连"，MSC 收到"断连"消息后，向对端局发送拆线或挂机消息，然后释放局间通话电路。但此时呼叫尚未完全释放，MSC 与 MS 之间的信道资源仍保持着，以便完成诸如收费指示等附带任务。当 MSC 决定不再需要呼叫存在时，它发送一个"信道释放"消息给 MS，MS 也以一个"释放完成"消息应答。此时，连接才被释放，MS 回到空闲状态。

8.3.2 漫游与切换

1. 漫游

漫游（roaming）是蜂窝移动通信网的一项重要服务工作，它可使不同地区的移动网实现互连。移动台不但可以在归属区中使用，还可以在访问交换局的业务区中使用。具有漫游功能的用户，在整个联网区域内任何地点都可以自由的通信，其使用方法不因位置的不同而不同。

根据系统对漫游的管理和实现的不同，可将漫游分为以下三类。

（1）人工漫游：①两地运营部门预先订有协议，为对方预留一定数量的漫游号；②用户漫游前必须提出申请；③用于 A、B 两地尚未联网的情况。

（2）半自动漫游：漫游用户至访问区发起呼叫时，由访问区人工台辅助完成，用户无须事先申请，但该漫游的漫游号回收困难，实际很少使用。

（3）自动漫游：这种方式要求网络数据库通过 7 号信令网互连，网络可自动检索漫游用户的数据，并自动分配漫游号，对于用户来说没有任何感觉。

2. 越区切换

越区切换是指处于通信状态的移动用户从一个小区移动到另一个小区时，保持移动用户已经建立的链路不被中断。保证用户信道的成功切换是移动网的基本功能之一，也是移动网和固定网的重要区别。

切换与否主要由网络决定,除越区切换外,有时系统出于业务平衡也需要进行切换,当 BSS 检测到当前的无线链路通信质量下降时,BSS 将根据具体情况进行不同的切换。也可以由 MSS 根据话务信息要求进行切换。例如,移动台在两个小区覆盖重叠区进行通信时,由于被占信道小区业务特别繁忙,这是 BSC 可以通知移动台测试它邻近小区的信号强度和信号质量,来决定将它切换到另一个小区。

切换时,基站首先要通知移动台对其周围小区基站的有关信息及广播信道载频、信号强度进行测量,同时还要测量它所占用业务信道的信号强度和传输质量,并将测量结果传送给 BSC,BSC 根据这些信息对移动台周围小区的情况进行比较,最后由 BSC 做出切换的决定。另外,BSC 还需判断在什么时候切换,以及切换到哪个基站。

越区切换是由网络发起,移动台辅助完成的。移动台周期性的对周围小区的无线信号进行测量,及时报告给所在小区基站,并上报 MSC。MSC 会综合分析移动台送回的报告和网络所监测的情况,当网络发现符合切换条件时,即执行越区切换的信令过程,指示 MS 释放原来所占用的无线信道,在临近小区的新信道上建立连接并进行通信。

切换包括 BSS 内部切换、BSS 间的切换和 MSS 间的切换。其中,BSS 间的切换和 MSS 间的切换都需要由 MSC 来控制完成,而 BSS 内部切换由 BSC 控制完成。

由 MSC 控制完成的切换又可以划分为 MSC 内部切换、局间基本切换和局间后续切换。

1)MSC 内部切换

MSC 内部切换(Intra-MSC)是指移动用户无线信道由当前 BSS 切换到同一 MSC 下的另一 BSS 的过程。MSC 内部切换过程如图 8-5 所示。

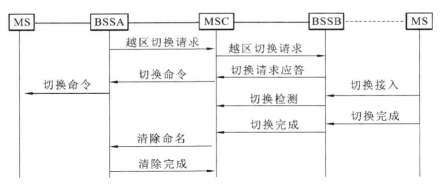

图 8-5 MSC 内部切换过程

移动台周期性的对周围小区的无线信号进行测量,并及时报告给所在小区。当信号强度过弱时,该移动台所在的基站(BSSA)就向 MSC 发出"越区切换请求"消息,该消息中包含了移动台所要切换的候选小区列表。MSC 收到该消息后,就开始向新基站系统(BSSB)转发该消息,要求新的基站系统分配无线资源,BSSB 开始分配无线资源。

若 BSSB 分配无线信道成功,则给 MSC 发送"切换请求应答"消息。MSC 收到后,通过 BSSA 向 MS 发"切换指令"。该指令中包含了由 BSSB 分配的一个切换参考值,包括所分配信道的频率等信息。MS 将其频率切换到新的频率点上,向 BSSB 发送"切换接入"消息。BSSB 检测 MS 的合法性:若合法,BSSB 发送"切换检测"消息给 MSC。同时,MS 通过 BSSB 发送"切换完成"消息给 MSC,MS 与 BSSB 正常通信。当 MSC 收到"切换 完成"消息后,通过"清除命令"释放 BSSA 上的无线资源,完成后,BSSA 送"清除完成"给 MSC。至此,一次切换过程完成。

2）MSC 间切换

MSC 间切换（Inter-MSC）是指不同 MSC 业务区基站之间的切换。Inter-MSC 切换是蜂窝移动网络中的寻常事件，它是由用户的移动特性决定的。切换成功率是一个非常重要的网络指标，处理不好会造成严重的掉话现象，给移动用户带来烦恼。MSC 之间切换的基本过程是指移动用户通信时从一个 MSC 的 BSS 覆盖范围移动到另一个 MSC 的 BSS 覆盖范围内，为保持通信而发生的切换过程。但由于切换是在 MSC 之间进行的，因此，MS 的漫游号码要发生变化，由进入业务区的 VLR 重新进行分配，并且在两个 MSC 之间建立电路连接。其实现过程需要 MSC-A 与 MSC-B/VLR 相互配合，MSC-A 作为切换的移动用户控制方直至呼叫释放为止。

Inter-MSC 切换较为复杂，它有三种类型：基本切换、后续切换和后续切换到第三者 MSC。三类切换之间的关系如图 8-6 所示。

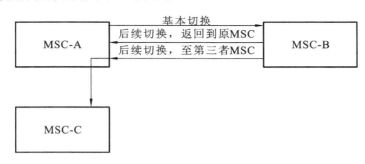

图 8-6　MSC 间切换的三种类型

8.3.3　网络安全

GSM 提供了较完备的网络安全功能，包括用户识别码（IMSI）的保密，用户鉴权和信息在无线信道上的加密。

1. IMSI 保密

IMSI 是唯一识别一个移动用户的识别码，如果被截获，就会被人跟踪，甚至被人盗用，造成经济损失。为此，GSM 系统可为每个用户提供一个临时移动用户识别码（TMSI）。该编码在用户入网时由 VLR 分配，它和 IMSI 一起存放在 VLR 数据库中，只在访问期间有效。移动台起呼、位置更新或向网络发送报告时将使用该编码，网络对用户进行寻呼时也使用该编码。若移动用户进入一个新的 VLR 服务区，则需要进行位置更新，位置更新过程如图 8-7 所示。

新的 VLR 首先根据更新消息中的 TMSI 及 LAI 判定分配该 TMSI 的前一个 PVLR，然后从 PVLR 获取该用户的 IMSI，再根据 IMSI 向 HLR 发出位置更新消息，请求有关的用户数据。与此同时，PVLR 将收回原先分配的 TMSI，当前所在的 VLR 更新给该用户分配新的 TMSI。从以上讨论可知，IMSI 不在空中信道上传送，取而代之的是 TMSI，而 TMSI 是动态变化的，避免了 IMSI 被截获的可能，因而 IMSI 得到了保护。

2. 用户鉴权

在数字移动通信系统中，用户鉴权（authentication）实际上是一种认证，其目的是以一种可靠的方法确认合法身份。用户接入网络系统（如开机、起呼、寻呼等），需要对用户合法性

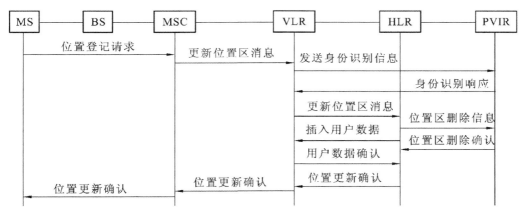

图 8-7　TMSI 更新过程

进行检查,具体包括用户终端的合法性和用户身份的合法性。

　　用户鉴权由鉴权中心(AC)、VLR 和用户配合完成,用户鉴权原理如图 8-8 所示。当用户起呼、被呼或进行位置更新时,VLR 向该移动用户发送一个随机数(Rand);用户的 SIM 卡以随机数和鉴权键 Ki 为输入参数运行鉴权算法 A3,得到输出结果,称为符号响应(SRES),回送 VLR。SRES 是一种数字签名,VLR 将此结果和预先算好并暂存在 VLR 的结果进行比较,如果二者相符,表示鉴权成功。

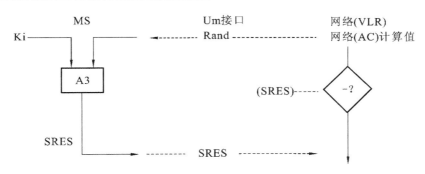

图 8-8　用户鉴权原理

　　如果 VLR 发现鉴权结果与预期不符,且用户是以 TMSI 发起鉴权的,则可能 TMSI 有误,这时 VLR 可通知用户发送其 TMSI。如果 TMSI 和 IMSI 的对应关系不一致,则以 IMSI 为准再次鉴权。若鉴权还是不一致,VLR 就要核查用户的合法性。鉴权记录由 VLR 保存。

　　VLR 存储的随机数和符号响应对应是由 AC 预先产生并传送到 VLR 中的。AC 中存有用户的 Ki 和相同的算法 A3。VLR 可为每个用户暂存最多 10 对随机数和符号相对应,每执行一次鉴权使用一对数据,鉴权结束这对数据就销毁。当 VLR 只剩下少量鉴权数据时就向 AC 申请,AC 将向它发送鉴权数据。用户的 Ki 在 SIM 卡和 AC 中存放,其他网络部件,包括 HLR、VLR 都无此参数,以保证用户的安全。

3. 数据加密

　　数据加密(encryption)用于确保信令和用户信息在无线链路上的安全传递,用户信息是否需要加密可在起呼时由系统决定。数字通信系统中有许多成熟的加密算法,GSM 采用可

逆算法 A5 进行加解密。为了提高加密功能,AC 为每个用户提供若干对 3 参数组(Rand、SRES、Kc)。如图 8-9 所示,在鉴权过程中,当移动台计算 SRES 时,同时利用 A8 算法计算密钥 Kc。一旦鉴权成功,MSC/VLR 根据系统要求向 BTS 发送加密模式指示,消息中包含加密模式(M),接着,BTS 通知 MS 启动加密操作。MS 根据 Kc 和 TDMA 帧号通过算法 A5 对 M 进行加密,然后将密文传回 BTS,同时报告加密模式完成。BTS 解密后得到明文 M,将其与从 MSC/VLR 收到的 M 进行对比,如果相同则加密成功,同时向 MSC/VLR 回送加密完成消息,表明 MS 已成功启用加密,接下来可以进行呼叫建立了。

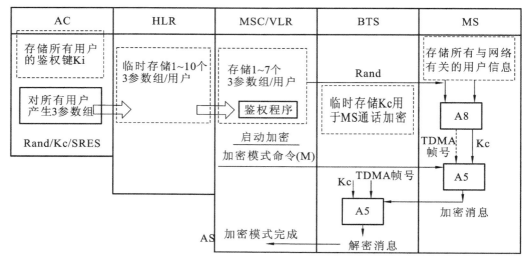

图 8-9　加密过程

4. 移动台识别

移动台识别是通过国际移动用户设备标识码和设备识别寄存器(EIR)完成的。设备识别过程如图 8-10 所示,根据需要,系统可要求 MS 报告其国际移动设备识别码(IMEI),并与 EIR 中存储的数据进行比对,以确定 MS 的合法性。在 EIR 中建有一张"非法 IMEI 列表",用以禁止被盗移动台的使用。整个系统通过建立白名单、黑名单和灰名单,来监控移动台的使用情况,增强系统的安全性。

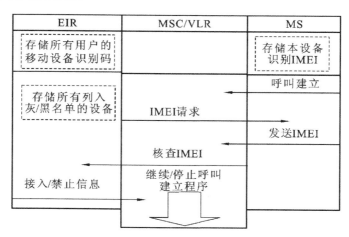

图 8-10　设备识别过程

8.4 移动交换的信令系统

信令是关系到移动网能否联网的关键技术。要实现全球漫游,各移动网必须遵从统一的信令规范,且采用统一的无线传输技术。GSM 系统设计的一个重要出发点是支持泛欧漫游和多厂商环境,因此定义了相当完备的信令协议,其接口和协议结构对于第三代移动通信的标准制定也具有很大的影响。下面着重围绕 GSM 系统介绍移动交换信令,其中 GSM 交换信令主要包括无线接口信令、基站接入信令和网络接口信令。

8.4.1 无线接口信令

GSM 系统无线接口信令继承了 ISDN 用户/网络接口概念,其控制平面包括物理层、数据链路层和信令层三层协议结构。

1. 物理层

GSM 系统将无线信道分为业务信道(traffic channel,TCH)和控制信道(control channel,CCH)两种。业务信道用于传送用户信息,包括语音或数据。控制信道用于传送信令信息,又称信令信道。GSM 包括四类控制信道:广播信道、公共控制信道、专用控制信道和随路控制信道。

1)广播信道(broadcast channel,BCH)

广播信道供基站单向发送广播信息,使移动台与网络同步。目前有以下三种广播信道。

(1)同步信道(synchronization channel,SCH):向移动台传送同步训练序列,供其捕获与基站的起始同步;同时广播基站识别码,以使移动台识别相邻的同频基站。

(2)广播控制信道(broadcast control channel,BCCH):用于向移动台发送接入网络所需的系统参数,如位置区识别码(LAI)、移动网络标识码(MNC)、邻接小区基准频率、接入参数等。

(3)频率校正信道(frequency correction channel,FCCH):用于向移动台提供系统的基准频率信号,使移动台校正其工作频率。

2)公共控制信道(common control channel,CCCH)

公共控制信道用于系统寻呼和移动台接入。公共控制信道分为以下三种。

(1)寻呼信道(paging channel,PCH):用于下行链路中基站寻呼移动台。

(2)随机接入信道(random access channel,RACH):由移动台使用,向系统申请入网信道,包含呼叫时移动台向基站发送的第一个消息。

(3)准予接入信道(access grant channel,AGCH):基站由此信道通知移动台所分配的业务信道和专用控制信道,同时向移动台发送时间提前量(TA)。该提前量的作用是使远离基站的移动台提前发送其指定的时隙信息,以补偿其传输时延,从而保证远端和近端移动台在不同时隙发出的信号抵达基站时不会发生交叠和冲突。该提前量是根据对移动台的传输时延策略而设定的。

3)专用控制信道(dedicated control channel,DCCH)和随路控制信道(associated control channel,ACCH)

DCCH 和 ACCH 用于在网络和移动台之间传送网络消息以及无线设备间传送低层信令消息。网络消息主要用于呼叫控制和用户位置登记,低层信令消息主要用于信道维护。具体包括以下三种信道。

（1）独立专用控制信道（stand-alone dedicated control channel，SDCCH）：基站和移动台之间的双向信道，用于基站和移动台间传送呼叫控制和位置登记信令信息。所谓"独立专用"是指该信道独立占用一个物理信道（TDMA 时隙），不与任何其他 TCH 共用物理信道。它的管理和 TCH 一样，在信令交换过程中可以进行信道切换。

（2）慢速随路控制信道（slow associated control channel，SACCH）：该信道总是和 TCH 或 SDCCH 一起使用的。只要基站分配了一个 TCH 或 SDCCH，就一定同时分配一个对应的 SACCH，它和 TCH 或 SDCCH 位于同一物理信道中，以时分复用方式插入要传送的信息。SACCH 用于信道维护。在下行方向，基站向移动台传送主要的系统消息。这些消息主要包括通信质量、LAI、Cell ID、邻区 BCCH 强度、NCC 限制、小区选项、TA、功率控制级别等，以便移动台能够跟踪系统的变化。在上行方向，移动台向网络报告接收到的服务以及邻近小区的信号强度的测量报告，供网络进行切换时判断使用，同时还向网络报告它当年使用的时间提前量和功率电平。

（3）快速随路控制信道（fast associated control channel，FACCH）：该信道传送的信息与 SDCCH 相同，差别在于 SDCCH 是独立的信道，而 FACCH 寄生于 TCH 中，称为"随路"，用于在呼叫进行时快速发送一些长的信息。例如，在通信过程中，移动台越区进入另一个小区需要立即与网络交换一些信令信息，如果通过 SACCH 传送，每 26 帧才能插入一帧 SACCH，速度太慢；FACCH 可以"借用"TCH 信道来传送消息，被"借用"的 TCH 就成为 FACCH。这种信令传送方式称之为"中断-突发"方式，它必须暂时中断用户信息的传送。为了减少对话音等业务信息传输质量的影响，GSM 采用了数字信号处理技术来估算因插入 FACCH 而被删除的话音信息，在接收端予以恢复。

2. 数据链路层

GSM 无线接口信令的数据链路层协议称为 LAPDm，它是在 ISDN 的 LAPD 协议基础上进行少量修改形成的。修改原则是尽量减少不必要的字段，以节省信道资源。LAPDm 取消了帧定界标志和帧校验序列，因为其功能已由 TDMA 系统的定位和信道纠错编码完成。此外，定义了多种简化的帧格式，以适应各种特定情况。图 8-11 所示为 LAPDm 定义的五种帧格式。

| A | 地址字段 | 控制字段 | 长度指示字段 | 填充字段 |

| B | 地址字段 | 控制字段 | 长度指示字段 | 信息字段 | 填充字段 |

| A′ | 地址字段 | 填充字段 |

| B′ | 长度指示字段 | 信息字段 | 填充字段 |

| C | |

图 8-11　LAPDm 帧格式类型

其中，格式 B 是最基本的一种帧，与 LAPDm 帧基本相同。地址字段增设一个服务访问点标识（SAPI），SAPI＝3 表示的是短消息。所谓短消息业务（SMS）指的就是 GSM 的短信业务,在专用控制信道上传送长度较短的用户数据。系统将其传至短消息业务中心,再转送目的用户,这是 GSM 提供的一项特殊业务。SAPI＝0 的帧的优先级高于 SAPI＝3 的帧的优先级。控制字段定义了两类帧:I 帧和 UI 帧。I 帧用于专用控制信道(SDCCH、SACCH、FACCH),UI 帧用于除随机接入信道 RACH 外的所有控制信道。格式 A 对应 U 帧和 S 帧。

格式 A′和 B′用于 AGCH、PCH 和 BCCH 信道。这些下行信道的信息自动重复发送,无须证实,因此不需要控制字段;由于所有移动台都监听这些信道,因此不需要地址字段,B′格式帧传送 UI 帧,即不需证实的信息帧 UI。A′只起填充作用。

格式 C 仅一个字节,专门用于 RACH 信道。实际上并不是 LAPDm 帧,只是由于接入信息的信息量少,所以就赋予一个最简化的结构。

3. 信令层

信令层是收发和处理信令消息的实体,主要功能是传送控制和管理消息。信令层包括如下三个功能子层。

(1) 无线资源管理(RR):其作用是对无线信道进行分配、释放、切换、性能监视和控制。GSM 共定义了九个信令过程。

(2) 移动性管理(MM):定义了移动用户位置更新、定期更新、鉴权、开机接入、关机退出、TMSI 重新分配和设备识别等七个过程。

(3) 连接管理(CM):负责呼叫控制,包括补充业务和短消息业务。由于有 MM 子层的屏蔽,CM 子层已感觉不到用户的移动性。其控制机理继承了 ISDN 的用户网络接口管理,包括去话建立、来话建立、呼叫中改变传输模式、MM 连接中断后呼叫重建和 DTMF 传送等五个信令过程。

第三层信令消息结构如图 8-12 所示。TI 为事务标识,用于区分多个并行的 CM 连接。TI 标识指示 CM 连接的源点,CM 消息的源点为 0。对于 RR 和 MM 连接,TI 没有意义。协议指示语(PD)定义了 RR、MM、呼叫控制、SMS 业务、补充业务和测试六种协议。消息类型(MT)指示每种协议的具体消息。消息类型 MT 指示每种协议的具体消息。消息本体由信息单元(IE)序列组成。

移动台去话呼叫建立信令过程如图 8-13 所示。移动台首先通过 RACH 发出"信道请求"消息,申请占用一个信令信道。如果申请成功,基站经 AGCH 回送一个"立即分配"消息,指配一个专用信令信道 SDCCH。然后移动台就转入此信道和网络联络。先发送"CM服务请求"消息,告诉网络要求 CM 实体提供服务。但 CM 连接必须建立在 RR 和 MM 连接完成的基础上,因此首先要执行必需的 MM 和 RR 过程。为此先执行用户鉴权(MM 过程),然后执行加密模式设定(RR 过程)。移动台发出"加密模式完成"消息后就启动加密,该消息本身也已加密。如果不需加密,则网络发出的"加密模式命令"消息中将指示"不加密"。接着移动台发出"呼叫建立"消息,该消息指名业务类型、被叫号码,也可给出自身的标识和能力(任选信息单元)。网络启动选路进程,同时发回"呼叫进行中"消息。与此同时,网络分配一个业务信道供其后传送用户数据,该 RR 过程包含两个消息:"分配命令"和"分配完成"。其中,"分配完成"消息已在新指配的 TCH/FACCH 信道上发送,其后的信令消息转入后由该 FACCH 发送,原先分配的 SDCCH 释放,供其他用户使用。由于这时尚未通话,因此FACCH 的占用并不影响通信质量。当被叫空闲且振铃时,网络向主叫发送"振铃"消息,移动台发出回铃音。被叫应答后,网络发送"连接"消息,移动台回送"连接证实"消息。这时FACCH 任务完成,回归 TCH,进入正常通话状态。

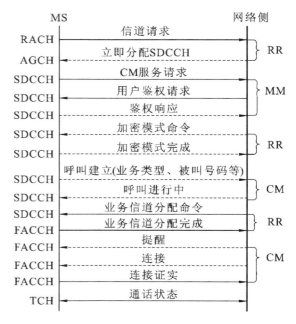

图 8-13　去话呼叫建立信令过程

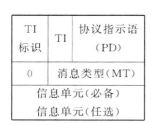

图 8-12　无线接口第三层信令消息结构

需要指出的是,图中"网络侧"是一个泛指,各信令消息在网络侧的对应实体可能位于基站、基站控制器或移动交换机中。

8.4.2　基站接入信令

GSM 系统将基站系统(BSS)进一步分解为基站收发信息图(BTS)和基站控制器(BSC)两部分。基站系统结构与接口如图 8-14 所示。BTS 与 BSC 之间的接口称为 A-bis 接口。一个 BSC 可以控制分布于不同地点的多个 BTS,对于小型基站系统可以合二为一。

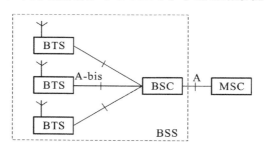

图 8-14　基站系统结构

1. A-bis 接口信令

A-bis 接口信令同样采用三层结构,如图 8-15 所示。第二层采用 LAPD 协议。第三层有三个实体:业务管理过程、网络管理过程和第二层管理过程。第二层管理过程已由 LAPD 定义;网络管理过程尚未标准化,这是 A-bis 接口不能支持多厂商合作的主要原因,GSM 标准只定义了业务管理过程。

业务管理过程有两大任务。第一项任务就是透明传送绝大部分的无线接口信令消息。所谓透明,就是 BTS 对第三层消息的内容不进行分析和变更,也不采取任何动作,仅对消息的外部封装和信道编码进行重新调整,以适配无线和有线接口不同的底层(第一层和第二

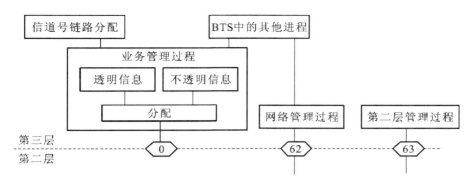

图 8-15 A-bis 接口信令结构模型(BTS 侧)

层)协议的要求。第二项任务是对 BTS 的物理和逻辑设备进行管理,管理过程是通过 BSC 与 BTS 之间的命令——证实消息序列完成的,消息的源点和终点就是 BSC 和 BTS,与无线接口消息没有对应关系,它们与需要由 BTS 处理与转接的无线接口消息统称为不透明消息。

GSM 规范将 BTS 的管理对象分为四类:无线链路层、专用信道、控制信道和收发信机,相应地定义了四个管理子过程。无线链路层管理过程负责无线通路数据链路层的建立和释放,以及透明消息的转发;专用信道管理过程负责 TCH、SDCCH 和 SACCH 的激活、释放、性能参数和操作方式控制以及测量报告等;控制信道管理过程负责不透明消息的转发以及公共控制信道的负荷控制;收发信机管理过程负责收发信机的流量控制和状态报告等。

A-bis 接口信令消息的一般结构如图 8-16 所示。其中,消息鉴别语指示是哪一类管理过程的消息,并指明是否透明消息;信道号指示信道类型;链路标识进一步指示哪种专用控制信道。

2. A 接口信令

如图 8-17 所示为 A 接口信令的结构,它采用 No.7 信令作为消息传送协议,包括物理层(MTP-1)、数据链路层(MTP-2)、网络层(MTP-3＋SCCP)和应用层。

图 8-16 A-bis 接口信令消息的一般结构

由于 A 接口是用户侧信令,只用到极其有限的网络层功能,因此 GSM 规范仍将其归为三层结构,应用层作为信令处理的第三层,MTP-2/MTP-3＋SCCP 作为第二层,负责消息的可靠传递。MTP-3 复杂的信令网管理(SNM)功能基本上不用,主要用其信令消息处理(SMH)功能。由于 A 接口上有许多和电路无关的管理消息,因此需要采用 SCCP,但其全局码翻译功能基本不用,另外 A 接口利用 SCCP 的子系统号(SSN)来识别多个第三层应用实体。

A 接口第三层包括三个应用实体。

(1) BSS 操作维护应用部分(BSSOMAP):用于和 MSC 及网管中心(OMC)交货维护管理信息。

(2) 直接传送应用部分(DTAP):用于透明传送 MSC 和 MS 之间的消息,这些消息主要是 CM 和 MM 协议消息。RR 协议消息终结于 BSS,不再发往 MSC。

(3) BSS 管理应用部分(BSSMAP):用于对 BSS 的资源使用、调配和负荷进行监控和监视。消息的源点和终点分别是 BSS 和 MSC,消息均与 RR 有关。某些 BSSMAP 过程将直接引发 RR 消息,反之,RR 消息也可能触发某些 BSSMAP 过程。GSM 标准共定义了 18 个

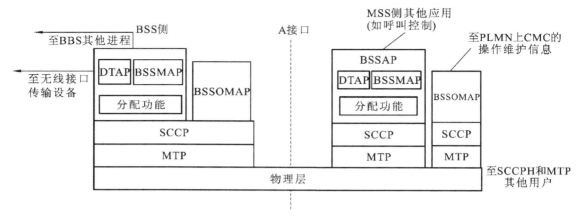

图 8-17　A 接口信令的结构

BSSMAP 信令过程。

　　综上所述,无线接口信令和基站接入信令用户侧信令协议模型如图 8-18 所示。图中虚线表示协议对等之间的逻辑连接。Um 接口直接和 MS 及 BTS 相连,所有与通信相关的信令消息都源于该接口,因此空中接口 Um 是用户侧最重要的接口。其相应的接口协议分为物理层(即 Um 接口的第一层)、数据链路层和应用层。数据链路层是基于 ISDN 的 D 信道链路接入协议(LAPD)针对移动应用改进后的特有协议,一般称为 LAPDm 协议。在 MS 侧有三个应用实体:RR、MM 和 CM。其中,RR 的对等实体主要位于 BSC 中,它们之间的消息传送通过 A-bis 接口业务管理实体(TM)的透明消息程序转接完成。极少量的 RR 的对等实体位于 BTS 中(RR′),它们的消息经 Um 接口直接传送。MM 和 CM 的对等实体位于MSC 中,它们之间的消息传送通过 A 接口的 DTAP 和 A-bis 接口的 TM 两次透明转接完成,透明转接主要完成低层协议转换。为了保证这三个应用的正常工作和呼叫的正常进行,在 A-bis 接口和 A 接口分别有 TM(不透明消息)和 BSSMAP 应用协议,对 BTS 和整个 BSS进行二级业务管理。除此之外,各接口还有网络管理维护协议,为网元和网络的统一管理提供条件。

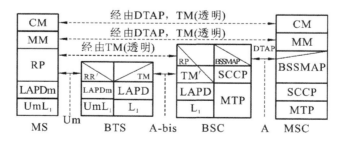

图 8-18　GSM 系统用户侧信令协议模型

8.4.3　网络接口信令

　　网络接口包括接口 B～接口 G。网络接口上层信令为移动应用部分(MAP)。MAP 是7 号信令系统的应用层协议,由 SCCP 和 TCAP 支持,其主要功能是支持移动用户漫游、切换和网络的安全保密。为了实现全球网络联网,需要在 MSC 和 HLR、VLR 和 ELR 等网络数据库之间频繁地交换数据和指令,这些信息都与电路连接无关,最适合采用 7 号信令方式传送。MSC 与 MSC 之间以及 MSC 与 PSTN/ISDN 之间关于话路接续的信令采用 7 号信令的 TUP/ISUP 协议。MAP 协议共定义了以下 10 个信令过程。

（1）位置登记和删除。

（2）补充业务处理：包括业务的激活、去活、登记、撤销、使用和询问。一般由 MS 发起这些操作，MSC 通过 VLR 向 HLR 查询用户的补充业务权限等数据，据此决定能否执行这些操作。若用户补充业务的注册情况有变化，则有 HLR 直接统治 VLR 修改其数据库，此时不涉及 MSC 和 MS。

（3）呼叫建立过程中检索用户数据：包括直接信息检索（MSC 由 VLR 直接获得所需参数）、间接信息检索（VLR 还需向 HLR 获取部分或全部用户参数）和路由信息检索（PSTN/ISDN 用户呼叫 MS 时，网管 MSC（GMSC）向 HLR 请求漫游号）三种情况。

（4）越区切换：用于支持越区基本切换和后续切换。

（5）用户管理：包括用户位置信息管理和用户参数管理，主要是 VLR 向 HLR 验证信息或 HLR 向 VLR 检索信息，可用于 VLR 和 HLR 重启后的数据恢复或正常的数据库更新。

（6）操作和维护：计费数据由 MSC 向 HLR 传送的过程。

（7）位置登记器的故障恢复：包括 VLR 和 HLR 的恢复。VLR 重启后，将所有的 MS 标上"恢复"记号，表示数据尚待核实。当收到来自 MSC 和 HLR 的消息时，表示该用户仍在 VLR 控制区内，这时可去除恢复标记。也有可能收到位置删除消息，则将此 MS 记录删除。

HLR 重启后，将向全部或相关的 VLR 发送"复位"消息，VLR 收到此消息后，将所有属于该 HLR 的 MS 打上标记，待核实后即通知 HLR，予以更新恢复。

（8）IMEI 的管理：定义 MSC 向 EIR 查询移动台设备合法性的信令过程。

（9）用户鉴权：包括四个信令过程。

● 基本鉴权过程：处理其他事物（如呼叫建立、位置登记、补充业务操作等）时进行的正常鉴权。

● VLR 向 HLR 请求鉴权参数：当 VLR 保存的预先算好的鉴权数据组低于门限值时，执行此过程。

● 向原先 VLR 请求鉴权参数：此过程在向原 VLR 索取 IMSI 时一并完成。

● 切换时的鉴权：为了确保安全，规定切换完成后需进行鉴权。鉴权仍由 MSC-A 发起，鉴权结果由 VLR-A 校核，但需由 MSC-A 通知 MSC-B 向 MS 索取鉴权计算结果。

（10）网络安全功能的管理：主要包括加密密钥产生、加密模式设置、TMSI 等的传送程序。

 ## 8.5　移动软交换与 4G 核心网

8.5.1　基于 GSM 演进的 3G 核心网

在 WCDMA、CDMA2000 和 TD-SCDMA 网络中，3GPP 主要制定基于 GSM MAP 演进的核心网，在制定 WCDMA R4 规范时正式把软交换引入移动网。3GPP 制定的核心网标准成熟度较高，应用广泛，其核心网的结构和演进代表了 3G 网络的发展方向。

3GPP 标准的制定是分阶段的，包括 R99、R4、R5、R6、R7、R8、R9、R10、R11、R12 等版本。R99 版本的核心网基于演进的 GSM MSC 和 GSM GSN，电路域与分组域逻辑上是分

离的;而无线接入网(RAN)则是全新的,网络结构如图 8-19 所示。其中各接口功能如表 8-1 所示。

R4 版本最为突出的改变是在核心网电路域实现了承载和控制的分离,即引入了软交换。R5 引入了 IP 多媒体子系统(IMS)、R6、R7、R8、R9、R10、R11、R12 等主要无线传输技术、接入网架构和业务功能的演进、增强和完善,而核心网结构与 R5 基本相同。

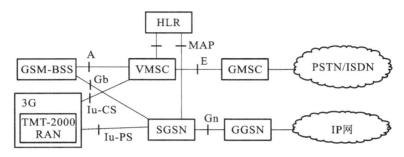

图 8-19 基于 GSM 演进的 3G 核心网

表 8-1 GSM MSC 各接口功能

接口名	连接实体	信令与协议	主要功能
A	MSC-BSC	BSSAP	完成 BSS 管理、移动性管理和呼叫控制功能
B	MSC-VLR	内部协议	完成用户的移动性管理、位置更新和补充业务的激活等功能
C	MSC-HLR	MAP	获取用户的 MSRN 和与智能业务相关的用户状态、用户位置等信息
D	VLR-HLR	MAP	获取用户的签约信息
E	MSC-MSC	MAP、TUP/ISUP	用于两个 MSC 之间的切换过程
F	MSC-EIR	MAP	交换相关信息,用于 EIR 验证用户的 IMSI 状态信息
G	VLR-VLR	MAP	当用户从一个 VLR 移动至另一个 VLR 时,用于交换用户的 IMSI 和鉴权参数信息
无	MSC-PSTN/ISDN/PSPDN	TUP/ISUP/	局间呼叫控制
L	MSC-SCP	CAP	支持智能呼叫处理流程
G_s	MSC-SGSN	BSSAP+	用于 MSC 与 SGSN 之间的联合位置更新
PRI	MSC-ISDN 用户	DSS1	支持 PRI 接口类型为 30B+D 数据通信
OMC	MSC-WS	内部协议	操作维护相关功能
计费接口	iGWB-计费中心	FTAM、FTP	话单文件的可靠传输

1. R99 版本

R99 版本网络结构如图 8-20 所示。更为详细的内容可参考 3G TS23.002v3.6.0。R99 包括接入网(AN)和核心网(CN)。AN 分为两种类型:一种是用于 GSM 的基站子系统(BSS);另一种是用于 UMTS 的无线网络系统(RNS),也称为 UTRAN。核心网分为电路域(CS)和分组域(PS)。CS 与 GSM 具有相同的核心网,采用电路交换。PS 主要由 SGSN 和

GGSN 组成,相对于 GPRS,增加了分级服务概念,分组域的 QoS 能力有所提高。

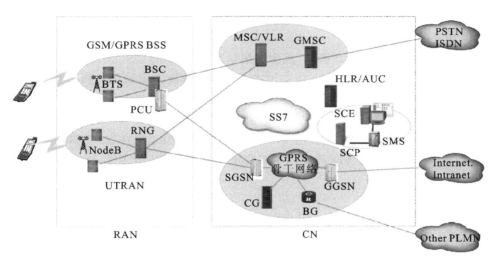

图 8-20　R99 版本网络结构

R99 版本网络主要以继承 GSM 为主,在网络特征上仍然属于传统的网络。因此 R99 版本网络还不能称为移动软交换网络。

2. R4 版本

R4 的网络结构如图 8-21 所示,更为详细的描述可参照 3G TS 23.002v4.8.0。R4 的改进主要是在电路域,即将 MSC 分离成 MSC-Sever 和 MGW。MSC-Sever 完成呼叫控制和移动性管理,而 MGW 完成媒体流的处理功能。MSC-Sever 与 MGW 之间采用 H.248 协议,MSC-Sever 之间采用 BICC 协议。并且,MSC-Sever 和 MGW 在地理位置上可以完全分离,从而实现控制和承载的分离。同时,电路域和分组域采用相同的分组承载(如 IP)。这样,分离后的两个平面可以根据业务发展需要各自独立发展,承载面专注于媒体流的传输、媒体格式转换、编解码以及回波抵消、媒体资源等提供。控制面专注于与承载无关的呼叫控制、业务处理,并

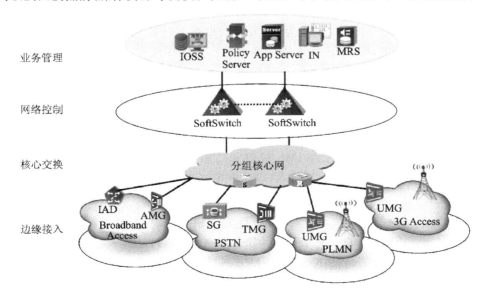

图 8-21　R4 版本四层组网构架及网络融合

且通过提供标准的 API 连接外部应用服务器,方便扩展和生成新业务。(G)MSC-Sever 通过信令网关(SGW)实现与 PSTN/PLMN 的互通。由此可见,R4 版本完全引入了移动软交换技术。

3. R5 版本

R5 版本网络结构如图 8-22 所示,更为详细描述可参照 3G TS 23.002v5.0.0。R5 电路域和分组域与 R4 区别不大,只是在核心网中将 HLR 替换为归属用户服务器(HSS)。R5 最大的变化是增加了 IMS,它和分组域一起提供实时和非实时的多媒体业务,并且可以实现与电路域的互操作。其次,R5 在空中接口上引入了高速下行分组接入技术(HSDPA),使传输速率提高到约 10 Mb/s(理论最大值 14.4 Mb/s)。软交换思想在 R5 上得到完整的体现,是其在电路域及分组域的业务承载和控制都实现了分离,全 IP 架构的 R5 进一步发展了软交换技术。

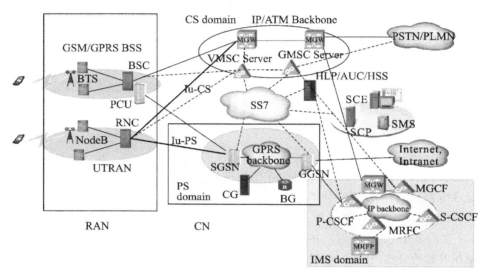

图 8-22 R5 版本网络结构

R5 引入了 IMS,IMS 是移动核心网实现分组语音和分组数据业务,提供统一多媒体业务和应用的最终目标。IMS 和 PS 成为 R5 发展的重点。但 R5 的部件及业务实现思想也是基于控制和承载分离的,即 IMS 基于软交换思想。具体体现在:R5 将 R4 中设置的 MSC-Sever 在功能上进一步分离为 MGCF(媒体网关控制功能)和 CSCF(呼叫会话控制功能),分别处理语音呼叫控制和多媒体呼叫控制。

4. R6 版本

R6 主要致力于高速上行分组数据接入(HSUPA)标准的制定,HSUPA 将上行速率提高到 5.7Mb/s。同时,进一步完善 IMS 接口和功能,增加对 WLAN 的接入支持,并研究 IMS 域基于流量的计费和 QoS 控制技术,以及多媒体广播组播(MBMS)等技术。

5. R7 版本

R7 版本继续对无线接入技术进行增强,称为 HSPA+,引入了多输入多输出(MIMO)和正交频分复用(OFDM),进一步提高下行数据传输速率。HSPA+是 WCDMA 和 LTE 之间的过渡技术,有时称为 3.5G。R7 在核心网方面提出了直接隧道机制(direct tunnel,DT),即用户平面数据不再经由 SGSN 和 GGSN,而是在 RNC 与 GGSN 之间直接通信,从而降低了用户数据的传送时延。同时,R7 还对 IMS 进行增强,包括支持 xDSL 和 Cable Modem 等固定宽带接入、紧急呼叫、语音呼叫连续性(voice call continuity，VCC)和策略与计费控制(policy charging and control，PCC)等。

8.5.2 LTE/4G 演进的分组核心网

为了配合移动通信在无线接入侧的长期演进(LTE)计划，3GPP 在 R8 版本提出了如图 8-23 所示的演进的分组系统(EPS)架构项目(原称为 SAE 项目)。EPS 包括演进的无线接入网(E-UTTRAN)和演进的分组核心网(evolved packet core，EPC)，该项目的目标是制定一个面向未来移动通信的，以高数据率、低延迟、数据分组化、支持多种无线接入技术为特征的，具有可移植性的 3GPP 系统框架。

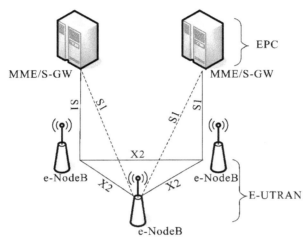

图 8-23 演进的分组系统结构

与 3G 无线接入网相比，E-UTRAN 采用更加扁平化的结构，无线接入侧只设置 e-NodeB 负责终端的接入控制，并通过 S1 接口与移动性管理实体/服务网关(MME/S-GW)交互来管理终端的移动性。其中，S1-MME 是 e-NodeB 连接 MME 控制面接口。各 e-NodeB 之间还可通过 X2 接口进行交互，支持用户数据和控制信令在 e-NodeB 之间的直接传输，从而使无线接入系统更加合理和健壮。

3GPP 在 R8 中制定了第一个可商用的 EPC 版本。但由于 R8 定义的特性较多，很难在预定时间内完成所有工作，3GPP 按优先级进行处理，将优先级较低的特性放在 R9 中实现。在 R10、R11 和 R12 等后继版本中，3GPP 又陆续对 EPC 的系统架构和功能进行了进一步的增强。EPC 基于 GPRS 演进而来，但有时独立于 GPRS 的全新核心网，其主要技术特征如下。

(1) 系统架构全 IP 化。核心网取消了电路域，仅提供分组域。所有业务都通过分组域提供，包括传统的电话业务。EPC 控制面主要基于 GTPv2-C 和 Diameter 协议，用户面主要基于 GTPv1-U 和 SCTP 协议。

(2) 网络结构扁平化。基于控制与承载分离的思想，EPC 将控制平面与用户平面的网元实体分离，使得操作维护更为简单、灵活。此外，由于 LTE 无线接入网取消了 RNC，结构变得更加扁平化，这有利于缩短用户数据的传送时延。

(3) 增强的 QoS 机制。EPC 能对每段承载网络进行 QoS 控制，从而实现端到端的 QoS。

（4）IP 永久在线。终端开机后，EPC 即可分配 IP 地址和默认承载，保证用户的永久在线。

（5）增强的策略与计费控制（PCC）架构。在 GPRS 中，PCC 的控制能力很弱，且只支持静态策略配置，PCC 加强了对 QoS 策略和计费管理的灵活性，并支持漫游场景。

（6）支持多种接入技术。EPC 所支持的接入技术不仅包括 3GPP 自身定义的 GERAN（GSM EDGE 无线接入网）、UTRAN 和 E-UTRAN，而且还包括非 3GPP 定义的接入技术，如 CDMA2000、Wi-Fi、Wimax 等。此外，EPC 还支持不同接入技术之间的互操作，支持系统间的无缝移动，以及统一计费、策略控制、用户管理和安全机制等。

下面介绍支持 3GPP 接入的 EPC 网络架构。

1. EPC 网络架构

EPC 包括漫游和非漫游场景，且在漫游场景下根据运营商对业务提供和业务疏导的方式不同，EPC 网络架构还具有多种组网模式。

非漫游场景下 3GPP 无线接入的 EPC 架构如图 8-24 所示。由于用户位于归属网络，EPC 结构较为简单，信令和用户数据都通过归属网络传送，所有网元都由归属网络提供，EPC 网元由移动性管理实体（MME）、服务网关（S-GW）、分组数据网关（packet-gateway，P-GW）、SGSN、HSS 和策略与计费规则功能（policy and charging rule function，PCRF）等组成。

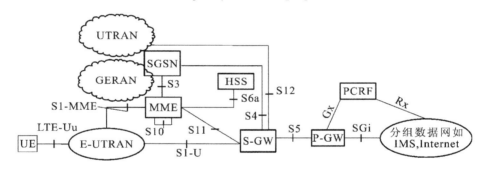

图 8-24　EPS 基本架构

与 GPRS 相比，EPC 中的控制平面与用户（数据）平面是分离的，控制平面通过 S1-MME 接口与 MME 相连，用户数据平面通过 S1-U 直接与 S-GW 相连。MME 所起作用相当于将 SGSN 中的移动性管理功能实体分离出来单独设置成一个网元。S-GW 相当于从 SGSN 剥离出了与移动性管理相关的控制功能，而只用于承载用户数据。P-GW 类似于 GPRS 中的 GGSN 功能，是 EPC 与外部分组数据网的关口设备。此时的 S-GW 和 P-GW 功能可以合设，即位于同一物理设备中。

SGSN 节点用于将传统的 2G/3G 系统接入到 EPC，这里 SGSN 具有 2 种类型：一种是原 GPRS 中支持 Gn/Gp 接口的 SGSN（记作 Gn/Gp-SGSN），另一种是支持通过 S4 接口与 S-GW 连接的 SGSN（记作 S4-SGSN）。在实际应用中，一般不存在纯粹的 S4-SGSN 物理实体，而是综合 S4-SGSN 和 Gn/Gp-SGSN 功能的混合实体。

HSS 类似于 GPRS 中的 HLR，用于存储用户签约信息，但与 HLR 采用基于 No.7 信令的 MAP 协议不同，HSS 采用基于 IP 的 Diamter 协议。EPC 增强和完善了策略与计费控制（PCC）功能，PCRF 用于制定和下发策略与计费规则，通过 Gx 接口与驻留在 P-GW 中的策略与计费执行功能（policy and charing execution function，PCEF）一起完成相关的策略与计费控制任务。

接入承载和非接入层信令（NAS）相关的信息，包括与 UE 相关和与 UE 无关的信令业务。

2．EPC 接口协议

1）S1-MME 接口

如图 8-25 所示，S1-MME 接口是 e-NodeB 与 MME 之间的控制接口，用于透明传送 E-UTRAN 和 EPC 之间与无线接入承载和非接入层信令（NAS）相关的信息，包括与 UE 相关和与 UE 无关的信令业务。

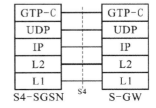

图 8-25　S1-MME 接口协议栈

2）S1-U 接口

S1-U 接口是 e-NodeB 与 S-GW 之间用于传送分组数据的用户平面接口。该接口基于 GTP-U 协议，以隧道方式传输用户平面的分组数据，其协议接口如图 8-26 所示。这里 GTP-U 采用 GTPv1-U 协议。

3）S3 接口

如图 8-27 所示，S3 接口是 S4-SGSN 与 MME 之间的接口，用于在不同接入系统间交换用户连接状态和承载信息，包括激活的 PDN 连接信息，控制平面的地址和 TEID、EPS 承载上下文、安全信息等。同时，用于系统间交互切换信息，跟踪区/路由区（TAU－RAU）更新时获取 UE 的移动性管理信息和 EPS 承载上下文等。S3 接口采用 GTPv2-C 协议。

4）S4 接口

S4 接口用于在 2G/3G 系统接入 EPS 时，在 S4-SGSN 与 S-GW 之间提供控制和移动性功能。如果 UTRAN 使用直接隧道方式，S4 接口只用于传送控制消息，采用 GTPv2-C 协议。如果使用非直接隧道方式，S4 接口除传送控制消息外，还需提供用户平面的数据传送，采用 GTPv1-U 协议。S4 接口控制平面协议栈如图 8-28 所示。

GTP-U		GTP-U
UDP		UDP
IP		IP
L2		L2
L1		L1
e-NodeB	S1-U	e-NodeB

图 8-26　S1-U 接口协议栈

GTP-C		GTP-C
UDP		UDP
IP		IP
L2		L2
L1		L1
S4-SGSN	S3	MME

图 8-27　S3 接口协议栈

GTP-C		GTP-C
UDP		UDP
IP		IP
L2		L2
L1		L1
S4-SGSN	S4	S-GW

图 8-28　S4 接口控制平协议栈

S4 接口控制平面消息主要用于承载的建立、修改和释放；或用于修改用户承载的 QoS 参数；或当有下行数据时，用于通知 S4-SGSN 寻呼空闲用户；或在发生不同接入系统间的切换时，用以改变数据的转发方式。

5）S5 接口

S5 接口是 S-GW 与 P-GW 之间用于隧道建立和管理的接口。当二者分设时，该接口用于 S-GW 到 P-GW 的连接过程，以及在用户移动性管理中的 S-GW 重定位过程。S5 控制平面与 S4 基本相同，采用 GTPv2-C 协议；S5 接口控制平面协议栈如图 8-29 所示，采用 GTPv1-U 协议。

6）S6a 接口

S6a 接口是 MME 与 HSS 之间交换用户位置和管理信息的接口。S6a 接口基于 Diameter 协议实现，其协议栈结构如图 8-30 所示。

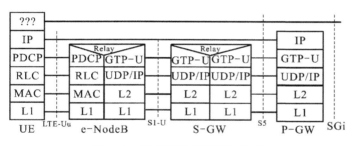

图 8-29 S5 接口控制平面协议栈

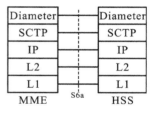

图 8-30 S6a 接口协议栈

7) S10 接口

S10 接口是 MME 之间用于传送重定位信息的控制接口,用于附着时交换用户标识、跟踪区(TAU)更新上下文,以及在 S1 切换时传送用户和无线网络信息。

8) S11 接口

S11 接口与 S4 控制平面接口一致,这里不再赘述。

9) S12 接口

当 UTRAN 和 S-GW 之间采用直接隧道时,S12 接口用于 UTRAN 接入 EPC 的用于平面数据传送,该接口采用 GTPv1-U 协议,其协议栈与 S5 用户平面接口相同,只是将 e-NodeB 替换为 UTRAN 即可。

10) SGi 接口

SGi 接口是 P-GW 与分组数据网之间的接口。由于涉及用户的 IP 地址分配,P-GW 需要通过 SGi 接口连接外部 IP 网络的 DHCP、RADIUS 或 Diamter AAA 服务器。同时,SGi 接口应能针对每个 APN,利用 RADIUS 或 Diameter 对用户进行鉴权、计费。

该接口类似于 GPRS 的 Gi 接口,支持 DHCP、RADIUS、IPSEC、L2TP 和 GRE 等协议。

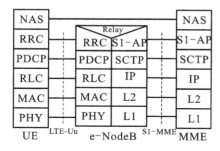

图 8-31 NAS 信令协议栈

11) NAS 信令

如图 8-31 所示,NAS 是 UE 与 MME 之间通过 Uu 和 S1-MME 接口透明地传送的非接入层信令,NAS 信令主要用于对 UE 的移动性和会话的管理,以及建立和维护 UE 与 P-GW 之间的 IP 连接。

12) Gx 接口

Gx 接口是 PCRF 与 PCEF 之间用于 PCC 策略传递和事件报告的接口,PCRF 通过该接口可动态控制 PCEF 中的相关 PCC 处理,接口采用 Diameter 协议。

13) Rx 接口

Rx 接口是 PCRF 与应用功能(AF)之间用于传递应用层对会话 QoS 和计费要求的接口协议,采用 Diameter 协议。PCRF 通过该接口接收的信息去控制业务数据流河 IP 承载资源,如 IP 包过滤、业务流策略控制或计费分级标识、QoS 控制所需的带宽参数等。

EPC 涉及内容较多,如移动性管理、会话管理、系统安全、QoS 与 PCC、节点选择、语音解决方案等。

3. 向 EPC 的演进

现有移动网向 EPC 的演进可基于 2G/3G 分组网元进行升级来实现,如 SGSN 可以升级为 MME,GGSN 可升级为 SAE-GW。但 2G/3G 分组域向 EPC 的演进,需根据 LTE 的演进策略及业务需求,并结合现网设备的支持程度来选择演进步骤和进程。总体来说,从EPC独立组网到与2G/3G分组域融合组网是演进的总原则。具体可采取如下步骤。

（1）为实现平滑演进,在引入LTE前,2G/3G分组域则可维持不变,只修改相关路由数据。

（2）在LTE引入初期,EPC可采用新建方式,而2G/3G分组域则可维持不变,只修改相关路由数据。

（3）试商用阶段,如需进行LTE数据业务的大范围试验,应结合现网实际和LTE业务员的特性及需求,优选融合方式。即对现网分组域进行升级,并选择具备条件的SGSN、GGSN设备进行改造,使其接入EPC。若为LTE数据卡用户提供至2G/3G的漫游业务,除升级为EPC网元的设备外,其他GPRS网设备不需改造。若为LTE数据卡用户提供至2G/3G的切换和漫游业务,则现网GPRS设备均需要升级以支持与EPC的互操作,如采用Gn-SGSN接口互通方式。

（4）规模商用阶段。需在全网范围内为LTE用户提供语音、数据业务。EPC网络建设应采用与现网全面融合的方式,对现网所有的SGSN、GGSN进行升级,并采用S3/S4接口方式接入EPC网络,实现EPC与2G/3G分组域的互操作。

8.5.3 5G与移动交换技术

尽管ITU确定了2020年商用5G的时间表,然而各种信号表明产业链正在加快推动5G的到来。近期爱立信、中兴、诺基亚等推出了可商用的5G产品,韩国、美国等运营商的商用计划均提前于ITU的计划。5G要商用,标准需先行,5G商用的加速也对标准制定提出了迫切需求。5G网络系统框架如图8-32所示。

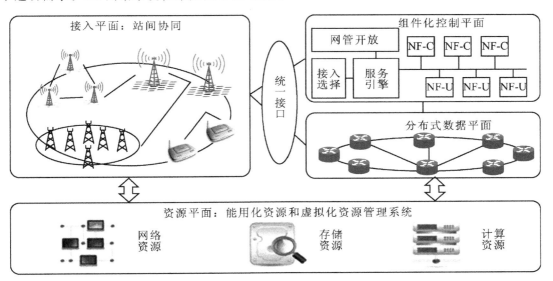

图8-32 5G网络系统框架

1. 5G和LTE联合组网与5G独立组网

5G网络建设过程中,有独立组网和非独立组网这两种部署方式。采用LTE与5G联合组网(non-standalone,简称NSA),还是采用5G独立组网(standalone,简称SA),是运营商必须考虑的问题。联合组网有助于利用LTE的资源来降低建设成本,而5G独立组网则便

于体现出 5G 技术优势以提高服务质量。对于这个问题,虽然一些运营商之前已经做出了不同的选择,但是目前 3GPP 标准还是会优先考虑联合组网。2017 年 12 月,5G 联合组网的标准首先完成;2018 年 7 月,5G 独立组网的相关规范也已经完成。

5G 独立组网(SA)就是建立端到端的 5G 网络,即新建一个全新的网络,包括新建 5G 基站、5G 新空口(5G NR)、新的前传和回传链路,以及新的 5G 核心网。5G 非独立组网是指 LTE 与 5G 基于双连接技术进行联合组网的方式,利用现有的 LTE 网络部署 5G,实现 4G 和 5G 的融合组网以满足运营商快速实现 5G 覆盖的需求。在 5G 部署初期做好规划,就需要处理好 5G 和 4G 的关系,考虑如何在现有网络的网络基础上建立一个高效的网络。

独立组网可充分发挥 5G 的高速率、低时延、高可靠性、可提供海量连接的优势,并且不影响现有 4G 网络。独立组网的优点是可以在提供高性能的前提下形成较大的规模经济性,5G 独立组网将使得 4G 和 5G 业务并行运行,并且避免了与 LTE 网络整合过程中可能会出现的互操作复杂等问题,覆盖全国范围的规模组网对于 5G 普及和提升服务质量具有重要意义,但是独立组网建设前期的成本相对较高。

相比之下,非独立组网能够更快地将 5G 推向市场,但非独立组网可能更适合局部热点区域部署,而不是大规模的全国性部署,并且非独立组网与现有 LTE 网络的互操作也非常复杂。非独立组网的特点是建设周期短,可以更短时间内提供 5G 新业务,非独立组网可以在 5G 不连续覆盖的情况下提供 5G 业务,适合在局部热点区域部署,网络建设初期投资较小。非独立组网将借助于已有 4G 基础设施,将 5G 小基站部署在高业务密度区域。

非独立组网的优势主要体现在以下三个方面:①满足 LTE 市场一定的增长空间,有利于 LTE 投资的收回;②在已有 LTE 基础设施上整合一个 5G 网络将有利于初期部署,更小的资本支出负担;③非独立组网使得运营商具有在特定地区如城市建设网络的灵活性,以支持初期的 5G 商用服务。

根据无线网络和核心网的不同,3GPP 规范中针对组网方式定义了多种选项,以便运营商有针对性地进行选择。不同建设阶段的选择也会有所不同,例如:是考虑新建 5G 核心网(NGC)还是考虑 EPC 升级,是提供热点覆盖还是连续覆盖,是否考虑 LTE 与 5G 无线系统之间的互操作等。国内运营商中,中国移动宣称要采用 5G 进行连续覆盖,因此考虑采用 5G 独立组网;而中国联通则考虑快速部署性,其白皮书中明确初期采用 5G 与 LTE 紧耦合的方式来进行网络建设。

随着 5G 标准中独立组网和非独立组网技术标准的进一步完善和明确,运营商会有更多新的考虑和选择。不过,这也与设备厂家的策略和产品进度有关。例如,5G 独立组网需要功能完善的 5G 核心网设备和终端,如果 5G 核心网和终端面市较晚,也可能会阻碍独立组网的选择。

2. 基于 SDN 与 NFV 的网络切片架构

不同的应用场景在网络功能、系统性能、安全、用户体验等方面都有着非常不同的需求,如果使用同一个网络提供服务,势必导致这个网络十分复杂、笨重,并且无法达到应用所需要的极限性能要求,同时也将导致网络运维变得相当的复杂,提升网络运营的成本。相反地,如果按照不同业务场景的不同需求,为其部署专有的网络来提供服务,这个网络只包含这个类型的应用场景所需要的功能,那么其服务的效率将大大提高,应用场景所需要的网络性能也能够得到保障,网络的运维变得简单,投资及运维成本均可降低。这个专有的网络即一个 5G 切片实例。

由于能够以低成本提供 5G 无线网络中多样化的业务场景,网络切片和边缘计算一直以来深受学术界和工业界的提倡。网络切片通过将网络实体划分成多个逻辑独立网络,为不同业务场景提供所需服务,而边缘计算利用网络中用户和边缘网络设备的计算和存储功能,承载部分核心节点中的控制、管理、业务功能,能够提升传统移动宽带业务能力和应对新兴的机器类业务。网络切片的创建过程如图 8-33 所示。

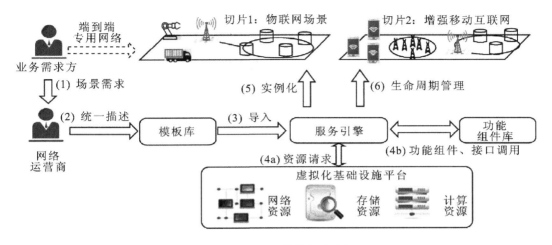

图 8-33 网络切片的创建过程

本 章 小 结

本章首先介绍了移动通信的基本概念及特点,接着介绍移动通信系统的基本结构,移动通信网与固定通信网的最大区别在于用户的移动性、网络控制和资源管理的复杂性。因此,移动通信网必须要解决移动性管理、漫游、切换和网络安全与加密等问题。本章着重介绍移动交换的工作原理,以基本呼叫过程为主线,介绍移动呼叫处理、漫游、切换和网安全等基本原理,使读者系统的理解移动交换的本质所在。

发展第 3 代移动通信的目的是为了提供移动多媒体业务,同时扩展频谱资源,提高频谱利用率和扩大容量,以及提供全球漫游。由 3G 到 4G 的演进,合理分配网络资源,支持宽带的、多媒体业务的基于全 IP 的网络,进一步提高系统容量和性能、降低系统建设成本,同时支持端到端服务质量保证,支持多种接入环境,并能实现各接入系统之间的无缝切换和互连互通。

习 题 8

8-1 PLMN 由哪几个部分组成?各自的功能是什么?

8-2 简述移动台去话呼叫建立过程中无线接口信令消息传送过程。

8-3 分别简述移动台呼叫固定用户和固定用户呼叫移动台的具体过程。

8-4 与传统程控交换机相比,移动呼叫有哪些特点?

8-5 分别简述移动台呼叫处理过程和 BS 呼叫处理过程。

8-6 什么是漫游?漫游分为哪几类?

8-7 什么是越区切换?什么情况下需要进行越区切换?

内容概要

我们正处在信息技术蓬勃发展的时代,各种交换技术是为了适应不同业务的需求而产生和发展的。现代交换技术实训是设置在学习相关交换知识的基础上,面向信息类专业高年级的实验课程。本章实训内容是在华为通信设备实训平台、中兴通讯通信设备实训平台上完成的,旨在让学生掌握利用交换机完成各种实验的操作方法,加深对理论知识的理解,从而达到理论联系实际,提高动手能力的目的。

9.1 华为通信设备实训平台

9.1.1 实训目的、器材及内容说明

实训目的 对 e-Bridge 现代通信实验平台的组成结构进行讲解,让学生对实训环境有整体的了解。

实训器材 e-Bridge 实验实例平台。e-Bridge 现代通信实验平台是深圳市讯方通信技术有限公司开发的新型现代通信实验平台,方案设计中通过在接入层、传输层、交换层、业务层等网络结构中各个模块的灵活组合、分批分步建设、平台互联互通性制定等建设方式,可以在校园网环境下模拟完整的电信运营商环境,实现商业运营环境中各项业务需求的在校实训的教学目标。学生在此环境下不仅认识整网的运行环境,还可以进行各种设备调试、业务模拟、故障分析、课题设计等,实现各平台环境下的业务需求,达到实践能力的全面提高。

实训内容 对事物和终端分组进行现场讲解。

9.1.2 e-Bridge 实训平台总体介绍

1. e-Bridge 网络层次介绍

e-Bridge 现代通信实验平台如图 9-1 所示,依次分为以下平台。

● 接入层:包括现网应用最为广泛的 ADSL 宽带接入平台,代表最新接入网技术发展的 xPON 光接入平台,以及 3G 无线通信平台。

● 传输层:包括行业大规模部署的 SDH 光传输平台,解决大量数据回传的 PTN 分组传输平台,解决核心层、骨干层的智能业务部署的 ASON 光传输平台,解决业务传递质量的 OTN 系统、IP-RAN 回传网平台,解决数据传输及网络安全的数据通信平台、安全存储平台。

● 交换层:包括新技术的 NGN 软交换平台,IP 语音交换解决方案的 VoIP 平台,LTE 语音解决方案的 VoLTE。

● 业务层:部署各种业务的电信业务开发平台、最近行业发展的物联网实验平台、手机终端开发实验平台,对无线网络进行综合测试分析的网规网优平台。

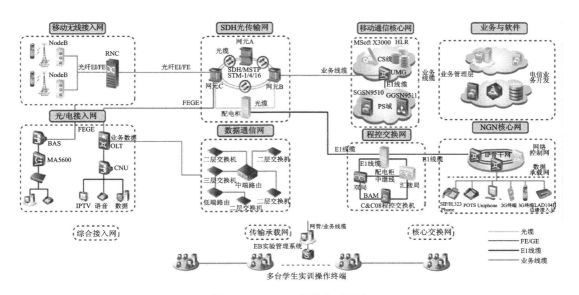

图 9-1 e-Bridge 通信实验平台

2．e-Bridge 实验平台功能介绍

- 排队功能：实现多用户并行操作商用设备。
- 调度功能：实现多平台、多实验项目并行操作。
- 隔离功能：通过服务器把客户端与主机设备隔离。
- 仿真功能：将简单的验证实验交给服务器进行仿真，最大限度的保护设备资源。
- 判错功能：服务器在向设备提交数据前自行完成命令的判断工作，避免误操作对设备造成的伤害。
- 远程登录：学生不用局限在固定的时间和地点完成设备调测，通过预约登记，学生可在能够接入 Internet 网的任何地方进行实验操作。

3．e-Bridge 软件结构

e-Bridge 采用 C/S 架构，其结构方案如图 9-2 所示。

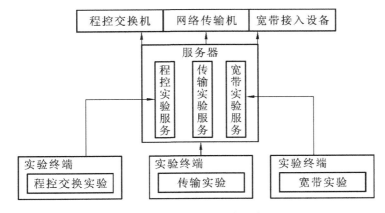

图 9-2 e-Bridge 软件结构

数据通信、传输接入和电源的操作维护管理由统一的传输接入网管台实现，可以对外提供 Q3 接口、112 系统接口。系统的维护管理功能按照 TMN 标准，涵盖了配置管理、性能管

理、故障管理和安全管理四大功能。

9.1.3 程控交换实验平台

程控交换实验平台以一套 C&C08 数字程控交换机为核心,为各个传输单元侧提供业务电话、信令交换业务。程控交换实验平台如图 9-3 所示。

C&C08 提供丰富的用户和网络接口,其中用户侧提供模拟电话(POTS)和数字电话(ISDN)接口,可以接入模拟电话机、数字电话机、传真机和其他数字终端设备。网络侧提供 2M 数字中继和各种模拟中继,其中数字中继可以支持中国 No.1 信令、中国 No.7 信令、PRI、V5 等信令,模拟中继支持 AT0、E&M 等多种接口。

C&C08 可以通过中国 No.1 信令或者中国 No.7 信令与学校现有交换机相接,或者直接接入运营商 PSTN 网络,实现实验室通信网络与学校语音交换网和运营商 PSTN 网的互联互通。

C&C08 可提供 V5.2 接口与综合接入网平台互通,实现接入网系统语音和数据的接入。

C&C08 也支持各种信令方式连接无线网络平台(如 PHS、PLMN 等),实现有线与无线网络的互联互通。

C&C08 还可通过模拟中继或数字中继方式与宽带网络平台侧的路由器连接,实现 VoIP 业务互通。

本方案中 C&C08 数字程控交换机提供 64 模拟用户,数字中继 4×2M,其中 2×2M 提供 No.7 信令,2×2M 提供 No.1 信令。

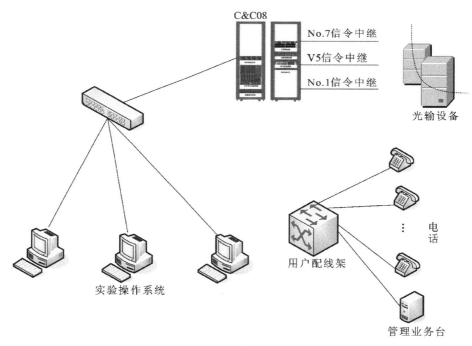

图 9-3　程控交换实验平台

程控交换实验平台的实验实训课程提供实训项目如下:①程控交换原理及控制单元实验;②用户线接口电路及二/四线变换实验;③程控交换 PCM 编译码实验;④时分复用与时隙交换原理实验;⑤交换网络原理与中继接口通信实验;⑥各种信令原理及配置实验;⑦多种信号音及铃流信号实验;⑧双音多频 DTMF 接收实验;⑨程控交换新业务功能实验;⑩程

控交换系统综合实验。

9.1.4 软交换实验平台

NGN 是支撑运营商转型的下一代技术,更是一种涉及网络各个层面的解决方案,其主要特点如下。

(1)它提供了标准、开放的分布式架构,在业务上,它支持全业务且有可持续发展的能力。

(2)在网络上,它能覆盖从核心到边缘、从有线到无线的各个层次。

简言之,NGN 是端到端融合的整体解决方案,而不是局部的改进更新和单项技术的引入。在现代通信网全业务运营的发展趋势,NGN 呈现出同时实现固网接入和无线接入的特点,它不仅可以与传统固网设备组网实现软交换的功能,而且能够和移动无线侧设备成功对接发挥核心交换的作用。NGN 的高速发展直接促进了整网的快速融合。软交换实验平台结构如图 9-4 所示。

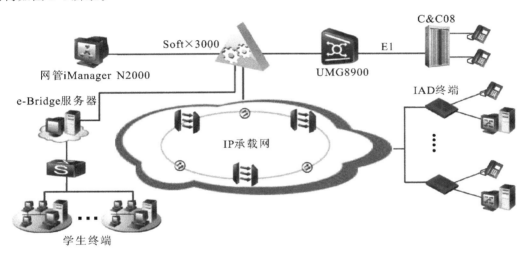

图 9-4 软交换实验平台结构图

软交换实验平台的实验实训课程提供的实训项目如下:①Soft×3000 硬件介绍;②IAD、MiNi-UMG 设备介绍;③Soft×3000 基本数据配置;④与 MGCP 终端对接实验;⑤与 SIP 终端对接实验;⑥Centrex 群业务实验;⑦IP 超市业务实验;⑧与 H.323 终端对接实验;⑨长途业务配置实验;⑩紧急呼叫中心业务实验。

9.1.5 光传输实验平台

传输网经历了由低速到高速、由电层到光层、由可管到可控、由人工到智能的重要发展过程,走过了 PDH、SDH 到 PTN、WDM 的演进之路。目前传输网正向着 IP 化、宽带化的方向快速发展,多种技术兼容组网为 NGN/IMS/LTE 等网络提供一个高效的智能管道,运营商对传输网功能、定位、技术兼容性等越来越重视。

在准确把握光网络发展趋势的前提下,讯方公司经过精简优化推出了系列光传输实训平台,主要包括 MSTP 多业务传送平台、ASON 智能光交换平台、PTN 分组传送平台、基于波分技术的 OTN 系统、IPRAN 移动数据回传系统及业界领先的 IP 微波传输系统等。光交换实验平台结构如图 9-5 所示。

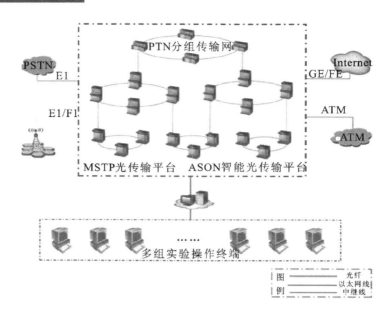

图 9-5　光传输实验平台结构图

　　光传输实验平台的实验实训课程提供的实训项目如下：①MSTP 的基本功能实验；②MSTP点对点组网、链形组网、环形组网配置；③MSTP 复用段保护环保护（MSP）倒换实验；④MSTP 与 ASON 混合组网 2M 配置实验；⑤有 Eth-Trunk 的网络的 LLDP 功能实验；⑥ASON 路由自动重选实验；⑦ASON 网络带宽动态调整实验；⑧以太网专线业务配置；⑨IP业务传输配置实验。

9.1.6　移动通信实验平台

1. 3G 移动通信实验平台

　　第三代移动通信系统是一种能提供多种类型、高质量的多媒体业务，能实现全球无缝覆盖，具有全球漫游能力，与固定网络相兼容，并以小型便携式终端在任何时候、任何地点进行任何种类的通信系统。目前我国 3G 已得到规模发展，智能终端走向了普及，用户总数突破4.2 亿户。

　　针对 3G 网络的三种制式 WCDMA、TD-SCDMA 和 CDMA2000，讯方公司采取分步骤、模块化的设计思想，以移动通信"无线接入网"为必备的核心模块，并辅以先进的核心交换实验模块，完整的实现了移动通信相关实验操作。3G 移动通信实验平台结构如图 9-6 所示。

　　3G 移动通信实验平台的实验实训课程提供的实训项目如下。

　　（1）无线侧实验项目：①RNC 系统、NodeB 系统介绍；②RNC 全局数据调试实验；③RNC-IuCS接口、RNC-IuPS 接口调试实验；④CME 配置 NodeB 及验证实验；⑤Iub 故障处理实验；⑥功控及信道管理实验。

　　（2）核心网实验项目：①核心网系统介绍；②核心网本局数据配置及管理；③核心网与RNC 接口配置、接口消息跟踪实验；④移动用户数据放号实验；⑤核心网鉴权与加密实验；⑥核心网消息跟踪与分析实验。

2. LTE 移动通信实验平台

　　移动通信技术经历了第一代移动通信技术（主要采用的是模拟技术和频分多址（FDMA）技术）、GSM/CDMA 技术之后，如今正朝着宽带化方向发展，从带宽 200 kb/s 的

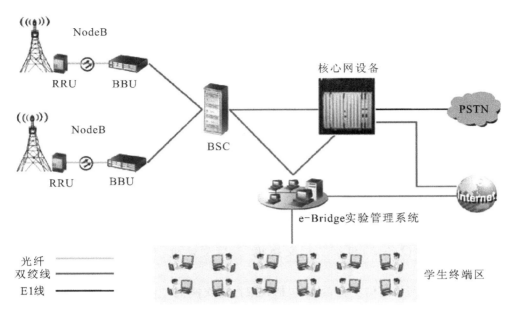

图 9-6　3G 移动通信实验平台结构图

GPRS/EDGE,发展到 2 Mb/s 以上的 WCDMA 和 TD-SCDMA,进而演进到 100 Mb/s 的 LTE。LTE 成为当前最先进、最主要的宽带移动通信技术,并将在未来 IMT-Advanced 中具有重要的地位。在业界的积极推动下,LTE 网络正以其强大的传输能力,将后端与前端无缝连接起来,实现云计算平台和终端的有效连接,为行业应用提供更佳的承载,促进新兴产业的发展。

　　讯方公司 LTE 综合创新实训平台,涵盖了 LTE 通信技术的各个方面。在 LTE 网络部分包含 LTE 基站系统 e-NodeB、LTE 核心网 EPC、LTE 移动回传系统 IP-RAN、LTE 语音解决方案 VoLTE 等,并配套相应的 LTE 网络测试仪器/软件;在 LTE 终端部分,提供 LTE 智能手机终端、LTE-Fi 接入终端、LTE 摄像机终端等。平台配套 LTE 网络优化实训系统,通过对 LTE 网络数据的采集分析,在通信业务流程、信令消息结构、关键参数的含义以及对系统性能的影响等多个方面来进行实训。LTE 移动交换实验平台结构图如图 9-7 所示。

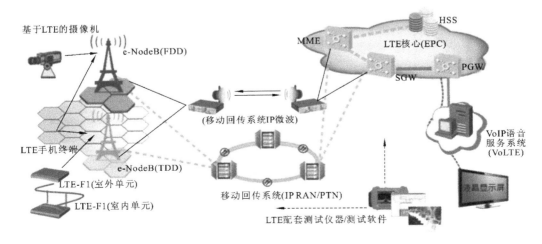

图 9-7　LTE 移动通信实验平台结构图

LTE 移动通信实验平台的实验实训课程提供实训项目如下：①LTE e-NodeB 设备、EPC 设备认知；②LTE e-NoDeB 单站 CME、单站 MML 配置；③LTE 数据业务灌包测试实验；④LTE 无线网络信道影响评估实验；⑤EPC 业务过程配置实验；⑥LTE 接口抓包信令分析；⑦LTE RRC 连接成功率分析流程和优化实验；⑧LTE 故障模拟演练实验；⑨LTE 全网规划综合设计实训。

9.2 中兴通讯通信设备实训平台

9.2.1 通信实训平台总体介绍

1. CCS2000 网络拓扑图

CCS2000 现代通信网络拓扑如图 9-8 所示，依次分为以下部分。

（1）本地分组设备端：包括二层交换机、三层交换机、路由器、IPv6 路由器、ADSL Modem。

（2）CCS2000 网络通信实验系统：包括权限控制交换机、串口网关、电源网关、自动硬连线网关，这些设备与专用配置服务器相连。

（3）本地分组学员端：包括 1～8 组操作台。

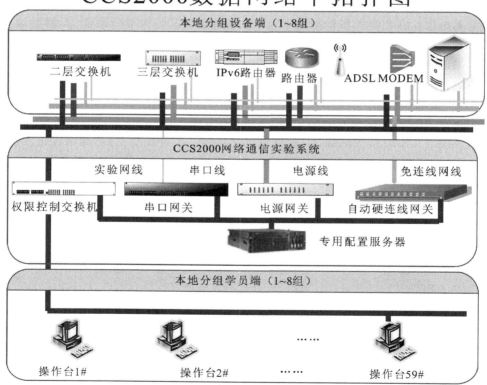

图 9-8 CCS2000 通信实验平台

2. CCS2000 实验平台组成

整个实验平台包括以下部分：设备库，网关库，用户库，课程和实验库，队列库，管理员库和系统数据。其相关概念如下。

（1）设备组：一组设备，这些设备相互之间一般不会联合做实验。

（2）设备：具有一个独立通信口的网络单元。例如，一个程控交换 MP，一台可网管交换机，或者一个具有 RS232 或 RS485 口的设备；也可以是没有通信的设备，甚至是万用表。

（3）课程：实验室需要开设的实验课程。

（4）实验：一个课程中的多个实验。

（5）队列：完成某些实验的一些设备的组合。队列按照设备组和课程来分。一个学生选择一个实验，则这个实验需要一个队列，这个队列中包括了完成这个实验的所有设备。

（6）辅助队列：用于把一些设备的网线连接起来。目前只提供设备之间的软连接（VLAN 连接），不是硬连接。可以实现免连线的网络实验。

（7）用户计算机：教师和学生使用的计算机。

（8）用户：包括用户 ID、用户名、用户密码。指定的用户只能使用属于自己的计算机，但是可以选择一个计算机登录。用户分为教师用户和学生用户。教师可以管理队列，但是不能选择队列进行实验。学生可以选择实验和队列进行实验，但是只能控制自己是否排队。

（9）教师组：专用于管理的教师。组 ID 是 0，而且不能删除。

（10）管理员：可以进入数据库进行修改，增加管理员用户，以及其他教师和学生用户。

9.2.3 程控交换实验平台

1．平台配置实验

平台配置了中兴通讯标准局用的程控交换机 ZXJ10，可以实现 PSTN 用户基本业务功能以及附加业务，软件设计采用分层模块化结构，模块之间的通信按相关的规定接口，支持单局点完成端到端局间信令实验开设，同时提供相关的仿真教学系统。

实训系统同时满足 30～40 名学生进行实验操作，上传下载数据并加以验证；并且能够进行一些基本的设备维护，在实训中模拟电信运营商实验平台。

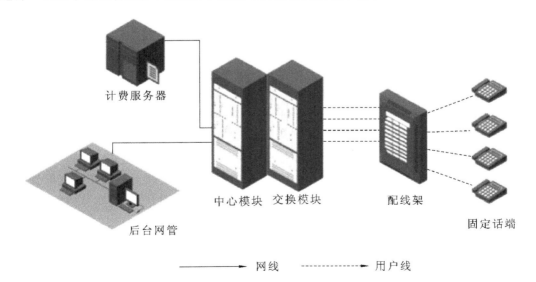

计费服务器

中心模块　交换模块

后台网管

配线架

固定话端

———————▶ 网线　- - - - - - - ▶ 用户线

图 9-9　程控交换实验平台结构图

程控交换实验平台可提供的实验项目如下。

（1）程控交换认知性实验：程控交换机的组成、ZXJ10 系统结构（总体概况、背板）。

（2）程控交换综合实验：ZXJ10 系统配置、用户数据和号码分析、中继配置与管理、No.7 信令系统自环。

（3）程控交换商务群实验：ZXJ10 商务群配置、ZXJ10 话务台功能配置、ZXJ10 商务群故障分析、ZXJ10 商务群数据分析。

2. 仿真教学软件

ZXJ10 程控交换实验仿真教学软件包括"虚拟机房"和"虚拟后台"两个软件。

1）虚拟机房

软件真实模拟程控交换设备 ZXJ10 的硬件和后台 129 服务器（V10.0.03.04.3）的界面。软件以最典型的程控交换机机型 ZXJ10 的 8KPSM 为例，结合中兴通讯助理交换工程师认证考试的需要，设计仿真程控交换最基本的功能。通过仿真，可以进行程控交换实验的教学，如图 9-10 所示。

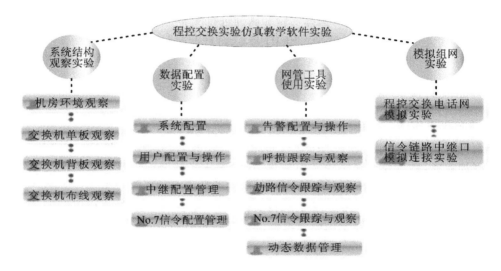

图 9-10　程控交换实验平台

中兴、华为或是贝尔等公司生产的程控交换机虽然外形上有所不同，但都具有相同的功能单元，在功能上是一致的。通过软件中虚拟机房的"硬件观察"可以帮助客户观察设备硬件，掌握设备结构细节，对设备组成有更直观、更全面的认识。

2）虚拟后台

在"虚拟后台"中包括实验、业务实现和信令跟踪。

（1）典型实验单元：100％复现通信设备网管的配置过程，掌握上机操作数据配置。通过 4 个经典的程控交换实验软件，学员可以掌握程控交换系统的设计、本地电话的开局、七号信令知识的学习及局间电话业务的开通。

（2）虚拟电话：体验业务实现过程。在数据配置结束后，可以通过拿起电话，直接呼叫一次来验证。用户在虚拟电话中模拟体验电话拨打过程，验证实验操作的结果，对电信业务进行真实的体验。

（3）故障定位工具、信令跟踪工具：定位设备配置故障的方法。怎样发现操作的错误、定位配置的故障？仿真软件提供了强大的告警、呼叫跟踪及信令跟踪工具。通过学习和使用这些工具就可以轻松地发现在实验过程中的错误,通过在操作过程中对故障点的定位与排除,加深对理论知识的理解和增加实践经验。

9.2.4 软交换实验平台

NGN 下一代网络的实习平台,选用中兴最先进的软交换设备,综合接入设备以及媒体网关设备。既可以自己组成一个 IP 承载的语音与信令交换网络,也可以与传统的程控交换网络、移动交换网络及智能业务平台互连,实现多网融合。在此实验平台上进行 SS 的数据配置、SIP 协议、H.248 协议的配置等,通过该实习平台可以掌握 NGN 的核心思想,软交换技术已在国内的固网运营商广泛得到应用,而且,IMS 平台是未来电信业务的主要载体。软交换实验平台结构如图 9-11 所示。

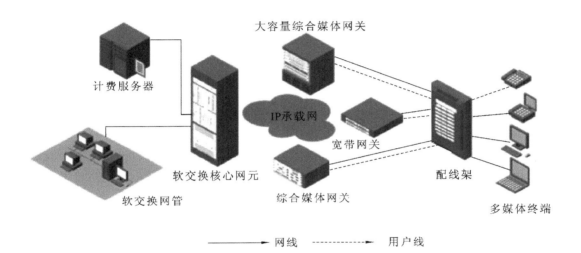

图 9-11 软交换实验平台结构图

软交换实验平台可提供的实验项目如下。

(1)认知性实验:SS1b 硬件介绍、MSG9000-MT64 硬件结构、IAD 设备介绍。

(2)配置设计性实验:H.248 协议配置与跟踪、SIP 终端配置、MSG9000 数据配置、SS1b 数据配置。

(3)综合性实验:PSTN 基本语音业务及补充业务、广域 Centrex 业务、彩铃业务。

9.2.5 光通信实验平台

1. 光纤传输实验平台

光纤传输实验平台采用五台中兴主流局用机架式速率为 STM-4 的光传输设备(ZXMP S330/325/320)为载体,其中用一台 S330 以及 2 台 S325 组成汇聚层,2 台 S320 作为接入层,以 SDH 的形式来搭建,提供 SDH 环带链的实验系统。

该系统除提供 SDH 基本业务外,还可以提供基于 MSTP 技术的 IP、ATM 等多业务接入形式,保证后期综合业务接入的可扩展性,同时汇聚层平台平滑升级到 STM-16。光通信实验平台结构图如图 9-12 所示。

光通信实验平台可提供的实验项目如下。

(1)认知性实验:E300 网管安装、基本配置操作(普通业务)、基本配置操作(保护)。

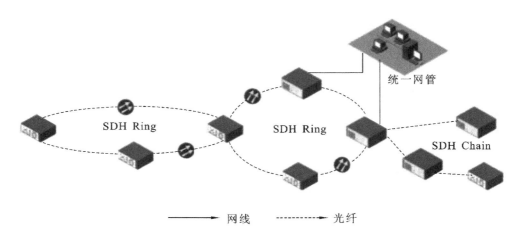

图 9-12　光通信实验平台结构图

（2）综合性实验：联机业务配置操作、保护配置操作、以太网业务配置、ATM 业务配置。

（3）专题配置实验：ECC 专题、时钟配置、公务配置、复用段扩缩环、时分复用的查询。

（4）工程类实验：远程网管、S380/390 开局。

2．OTN 实验仿真教学软件

OTN 实验仿真教学软件分为两大功能部分，首先是对机房设备的仿真，选取了目前主流的 ZTE OTN 设备——ZXONE 8X00、ZXMP M820/M920、ZXMP M721，仿真再现了各种子架的外观、单板的接口、指示灯等。还可以进行站点内和站点间单板的光纤连接，并通过信号流图来检查连接的情况。可以通过仿真的光功率计测量到光纤连接后每个接口的光功率值，并通过加光衰等方法来对光功率进行调整。

在虚拟机房中，可以观察到 XONE 8X00，ZXMP M820/M920，ZXMP M721 这几种设备各类子架的外形，以及子架所适用的各种单板的接口名称、指示灯情况，并进行光纤连接，测量每个接口的光功率、加光衰等。

在"虚拟后台"中包括图形网管实验的操作、业务实现和验证，具体如下。

（1）典型实验单元：100% 复现当前 OTN 设备网管的配置过程，掌握在 U31 网管中维护各类单板，并开通基本业务、光层、电层保护的配置等，再现运营商在日常操作维护中的工作。

（2）虚拟验证平台：体验业务实现过程。在数据配置结束后，如何验证结果呢？通过仿真的 SMARTBITS 可以测试业务的开通情况。结合虚拟机房中的物理操作，可以验证业务倒换的情况。

9.2.6　PTN 分组交换传输实训平台

本实验平台采用 3 台中兴通讯主流汇聚层机架式 PTN 设备 ZXCTN 6200 为载体，以 PTN 的形式来搭建，平台采用全分组内核，同时兼顾 SDH 设备提供环带链的实验系统。

该系统除提供基本业务外，还可以提供基于 MSTP 技术的 IP、ATM 等多业务接入形式，保证后期综合业务接入的可扩展性。

中兴通讯 ZXCTN 6000 系列产品是中兴公司面向分组传送的新一代城域光传送设备。该系列产品采用全分组交换内核的体系架构，集成了多业务的适配接口、同步时钟、电信级的 OAM 和保护等功能,可以满足从汇聚层到接入层的所有应用,为用户提供面向电信业务向 IP 化演进背景下的端到端承载网解决方案。PTN 分组交换传输实训平台结构如图 9-13 所示。

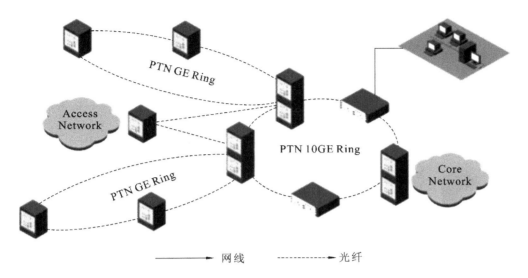

图 9-13 PTN 分组交换传输实训平台结构图

PTN 分组交换传输实训平台可提供的实验项目如下。

(1) 认知性实验:ZXCTN6200 设备功能以及单板功能介绍、ZXCTN6200 设备硬件开局。

(2) 综合性实验:Netnumen T31 网管安装、网元初始化、组网配置、时钟配置、业务配置(以太网、ATM、E1)、OAM 配置、保护配置、QoS 配置。

(3) 维护类实验:PTN 网络日常维护、PTN 网络故障定位及处理、现网典型案例分析。

9.2.7 移动交换实验平台

1. 3G 移动交换实验平台

1) WCDMA 移动通信平台

(1) WCDMA 移动网络实验平台。

在"无线通信原理"、"移动通信原理"、"3G 网络数据配置"、"移动设备"、"新业务的应用"等方面按标准中国联通 WCDMA 版本进行网络的组网,采用 WCDMA 技术,整个网络由核心网络子系统和无线网络子系统组成。WCDMA 移动通信平台结构图如图 9-14 所示。

WCDMA 实训平台可提供的实验项目如下。

① 无线侧实验:RNC 介绍、Node B 介绍,RNC 数据配置、基站数据配置。

② 核心网侧实验:MSCS、MGW、SGSN、GGSN、HLR 介绍,MSCS、MGW、SGSN、GGSN、HLR 数据配置。

③ 综合性实验:无线数据配置、CS 域数据配置、PS 域数据配置。

(2) WCDMA RNS 实验仿真教学软件。

WCDMA RNS 实验仿真教学软件以 WCDMA 新型设备 ZXWR(ZXWR RNC(V3.0)、ZXSDR B8200、ZXSDR B8800、ZXSDR R8840)的 ATM 交换、全 IP 模式典型配置为例,再

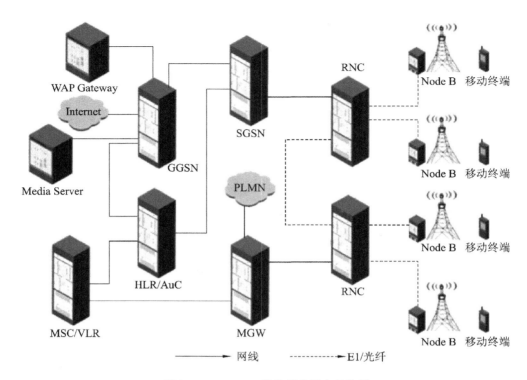

图 9-14   WCDMA 移动通信平台结构图

现了包括无线网络控制器和基站设备的物理结构,使学生对整体系统有一个直观印象,大大方便了对硬件安装配置的学习操作。同时,学生通过软件,可以完成对 ZXWR 系统后台网管(ZXWR-OMM R3.17.310d 一B4.00.200a、EOMS 4.00.201a)的数据配置、告警管理、动态数据管理、信令消息跟踪等操作。通过仿真教学软件,学生可以进行如下实验的教学。

① 在软件搭建的"虚拟机房"中观察机房 ZXWR RNC 基站控制器,ZXWR Node B 系列基站设备、单板配置、指示灯的不同状态和说明,以及各单板之间的主要连接线等。通过全面的互动查看,可以对机房布置、硬件结构达到较深入的了解,借由形象具体的场景建立起基本概念,增加学习兴趣,为进一步的学习奠定良好的理解基础。

② 虚拟后台包括"数据配置"、"虚拟电话"和"信令跟踪"。学员通过 ZXWR RAN 的数据配置,利用告警管理、动态数据跟踪工具,结合虚拟电手机和信令跟踪工具,完成数据配置→调试→打通电话的完整实习过程。

● 数据配置:掌握上机操作数据配置。软件模拟再现了中兴 ZXWR OMC 网管的界面,学员可以通过软件完成网管数据的配置,也可以选择"数据恢复"功能,导入一套已经配置好的样例数据库直接进入下一个环节(即调试环节),便于客户灵活选择学习阶段。完成数据配置之后,客户就可以在"动态数据管理"中查看系统各项动态数据的使用情况。同时,还可以通过"告警管理"对系统出现的各种告警信号进行查看。

● 虚拟电话:体验业务实现过程。客户可以通过拨打电话,发送短信来体验配置数据成功、业务实现的成果,并对手机的呼叫流程达到全面的理解。真实、动态的反馈可以提高客户的学习兴趣和效果。

● 信令跟踪:掌握呼叫信令流程。一方面可以通过打开虚拟信令跟踪工具,查看里面的信令跟踪消息,进而去分析信令故障的原因,协助客户进一步判断数据配置中存在的问题。另一方面可以通过对正常位置更新信令、RRC 连接建立失败、RAB 建立失败、正常 CS 域呼叫流程等信令消息的查看,让客户真正掌握实际网络中可能出现的各种信令流程,加深客户对信令流程的理解。

2）TD-SCDMA 实验实训平台

TD-SCDMA 实验实训平台按 R4 版本进行网络的组网,采用 TD-SCDMA 技术,整个网络由核心网络子系统和无线网络子系统组成。核心网络分为电路域和分组域,MSC Server、MGW 构成电路域;HLR、SGSN、GGSN 构成分组域;同时核心网基于控制与承载分离的思想,将 MSC 分成 MGW 和 MSC Server 两个部分。MGW 作为媒体网关,完成 2G 和 3G 无线接入、传输与媒体流的转换等承载功能;MSC Server 是移动软交换部分,主要完成呼叫接续及控制功能,是整个网络的控制核心。通过将呼叫接续和控制与承载分离,充分体现了核心网可演进的特点。

TD-SCDMA 实训平台结构图如图 9-15 所示。

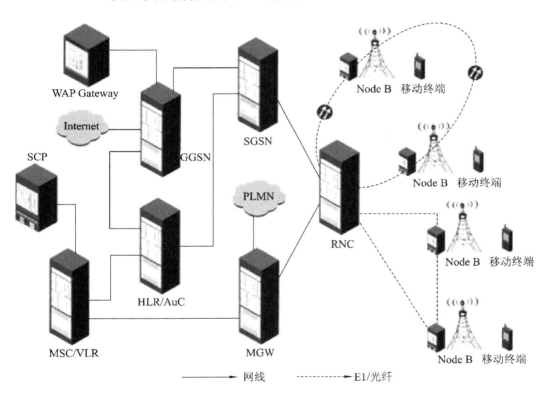

图 9-15 TD-SCDMA 实训平台结构图

TD-SCDMA 实训平台可提供的实验项目如下。

（1）认知性实验:RNC 结构及单板介绍、B328、R04 系统结构、NodeB 结构及单板介绍。

（2）综合性实验:RNC 物理设备配置、局向配置、NodeB 基本数据配置、NodeB 故障处理实例、RNC 物理设备配置、RNC 故障处理实例。

3）CDMA 实训平台

CDMA 实验方案按标准中国电信 CDMA2000_1X_EV-DO 版本进行网络的组网,采用

CDMA2000 技术,整个网络由核心网络子系统和无线网络子系统组成。核心网络分为电路域和分组域,其中(G)MSC Server、MGW、HLR 构成电路域,PDSS、AAA 构成分组域。同时核心网基于控制与承载分离的思想,将 MSC 分成 MGW 和 MSC Server 两个部分。MGW 作为媒体网关,完成 2G 和 3G 无线接入、传输与媒体流的转换等承载功能,MSC Server 是移动软交换部分,主要完成呼叫接续及控制功能,是整个网络的控制核心,即将呼叫接续和控制与承载分开,充分体现了核心网可演进的特点。

CDMA 实训平台结构图如图 9-16 所示。CDMA 实训平台可提供的实验项目如下。

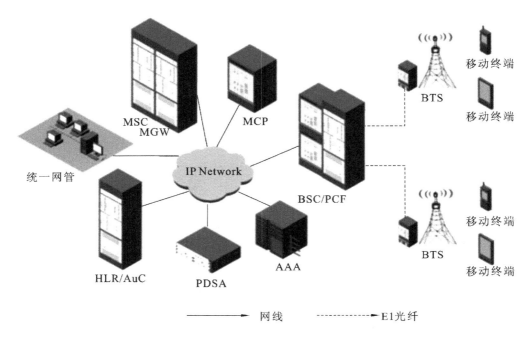

图 9-16　CDMA 实训平台结构图

（1）认知性实验:BSC 系统结构认知、BSC 子系统及功能单板认知、BSC 内部通信与硬件连线、BTS 子系统及功能单板认知。

（2）综合性实验:网管软件安装、语音业务配置、数据业务配置、故障管理、系统工具使用、性能管理、安全管理。

2．TD-LTE 实训平台

1）TD-LTE 实训平台

TD-LTE 实训平台由演进后的接入网 E-UTRAN 和演进后的核心网 EPC 组成,在 LTE 网络架构中承担着彼此独立的功能,本实验方案按 R8 版本进行网络的组网,采用 TD-LTE 技术,具有如下几个特点。

（1）采用 TD-LTE 现网设备,最大限度地模拟现网运行。

（2）核心网侧与无线侧采用标准接口进行对接,满足要求。

（3）在无线侧满足天馈功率增益的要求。

（4）在核心网侧与无线侧完全对接成功之后,能够满足通话要求。

（5）满足 40~50 个实验平台连接到 OMC 网管平台进行系统实验的要求。

TD-LTE 实训平台可提供的实验项目如下。

（1）认知性实验：TD-LTE eNodeB 系统结构、LTE BBU 系统结构、单板认知、LTE RRU 系统结构认知。

（2）综合性实验：LTE BBU、RRU 硬件安装、LTE 网管软件安装、语音业务配置、数据业务配置、故障管理、性能管理等。

2）IMS

IMS(IP multimedia subsystem)是 IP 多媒体系统，是一种全新的多媒体业务形式，它能够满足现在的终端客户更新颖、更多样化的多媒体业务的需求。该项技术植根于移动领域，最初是 3GPP 为移动网络定义的，而在 NGN 的框架下，IMS 应同时支持固定接入和移动接入。

多元化的客户需求、宽带技术的发展、视频技术和产品的更新换代、可视通信终端的多元化演进、系统侧和运营商的主流业务体系（SS、IMS），以及新业务对全新计费策略和市场运营模式的要求，全面驱动了 IMS 全业务运营市场的发展。但 IMS 全业务运营在网络融合、终端设备、业务融合和运营模式上有着多重需求，面临诸多严峻挑战。

IMS 实训平台结构如图 9-17 所示。

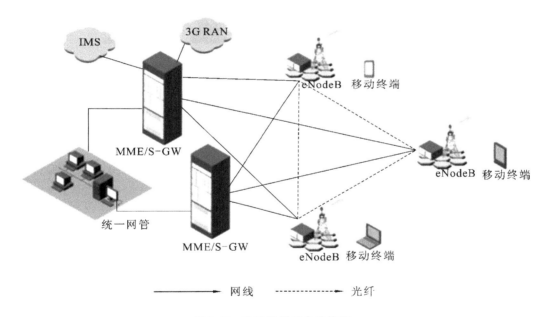

图 9-17　IMS 实训平台结构图

IMS 实训平台可提供的实验项目如下。

（1）IMS 网络规划实验：IMS 核心网络拓扑规划、编号计划及基本业务和补充业务、双网双平面配置、线路诊断、ACL 实验、QoS 实验、操作系统安装及数据库安装。

（2）IMS 各网元实验：MSCS 单板功能及配置、MGW 单板功能及配置、HSS 单板功能及配置、SGSN 及 GGSN 单板功能及配置、CSCF 功能介绍及配置、统一网管平台安装及配置、网元间数据对接、业务调测。

（3）IMS 网络监控实验：信令跟踪与分析、失败观察与分析、版本升级、业务故障分析定位。

9.3 C&C08 交换机系统介绍

9.3.1 C&C08 交换机硬件层次结构

C&C08 交换机采用全数字三级控制方式及无阻塞全时分交换系统。该系统在整个过程中实现了语音信号的全数字化,同时为满足实验方对模拟信号认识的要求,也可以根据用户需要配置模拟中继板。

实验维护终端通过局域网(LAN)方式和交换机 BAM 后台管理服务器通信,完成对程控交换机的设置、数据修改、监视等来达到管理用户的目的。实验平台数字程控交换系统的总体配置如图 9-18 所示。

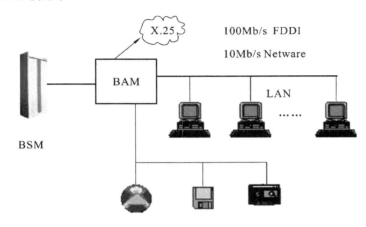

图 9-18 数字程控交换系统总体配置图

C&C08 交换机在硬件上具有模块化的层次结构,整个硬件系统可分为以下四个等级,如图 9-19 所示。

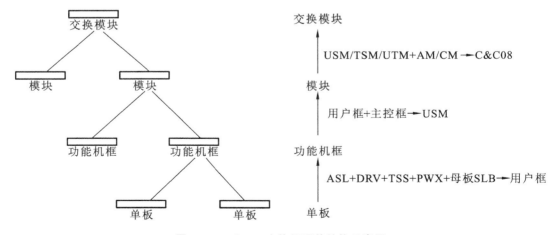

图 9-19 C&C08 交换机硬件结构示意图

(1)单板。单板是 C&C08 数字程控交换系统的硬件基础,是实现交换系统功能的基本组成单元。

（2）功能机框。当安装有特定母板的机框插入多种功能单板时就构成了功能机框，如SM中的主控框、用户框、中继框等。

（3）模块。单个功能机框或多个功能机框的组合就构成了不同类别的模块，如交换模块SM由主控框、用户框（或中继框）等构成。

（4）交换系统。不同的模块按需要组合在一起就构成了具有丰富功能和接口的交换系统。

这种模块化的层次结构具有以下优点。

（1）便于系统的安装、扩容和新设备的增加。

（2）通过更换或增加功能单板，可灵活适应不同信令系统的要求，处理多种网上协议。

（3）通过增加功能机框或功能模块，可方便地引入新功能、新技术，扩展系统的应用领域。

9.3.2 程控交换实验平台配置

程控交换实验平台的外形结构如图 9-20 所示。

本实验平台用如下六大部分组成：BAM 后台管理服务器、主控框、时钟框、中继框、用户框、实验用终端等。

1. BAM 的配置

BAM 系统由前后台 MCP 通信板、工控机、加载电缆等组成。BAM 通过 MCP 卡与主机交换数据，并通过集线器挂接多个工作站，如图 9-21 所示。

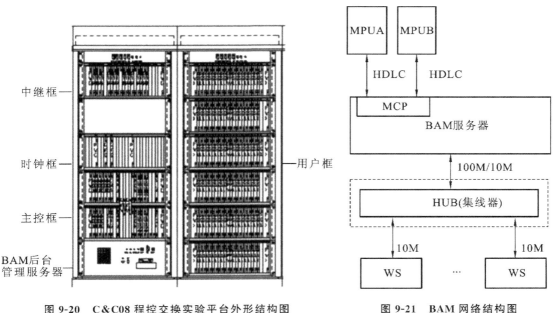

图 9-20　C&C08 程控交换实验平台外形结构图　　　　图 9-21　BAM 网络结构图

BAM 的配置表见表 9-1。

表 9-1 　BAM 的配置表

名称	规格	配置
前后台通信板	C805MCP	2
加载电缆	AM06FLLA 8 芯双绞加载电缆	2
网络终接器	50Ω 网络终接器	2
工控机	C400 以上/128M/2×10G 以上/640M MO/CDROM/MODEM/网卡	1
工具软件	Windows 2000 Server	1
工具软件	SQL Server 2000	1

2. 主控框的配置

主控框的单板配置如图 9-22 所示。

0-1	2	3	4	5	6	7	8	9	10	11	12	13	16	17	18	19	20	21	22	23	24-25
PWC	NOD	NOD	NOD	NOD	NOD	EMA		MPU	CKV	BNET	CKV	BNET	MEM	MFC	MFC	MFC	MFC	MC2	MC2	ALM	PWC
PWC	NOD	NOD	NOD	NOD	NOD	SIG	SIG	MPU		BNET		BNET	MEM	MFC	MFC	MFC	MFC	OPT	OPT	TCI	PWC

图 9-22 主控框单板配置图

其中，MEM 板 No.7 信令、MFC、LAP、MEM 板槽位兼容，但在 MEM 槽位不能插 No.7 信令板、LAP 板和 MFC 板。

MC2 槽位和其他槽位不兼容，其他单板插到 MC2 板的槽位容易烧板。

MEM 板用于话单存储，也可在 C&C08 数字程控交换系统作为智能交换平台时提供计算机网络接口。每块 LAP 板提供 4 路协议处理，可以配合不同的单板软件配置成以下几种类型的协议处理板。

（1）CB03LAP0：No.7 信令处理板，提供 4 条 TUP 信令链路或 4 条 ISUP 信令链路。

（2）CB03LAP1：V5.2 协议处理板，提供 8 路 Link 协议处理，可支持 8 组 V5.2 接口。（每组 1～16 条 E1），每块 NO7 板提供 2 条 TUP 信令链路或 2 条 ISUP 信令链路（No.7 信令板不支持 ISUP 长消息，目前已停产）。

3. 数字中继框配置

数字中继框配置如图 9-23 所示。

PWC	DTM	DTM	DTM	DTM	DTM	DTM	DTM	DTM	DTM	DTM	DTM	DTM	DTM	DTM	DTM	DTM	DTM	DRV	DRV	DRV	DRV	PWC

图 9-23 　BSM 数字中继框配置图

每1块DTM板占1个主节点,占2条HW线。每个中继框最多可配16块DTM板,即960DT。实际需要DT数多于960时,需另加1个中继框。

每块C805DTM提供2路E1接口,可以配合不同的单板软件和不同的协议处理板配置成以下几种接口。

(1) DT数字中继接口:在MFC多频互控板的配合下,实现一号信令局间连接,每个BSM最多配32块板,提供1920条话路。

(2) TUP No.7信令中继接口:在No.7板或No.7信令处理板(CB03LAPA0)的配合下,实现No.7信令局间连接,每个BSM最多配24块板,提供1440条话路。

(3) V5.2接口:在V5.2协议处理板(CB03LAP1)的配合下,实现接入网标准接口。每个V5.2接口可包括1～16条E1,需CB03 LAP1板上配置V5.2协议链路工作。

4. 用户框配置

本程控交换实验平台系统采用32路用户框,配置如下。

1框内可插2块PWX,19块ASL32(简称A32)、2块DRV32(简称D32)共608个用户。整框的板位结构如图9-24所示。

0	1	2	3	4	5	6	7	8	9	10	11	12	13	14	15	16	17	18	19	20	21	22	23	24	25
PWX		A32	A32	A32	A32	A32	A32	A32	A32	A32	A32	D32	D32	A32	A32	A32	A32	A32	A32	A32	A32	A32	TSS	PWX	

图9-24 32路用户框板位结构图

(1) 交换模块(BSM)配置的原则是兼顾主节点NOD和HW线资源的限制及资源的合理利用两个方面。

(2) 交换模块最多可提供64条HW线、44个主节点(11块NOD板)。

(3) 一个满配置用户框占2个主节点和2条HW线,则4个满配置用户框刚好占满2块主节点板。

(4) 一块DTM板占1个主节点和2条HW线,则4块DTM板就占满一个主节点板。

(5) 对于用户/中继混装的模块,每减少4个用户框(1216ASL/608DSL)就可以将闲置出来的8个主节点用来增加8块中继板DTM(480DT)。

5. 实验用终端设备的配置

C&C08数字程控交换系统一般带有多台计算机终端(工作站),分别用做维护终端、计费终端等,各终端通过网线与BAM系统相连,其配置见表9-2。

表9-2 终端设备的配置表

设备名称	规格	配置
维护终端	微机/P4 1.7G/128M/20G/网卡等	1～15

9.3.3 单板介绍

1. C&C08 MPU主处理机板

C&C08 MPU是B型机平台所用的主控板,主控板是SM模块的核心控制部件,主要用于处理SM模块的各种业务,完成对主控框内其他单板的控制。其原理框图如图9-25所示。

C&C08MPU 主机板的主要功能如下。

（1）通过 NOD 接收用户和中继的状态，并对其发出相应的命令。

（2）针对用户状态，控制 SIG 板送出相应的信号音和语音信号。

（3）根据本局用户和中继状态，控制 MFC 板接收和发送 MFC 信号。

（4）控制交换网板进行接续。

（5）以邮箱方式通过通信板（MC2，LAPMC2）与其他模块通信。

（6）通过 HDLC 同步串口与后台通信，并由此进行主机软件加载。

（7）通过 EMA 进行主备切换和主机数据热备份。

2．CC0HASL 32 路模拟用户板

模拟用户模块在主机（MPU）控制下，用户板（ASL）上的单片机完成对用户线状态的检测和上报。ASL 是用户模块的终端电路部分。按照所接模拟用户线的数目可将用户板分为 16 路模拟用户板和 32 路模拟用户板，CC0HASL 单板为 32 路模拟用户板，它只能插在 32 路用户框内。

CC0HASL 单板主要实现以下功能。

（1）提供 32 路模拟用户接口。

（2）单板具备 BORSCHT（馈电、过压/流保护、振铃、监视、编译码、混合、测试）功能。

（3）提供某些特殊功能（2 路反极、CID 等）。

（4）单板提供软件 A/μ 率可调、接口阻抗可调、增益可调功能。

CC0HASL，简称 ASL32 或 A32，其原理如图 9-26 所示。图中采用单片机（CPU）对 32 路用户电路进行控制，并与上级主节点（NOD）通信。COMBO 具有很强的 DSP 功能，主要完成时隙分配与交换、铃流控制及摘挂机检测等功能。

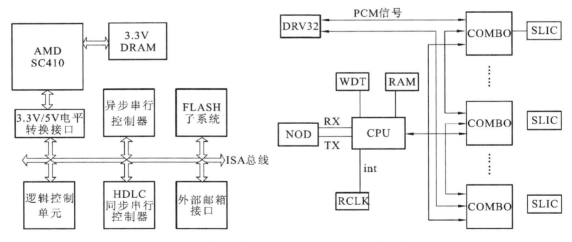

图 9-25　C&C08 MPU 主处理机板原理图　　　图 9-26　模拟用户板（ASL32）原理图

用户电缆（32 对用户线），接在用户框母板的对应电缆接口。32 路用户框可以插 16 路用户电缆的插头，两个插头分别插在最上面和最下面。32 路用户电缆插法为：第 9 到第 12 个用户是第一个插头的中间一竖排针，第 13 到 16 用户是第二个插头的中间一竖排针。

3．C841CKS 时钟板

C&C08 时钟同步系统拥有标准三级或二级（包括 A 类和 B 类）及 BITS 系统多种级别

时钟可供选择,可满足 C5、C4、C3、C2 等各种交换局的不同要求。其中,CKS 是交换机时钟系统的基准时钟源产生板。板内有二级高稳恒温晶体,提供的定时信号具有高频率准确度和稳定度等特点。

CKS 板的主要功能如下。

(1) CKS 为二、三级时钟合为一板,可以根据需要提供二、三级时钟。可提供 8 kHz、2048 kHz、2048 kb/s 三种输入基准源信号接口,提供 BITS 接口。

(2) 跟踪外部基准信号、过滤外基准的抖动、漂移等,使其本身输出的定时信号具有高频率准确度和稳定度,为交换机提供一个优良的时钟源。

其原理框图如图 9-27 所示。

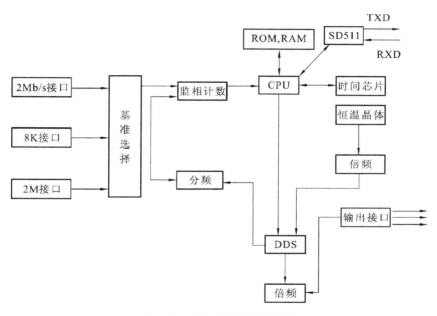

图 9-27   CKS 时钟板原理框图

4. CB02BNETA B 模块交换网板

CB02BNETA 位于 SM 的主控框内,是 SM 自身控制、维护通信链路的交换中心,同时也是话音通信和数据通信的交换中心,能完成以下功能。

(1) 提供本框及用户框、中继框的工作时钟。

(2) 完成 4096×4096 时隙的无阻塞交换。

(3) 完成 32 时隙主叫号码 FSK 数字信号的发送处理。

(4) 提供一组最多 64 方的会议电话或多组多方会议电话。

(5) 具有多种时钟工作方式:①本板时钟(自由振荡方式);②锁相时钟框时钟;③锁相 DT 时钟;④锁相 OPT 时钟。

(6) 提供本板自测功能。

(7) 支持 OPT 主备用或负荷分担工作方式。

交换模块(SM)内的交换网络是一个 4K×4K 的 T 网络,它是由 4 片单 T 网片组成的。这种 T 网片具有以下特点。

(1) 提供 2048×2048 无阻塞时隙交换单 T 网络:①具有对每一个时隙的插入/提取功能和控制存储器回读功能,支持网络的在线测试、自环测试;②集成的串/并、并/串转换电

路,无须外围电路;③支持广播方式,即将某一个输入时隙交换到任意多个输出时隙。

(2) 除完成上述基本交换功能以外,还支持 64 个时隙的会议电话,华为公司的会议电话专用集成电路具有以下特点:①每个受话者接收除自己以外其他参加方中声音最大者;②话音清晰,会议参加方多;③直接的 HW 接口与 T 网片配合;④支持 A/μ 律 PCM 码型及偶比特翻转;⑤同时支持多个会议电话,参加会议的总成员数不超过 64 个或多达 21 组的三方通话。

(3) 集成了主叫号码识别(caller identification,CID)产生器,支持 CID-I(振铃状态显示主叫号码)和 CID-II(通话状态显示主叫号码,并向主叫送呼叫等待音)方式,其主要功能如下。

① 支持 A/μ 律编码。

② 同时支持 $32 \times n$ 路 CID 信号发送,n 为调制数字信号处理(DSP)电路的个数。

③ 交换网络板(BNETA)还具备时钟源的选择与软/硬切换、时钟锁相与驱动、HW 驱动等功能,为 SM 模块内各部分提供统一的时钟。

(4) 为保证交换网络的稳定可靠,SM 模块的交换网络(BNETA)采用双套配置方式,具有以下特点。

① 主/备用交换网络可以选择共写分读方式作热备份。

② 主用交换网络离线,备用交换网络升级为主用时,可以硬件自动倒换,无需软件控制。

③ 当检测到主网故障时,主机可以命令交换网络进行主备用网的互助倒换。

④ 可由后台人机命令控制倒换。

模块内交换网络(BNETA)由话音存储器和控制存储器及串/并、并/串电路组成。话音存储器用来存储话音的 PCM 码字,控制存储器用于存储对话音存储器的控制信息。T 交换网络的容量用同时可以交换的时隙数来表示,如一次可以同时交换 32 条 HW,每条 HW 为 32 个时隙,则交换网络的容量为 $32 \times 32 = 1024$ 时隙,简称 1K 网络,即每次暂存 1024 个 PCM 码字。因此 4K 容量的 BNETA 可以提供 128 条 HW,其中 64 条可以自由分配给用户和中继,另 64 条已被固定用于系统资源。分配原则是:每一框模拟用户,或一块数字中继板(DTM)或半框模拟中继板(8 块)占用两条 HW。

BNETA 板的硬件结构如图 9-28 所示,主要包含:$4K \times 4K$ 的 T 网、64 时隙会议电话电路、32 时隙主叫号码(CID)调制数字信号处理(DSP)电路及总线接口、时钟锁相/驱动、HW 输入/输出驱动等电路。4K 交换网络将会议电话和主叫号码调制信号等交换到任意一个中继/用户时隙。输出/输入驱动提供对中继单元、用户单元和 AM 的 HW 总线接口,总线接口提供对 SM 主控单元(MPU)的接口,时钟锁相及输出电路用来锁相同步时钟源,并将锁相得出的时钟信号提供给整个 SM 模块的其他部分。

SM 内话路总线结构如图 9-29 所示,由 SM 模块用户级、中继级以及 AM/CM 来的话路分别经不同的 HW 线接到 4K 单 T 网,在这里与会议电话的时隙、主叫号码(CID)的时隙及信号音的时隙进行交换,或者与其他用户时隙、中继时隙以及 AM/CM 转入的时隙进行交换。

交换模块(SM)内部用户之间的话路仅通过该 SM 的 BNETA 交换,呼叫接续过程如图 9-30 所示。SM 模块内的一个用户打电话给另一个用户时,主机通过主节点(NOD)控制双音多频驱动板(DRV)进行收号,在分析完被叫号码以及确定有空闲的时隙后,主机控制网板 BNETA 将对应于主叫用户的时隙和被叫用户的时隙进行交换,从而实现主、被叫方的通话。

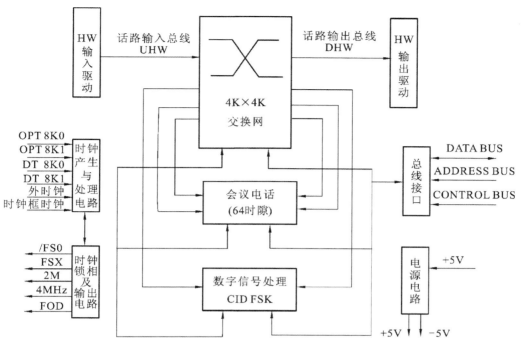

图 9-28　BNETA 板硬件结构

模块内交换话音流程为：ASL→DRV→BNETA→DRV→ASL。

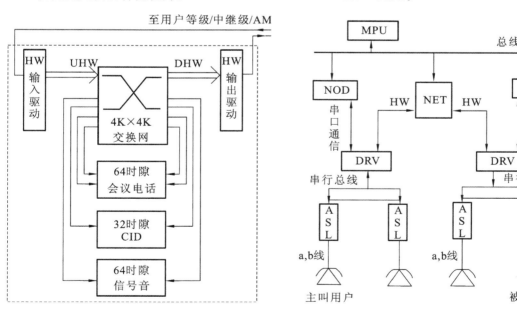

图 9-29　子模块话路总线网络级　　　　图 9-30　内部呼叫接续过程示意图

5. CB01DRV 32 路双音收号及驱动板

16 路用户框由 16 路用户板和 16 路收号 DRV 组成，每线成本较高，集成度低，所提供功能较少。为了适应市场的需求，推出了维护方便、运行可靠、高集成度的 32 路用户框。CB01DRV 板，简称 DRV32，是为配合 32 路用户框使用而设计的。每个用户组有两块互助的 DRV32 板，每块 DRV32 板拥有 32 个双音多频收号器，同时完成框外差分 HW 到框内

HW 的收敛比调整(可将用户板的 20 条 HW 收敛为 8 条 HW 送到网板或交换机近端),实现 HW 线信号和串行通信口的驱动。DRV32 板内的 DSP 实现 HW 导通测试及用户端口的自环测试。

DRV32 板的原理框图如图 9-31 所示。

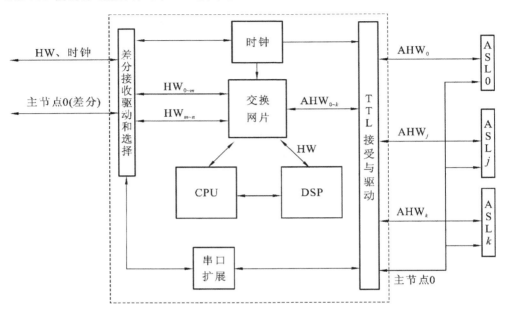

图 9-31 DRV32 板原理框图

DRV32 板采用数字信号处理器(DSP)实现双音多频的收发功能。当需要进行 DTMF 收号时,主机通过主节点对 DRV32 板上的单片机下发命令,CPU 控制交换网络的相应的时隙交换到数字信号处理器的同步串口。数字信号处理器检测到号码后,通过中断上报 CPU,CPU 再经串口上报主机。

在一个用户框内有两个 DRV32 板。DRV32 单板的串行通信口驱动功能模块工作于互助方式。正常工作时,每块 DRV32 单板分别负责各自半框串行通信口驱动。当其中一块 DRV32 板串口通信故障或主机强制互助时,在主机控制下,进入节点互助状态,由正常的 DRV32 完成整框的串行通信口驱动。DRV32 单板上的收号器工作于负荷分担方式,每块单板上的收号器均可供整框用户使用。

DRV32 实现框内 HW 到框外 HW 的收敛,收敛比固定为 1:2.5、1:5 两种,根据话务量的需求来选择,由主机配置。DRV32 同时实现用户框 HW、时钟的驱动功能。HW、时钟的驱动功能工作于主备方式,由主用的 DRV32 单板提供用户框内的 HW 和时钟驱动。

6. CB02SIG 信号音板

CB02SIG 信号音板采用专用的信号音处理软件,对于不同指标要求的信号音可形成相应的数据文件,语音也可录制成数据文件;将不同国家和地区要求的信号音和语音合成不同的文件组,开局时根据需要选择加载信号音文件即可满足各种不同的需求。当需要改变语音内容时,可以现场录制,现场加载。

CB02SIG 单板实现对单板软件和所有数据文件的加载,将单板软件和数据文件放在 BAM 中作为主机软件的若干个文件进行管理。其主要特点为:①兼容 CB01SIG 单板;②128 路放音通道,放音内容可动态控制;③每路放音内容可现场录音;④所有语音内容以文件形式从

BAM 动态加载。

　　交换机在接续过程中所需的全部数字音信号由数字音信号电路(SIG)产生,而对应的模拟信号则由其他电路转换生成。在整个交换机系统中,数字音信号电路(SIG)与其他部分的关系如图 9-32 所示。

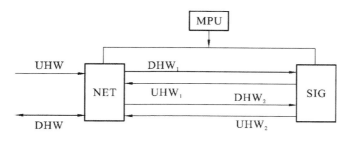

图 9-32　数字音信号电路(SIG)与其他部分的关系

　　SIG 电路受控于 MPU 电路,其工作状态、放音内容均由 MPU 电路以命令或表格方式下达给 SIG 电路,语音信号的出入则以 2.048 Mb/s PCM 方式(E1 接口)与 BNET 板相连后提供,一套 SIG 电路可接 2 条 PCM 的 HW 线,使得在任一时刻能提供存储器所存语音中的 128 种语音,并可用任一条 HW 通道对四个可录音时隙之一进行录音。信号音电路在每个模块中有 A、B 两套互为热备份。CB02SIG 板电路原理框图如图 9-33 所示。

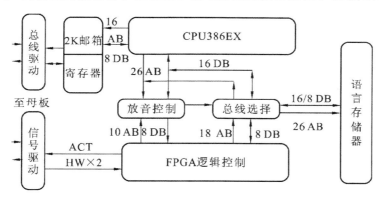

图 9-33　CB02SIG 板原理框图

　　一块 CB02SIG 板提供 4 条 HW,128 个放音时隙。语音数据以 PCM RAW Data 文件格式存储在单板自带的语音存储器中。单板逻辑在时钟的严格控制下依次将语音数据从存储器中取出,通过并串变换,转化为 2 M 的语音码流。语音存储器低 10 位地址是在 2M CLK 和/FO 时钟作用下自动增加的,而 16 高位地址是由 386EX 系统每隔 0.128 秒刷新的。整个放音内容就是通过这种方式,在 386EX 的控制下实现放音。语言存储器最大为 64 M,最大语言存储长度为 137 分钟。

7. C805DTM(TUP,ISUP,PRA,V5TK,IDT,RDT)E1 数字中继板

　　C805DTM(TUP,ISUP,PRA ,V5TK,IDT,RDT)E1 数字中继板可用于随路信令方式、公共信道信令方式和综合业务数字网。C805DTM E1 数字中继板插于中继框。

　　C805DTM(TUP,ISUP,PRA ,V5TK,IDT,RDT)E1 数字中继板的主要功能如下。

　　(1) 提供 2 路 E1(32 时隙)PCM 接口与其他交换机相接。

　　(2) 从上级局提取 8K 时钟送交换机系统作为参考时钟源,以便交换机与其他交换机

同步。

（3）为不同协议接口（如 TUP,ISUP,PRA ,V5TK,IDT,RDT）提供物理链路。

数字中继电路按功能可分为中继接口部分和信号处理部分,其功能框图如图 9-34 所示。

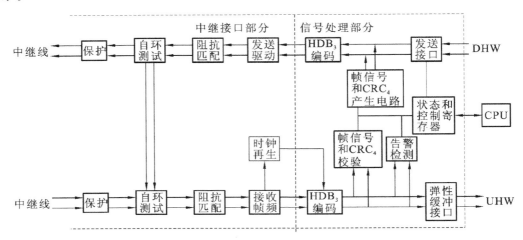

图 9-34　数字中继电路功能框图

中继接口部分主要完成以下功能。

（1）线路保护功能。采用保护电路是为了防止外线异常大电流或高电压给中继模块造成损坏。

（2）自环测试功能。为了测试目的,在这部分中可将整个发送路径和接收路径连成自环。

（3）阻抗匹配功能。外部中继线有两种类型:一种是 75 Ω 的同轴电缆,另一种是 120 Ω 的平衡对称电缆,可由 DTM 数字中继板上的拨动开关来选择其中的一种。

（4）线路信号的驱动与接收功能。这部分完成发送信号的线路驱动,给线路信号适当的发送功率,接收部分完成信号的提取。

（5）外部时钟再生。此电路能从入中继上的比特流中提取出外部时钟信号,用于从入中继上读取数据,因为外部时钟和内部时钟不一定相同。

同时这个时钟信号也送到时钟同步系统,作为外部参考时钟源。信号处理部分主要完成以下功能。

（1）HDB$_3$ 编译码。这部分电路完成适合线路传输的 3 阶高密度双极性码（HDB$_3$）和适合电子电路处理的单极性不归零码（NRZ）之间的转换。

（2）帧信号和 CRC$_4$ 产生电路。这部分电路完成帧信号的形成和插入功能,并对比特数据流进行循环冗余码校验（CRC$_4$）。

（3）发送接口。这部分电路完成随路信令和复帧信号的插入功能。

（4）帧信号提取和 CRC$_4$ 校验。这部分电路完成帧同步监视,并完成循环冗余码（CRC$_4$）校验功能。

（5）告警检测。这部分电路完成以下告警功能:帧同步丢失、复帧同步丢失、对端帧失步、对端复帧失步、输入信号丢失、误码、滑码、CRC$_4$ 错误等。

（6）弹性缓冲接口。这部分电路完成随路信令和复帧信号的提取以及接收比特流的缓冲,即再定时功能。

258

（7）状态和控制寄存器部分。这部分电路主要是提供外部 CPU 访问的接口。

（8）每块数字中继板配有 2 个 PCM30/32 路系统。

一个中继框可配置 16 块 DTM 板，共 960 条中继线。数字中继板原理框图如图 9-35 所示。

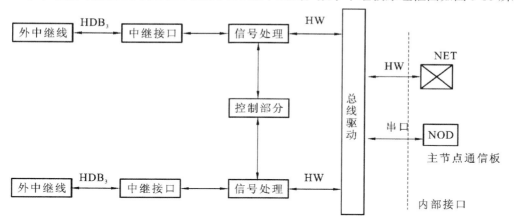

图 9-35　数字中继原理框图

数字中继电路采用 PCM30/32 CEPT 制式，传送和接收局间基群数字信号。

中继接口部分由保护器件、自环电路、匹配电阻、变压器等构成，主要完成保护功能、自环测试功能和阻抗匹配功能。

信号处理部分是一个专用大规模集成电路芯片，它在 CPU 的控制下完成与信号处理有关的大部分功能。

控制部分由微处理器、RAM、ROM、串口芯片等构成，完成本板控制功能以及与主节点 NOD 板通信的功能。

总线驱动部分由线路信号驱动芯片构成，主要完成主备交换网选择、主备主节点板选择以及电平转换等。

8. CC03 EMA 双机倒换板

双机热备份与倒换是交换机可靠性的保障。双机倒换软件在正常情况下进行主备 CPU 间的数据备份管理，当接收到 EMA 的倒换命令时，完成备机升主用时的平滑接替，以及协调容错、数据一致性检查等。CC03EMA 双机倒换板主要用于控制双机倒换及数据备份，具体功能包括：①监视双机工作状态；②裁决主备用 CPU；③控制双机倒换；④协调双机数据备份；⑤透传功能。

EMA 板原理如图 9-36 所示。EMA 板上 CPU 通过 2 个通信邮箱 A、B 与主、备机 MPU A、MPU B 交换信息，监视双机软件执行情况。在交换机上电后，由状态裁决 MPU A 为主用机，MPU B 为备用机。当主用机工作出现故障时，由 EMA 执行主、备机的自动倒换。DPRAM 是大邮箱，供双机随时备份数据。倒换时，EMA 先从主机分消息块读出数据并存入 DPRAM，然后写进备机，依次循环，直至数据读写完毕，最后 EMA 比较主备机的数据，确认完全一致后，把控制权交给备机。在 EMA 板中，还设计有单板自检、显示、告警电路以及硬件看门狗定时器（WDT）电路。

9. CB03 LAPN7 4 链路七号信令处理板

LAPN7 七号信令处理板有两种型号：CB01LAP0 和 CB03LAPA0。这两种型号功能相同，但在开关、跳线、指示灯等方面有所区别。本文所述内容均以 CB03LAPA0 为例。

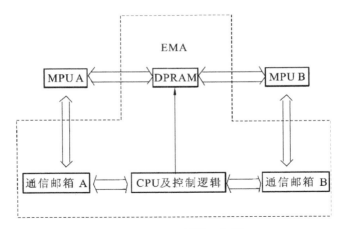

图 9-36　EMA 板原理框图

LAPN7 板的功能原理如图 9-37 所示,其具体功能如下。

（1）作 LAPN7 时支持 4 条七号信令链路,长消息,用于 A、B、C 模块均可。

（2）作 No.7 时可完全替代 CC01NO70,只支持 2 条七号信令链路,短消息,用于 A、B、C 模块均可。

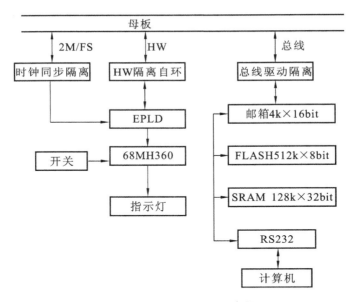

图 9-37　LAPN7 原理示意图

10. CC04 MFC 多频互控板

MFC 在采用 1 号信令系统作为局间信令时完成多频信号的接收和发送。可通过数据设定设置成 16 路或 32 路。CC04MFC 多频互控板具有以下功能。

（1）根据主机命令经交换网络向对端局发送前向或后向多频记发器信号。

（2）接收、识别经交换网从中继到达的多频记发器信号,将结果上报主机。

（3）具有自检功能,在上电复位或主机强制复位后检测本板工作状态,也可通过中继器进行自环测试。

MFC 板原理如图 9-38 所示。

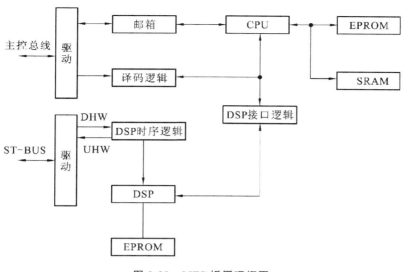

图 9-38　MFC 板原理框图

采用数字信号处理(DSP)电路实现局间多频信号的接收和发送,数字信号处理器通过并口与本板单片机联系。主机与单片机的通信通过邮箱来实现。发送局间多频信号时,单片机根据主机命令,控制数字信号处理器产生所要求的多频信号,并通过本板的交换网络交换到 UHW 上。数字信号处理器接收到的号码放在其外部的 EPLD 中,由单片机通过并口读取。32 路多频记发器信号的发送与接收采用一片高速数字信号处理器来处理。

DHW 和 UHW 的时隙一一对应形成 32 个 MFC 收发器,如果第 i 个收发器被占用,则 DHW 上第 i 个时隙和 UHW 上的第 i 个时隙同时被占用。如果是前向占用,则在 DHW 的第 i 个时隙接收后向信号,并在 UHW 的第 i 个时隙发前向信号;反之,若是后向占用,则在 DHW 的第 i 个时隙接收前向信号,并在 UHW 的第 i 个时隙中发送后向信号。

互控过程的实现具体如下。

(1) 前向占用:主机通过邮箱下达前向占用第 x 个收发器的命令,单片机再通过 DSP 准备接收对端的后向信号。

发前收后,执行互控过程的 4 个节拍:主机通过单片机通知 DSP 在时隙 x 发出前向信号 M。此后若 DSP 在时隙 x 收到后向信号 N,就上报单片机,单片机再通知 DSP 在时隙 x 停发前向信号,同时将收到的后向信号 N 上报给主机,当 DSP 检测到对端后向信号停发时,单片机等待主机发下一位信号。

(2) 后向占用:主机下达后向占用收发器 x 的命令,单片机通知 DSP 在时隙 x 准备接收对方的前向信号。

收前发后,执行互控过程的 4 个节拍:DSP 在时隙 x 检测到前向信号 M,经单片机上报主机,主机通知 DSP 发出后向信号 N。当 DSP 检测到前向信号停发时上报单片机,单片机控制 DSP 停发后向信号,单片机再控制 DSP 准备接收下一个前向信号。

11. CC02 NOD 通信主节点板

NOD 板各主节点提供了主机与各单板进行高层通信的通道,各主节点与主机通过邮箱连接,与各单板通过串口连接,负责将邮箱送来的主机信息与串口送来的从节点信息进行交换,实时地上报从节点的状态变化。

主节点通过邮箱与主机交换信息,通过串口与各单板即从节点交换信息将主机命令转发给从节点,同时将从节点上报响应上报给主机,另外,主节点从主机获得关于从节点模式的配置,并以此与各从节点通信,将从节点的状态变化(由故障变 OK,或由 OK 变故障)上报主机。

一路主节点的原理框图如图 9-39 所示。

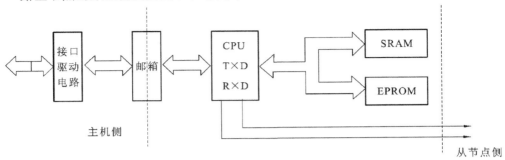

主机侧
从节点侧

图 9-39 一路主节点的原理框图

一块主节点板上有四路独立的主节点,每路主节点在 CPU 微处理器的控制下与主机和从节点通信。主机通过邮箱给主节点下配置,主节点通过邮箱向主机上报响应以及从节点的信息;同时主节点通过串口与从节点通信:透明地转发主机高层命令并上报从节点响应,查询并上报各从节点状态。

12.CB01ALM 告警板

CB01ALM 告警板具有以下功能。

(1) 完成机架行列告警灯的驱动。

(2) 提供机房环境硬件接口,完成电源和机房环境设备状态量的收集,并将告警信号发送至告警箱。

(3) 提供告警箱级连功能。

(4) 提供 8 路串口(RS232×4+RS422×4)与外设相连。

ALM 板原理框图如图 9-40 所示。ALM 板提供 8 个异步串口,其中 4 个 RS-232 口可连接 PRT 打印卡用于传送计费信息(营业厅计费规模很小时用,这一点与 CHD 相似),4 个 RS-422 用于连接告警箱和时钟框等设备。ALM 板同时提供 2 路 64kb/s HDLC 同步串口与网板相连,占 HW 的两个时隙。通过 E1 口可连到远端网管中心,便于机房实现无人看守。单板程序载体采用 Flash Memory,可通过任一串口或邮箱进行加载,便于远程维护。

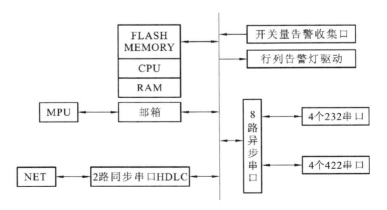

图 9-40 ALM 板原理框图

13.C805 MCP 前后台通讯板

C805MCP 卡是 C804MCP 卡的升级板,采用 PCI 总线方式,插在计算机的 PCI 插槽内。

C805MCP 卡融合了 C804MCP、H301FCP、CC03PCI0，以及 CC04WDT 等几种维护板卡的功能。在物理上，C805MCP 一共包括了三块单板：主板、扣板、接口板。主板可以独立完成 C804MCP 卡的功能，但在提供 FCP 卡和 PCI 卡的功能时，必须增加扣板和接口板。

在 CC08 数字程控交换系统中，MCP 卡用于实现 BAM 与 AM 的通信，因此只需要安装 C805MCP 卡主板即可。

C805MCP 卡主板原理图如图 9-41 所示。

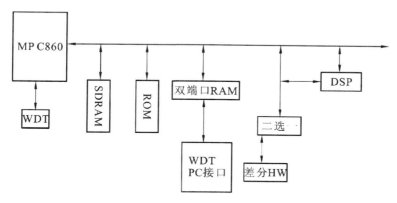

图 9-41 MCP 前后台通讯板原理框图

C805MCP 卡主板提供两个 DB9 的接口；提供两路 HDLC 的通路，供 MCP 卡与主机间的通信用；提供一个调试串口，供调试使用，串口采用 4PIN 的电话插座。

9.3.4 C&C08 的软件结构

C&C08 的软件系统主要由主机(前台)软件和终端 OAM(后台)软件两大部分构成。主机软件是指运行于交换机主处理机上的软件，它采用自顶而下和分层模块化的程序设计思想，主要由操作系统、通信处理模块、资源管理模块、呼叫处理模块、信令处理模块、数据库管理模块、维护管理模块等七部分组成。其中，操作系统为主机软件的内核，属系统级程序；其他软件模块则为基于操作系统之上的应用级程序。其体系结构及主机软件的组成如图 9-42 所示。

若从虚拟机的概念出发，可将 C&C08 的主机软件分为多个级别，较低级别的软件模块与硬件平台相关联，较高级别的软件模块则独立于具体的硬件环境，各软件模块之间的通信由操作系统中的消息包管理程序负责完成。整个主机软件的层次结构如图 9-43 所示。

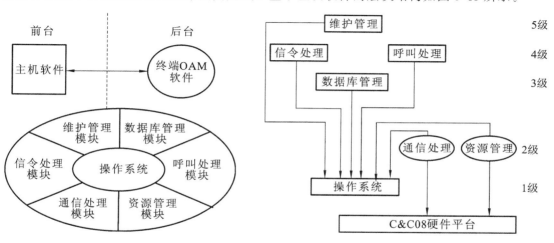

图 9-42 C&C08 软件结构及组成框图

图 9-43 主机软件的层次结构